LA PIEL

DE LA SELVA

LA PIEL

EN **CAMPECHE**
VAMOS POR NUESTRO
PROGRESO
GOBIERNO DEL ESTADO • 2009-2015

SECRETARÍA DE CULTURA
CAMPECHE

CONACULTA

SERVICIOS EDITORIALES
pámpano

DE LA SELVA

ECOSISTEMAS DE CAMPECHE

EDICIÓN
Enzia Verduchi

COORDINACIÓN EDITORIAL
Francisco de la Mora

DISEÑO
Daniela Rocha

FOTOGRAFÍA
Javier Hinojosa

CORRECCIÓN DE ESTILO
Horacio Ortiz

TRADUCCIÓN AL INGLÉS
Gonzalo Vélez

CARTOGRAFÍA
Magdalena Juárez

FORMACIÓN
Susana Guzmán de Blas/Concepto Gráfico, Diseño y Edición

IDENTIFICACIÓN DE ESPECIES
Francisco Solís

FOTOMECÁNICA
Juan Carlos Almaguer/Firma Digital

IMPRESIÓN
Artes Gráficas Palermo

ENCUADERNACIÓN
Ramos

p. 1: Cálido atardecer en la selva campechana.
pp. 2-3: Un veloz torbellino de murciélagos de siete especies, seis se alimentan de insectos y una de frutas, emergen de su cueva al atardecer de la selva.
pp. 4-5: Las aves desarrollan un papel importante en el desplazamiento y migración de materiales y energía del ecosistema, son indicadores del estado de conservación del ambiente. Las garzas y cigüeñas residentes, exclusivas de los manglares, se caracterizan por tener patas altas que les permiten desplazarse en el sustrato pantanoso y posarse en las ramas.
pp. 8-9: Bello plumaje multicolor del pavo ocelado (*Meleagris ocellata*), especie característica de la región de la Península de Yucatán.
pp. 14-15: La densidad del dosel forestal de Calakmul protege la diversidad biológica y cumple funciones medioambientales, protege los suelos y cuerpos de agua, captura el dióxido de carbono y mitiga la desertificación y la degradación de los recursos naturales.

AGRADECIMIENTOS
Alfredo Martínez, Francisco Solís, Gustavo Ramos, Eduardo Vázquez Martín, Ignacio Madrazo Piña.

Agradecemos en especial el apoyo otorgado por Transportes Aéreos Pegaso, S.A. de C.V., base Ciudad del Carmen, Campeche.

TRANSPORTES AÉREOS **PEGASO**

La piel de la selva. Ecosistemas de Campeche
Primera edición, 2012

D.R.© 2012 Secretaría de Cultura
del Gobierno del Estado de Campeche
Calle 12 no. 173
Col. Centro Histórico
24000 San Francisco de Campeche, Campeche.

© 2012 Pámpano Servicios Editoriales S.A. de C.V.
Avenida Paseo de la Reforma no. 505, piso 33
Col. Cuauhtémoc, Del. Cuauhtémoc
06500 México, D.F.

© 2012 Turner Publicaciones S.L.
Calle Rafael Calvo no. 42, 2º
28010 Madrid, España

© de los textos: Gerardo Ceballos, Heliot Zarza, Juan M. Labougle, Claudia Agraz, Juan Núñez Farfán, Rosalinda Tapia López, Celso Gutiérrez Báez, Rodrigo Duno de Stefano, Ivón M., Ramírez Morillo, Germán Carnevali Fernández-Concha, Mario Humberto Ruz.

© fotografía: Javier Hinojosa.
© otras fotografías: Gerardo Ceballos: pp. 50-51, 52-53; Heliot Zarza: p. 119; Ivón M. Ramírez Morillo: pp. 156, 161; Germán Carnevali Fernández-Concha: pp. 138, 144, 148, 150, 153, 164, 167, 170-171, 175; Mario Humberto Ruz: pp. 185, 206; Jorge Luis Borroto: pp. 176, 199, 209, 210-211; Angélica May Uc: p. 203; Shutterstock, pp. 42, 49.

ISBN: 978-84-15427-93-3
Depósito legal: M-31133-2012
www.turnerlibros.com

CONTENIDO

PRESENTACIÓN

Como bien se sabe, México tiene el privilegio de ser uno de los pocos países del mundo catalogados como megadiversos, atendiendo a su riqueza natural. Este fabuloso patrimonio permitió, en el pasado, el surgimiento de las grandes civilizaciones indígenas de las que hoy nos enorgullecemos ante el mundo y, en el presente, son precisamente estos recursos naturales los que sostienen una significativa proporción del esfuerzo nacional hacia el progreso.

Ante la trascendencia de dicho patrimonio, caben serias reflexiones sobre la importancia de su preservación, conservación y, desde luego, su aprovechamiento racional, equilibrado, vale decir, sustentable en el tiempo y en el espacio.

Campeche, a su vez, es una de las entidades federativas más pródigas en cuanto a patrimonio natural se refiere. Su importancia es reconocible tanto en la existencia de ecosistemas tan importantes como vulnerables (manglares y humedales, selva húmeda), así como en la presencia de diversas especies animales y vegetales de carácter endémico, o de otras que se encuentran registradas bajo amenaza o con estatus de protección.

Consideraciones de esta índole son las que han llevado al Gobierno del Estado de Campeche a diseñar, instrumentar y conducir una política ambiental en la que el mantenimiento y la conservación de nuestro patrimonio natural constituyen objetivos estratégicos de la más alta prioridad, haciendo conciencia de las medidas de mitigación y adaptación que sociedades y gobiernos debemos poner en marcha de manera inmediata.

Así, nuestra entidad cuenta con una de las proporciones de superficie bajo algún tipo de régimen de protección ambiental más elevadas de todo el país; más de una tercera parte del territorio campechano se encuentra en esta situación, para lo cual contribuyen de manera muy señalada las distintas reservas naturales existentes en el estado.

En Campeche nos anima la convicción de que es posible conciliar las necesidades siempre crecientes del desarrollo económico y social con los imperativos de especie que exige la protección ambiental. Ya en el pasado lo hacía nuestra cultura nativa, la maya, que fue capaz de generar una forma de vida productiva y, a la vez, respetuosa de la naturaleza. Ésa es la vía sustentable, la misma que nos proponemos transitar.

En la idea de que es muy difícil proteger aquello que no se ama y es virtualmente imposible amar lo que no se conoce, el Gobierno del Estado de Campeche ofrece esta espléndida publicación, *La piel de la selva. Ecosistemas de Campeche*, en un esfuerzo por difundir, con la calidad artística y el rigor científico necesarios, la sorprendente variedad de atractivos y recursos naturales que conforman nuestra tierra. Así, los lectores podrán recorrer los macizos forestales de Calakmul, Balam Kú y Balam Kin; adentrarse en las maravillosas profundidades de Laguna de Términos; percibir el esplendor de los bosques de manglares de Ría Celestún, Chenkán y Los Petenes; y deslumbrarse con la imponente belleza de las orquídeas, bromelias y la vegetación y plantas que pueblan nuestra selva. Es un recorrido guiado por la pluma de especialistas y complementado con imágenes de muy alta calidad.

Espero que su lectura estimule a jóvenes y adultos, que les permita valorar y disfrutar ese maravilloso regalo que la naturaleza generosamente nos otorgó, que los impulse a protegerlo y también a aprovecharlo de manera inteligente y sensata.

Estas riquezas naturales se ubican en Campeche, pero nos pertenecen a todos los mexicanos, a toda la humanidad. Por eso las mostramos orgullosos al mundo, abierta, generosa, campechanamente...

FERNANDO E. ORTEGA BERNÉS
Gobernador Constitucional del Estado de Campeche

PRESENTACIÓN

La enorme manta verde de foresta en Campeche encuentra un perfecto acomodo en el título de esta obra. Se trata de una piel que a pesar de su fragilidad natural hoy la contemplamos como un milagro. La sorpresa y admiración que despierta es equiparable a la magnitud de su escala espacial y a la inmensidad del número de sus especies de fauna y flora. Euclides da Cuhna escribió hace más de un siglo que la Amazonia era un capítulo inacabado del Génesis; lo cierto es que hoy añadiríamos más páginas no amazónicas a la narración, ya que todo el corredor de selvas de Centroamérica y México no podrían excluirse del relato del Edén.

Todas las selvas del mundo han padecido el desplazamiento forzado de poblaciones, los avatares de cambio climático, los efectos devastadores de desastres naturales y los resultados de la creciente naturaleza depredadora del ser humano. Todas las forestas han sido escenarios de conflictos desgastantes para sociedades y culturas. Todas las selvas del mundo van a enfrentarse a la crisis de localización de las poblaciones humanas en breve. Estamos en el siglo de las migraciones masivas y en los próximos dos lustros se espera que cambien de hábitat un billón de seres humanos. La historia se va a mover más deprisa de lugar y los que llegan son nuevas sociedades que deberán conectarse a los territorios nativos de otros. Ésta es una problemática que no le es ajena a Campeche y de su experiencia se pueden ya sacar conclusiones muy validas internacionalmente: la identidad cultural y el respeto social por los lugares naturales y culturales protegidos son salvoconductos para la preservación, tan importantes como las normativas. Los programas culturales en espacios naturales protegidos deben estar listos para asumir el reto mundial que las migraciones van a imponer a la conservación. El mundo se hace cada vez más pequeño y la selva debe de seguir siendo igual de grande.

Las selvas son el medio de vida para dos billones de seres humanos en el orbe y la necesidad de reorientar las formas de usarlas implica poder regular el ciclo del carbono, de los nutrientes y del agua en la tierra. El año 2011 fue declarado por Naciones Unidas Año Internacional de los Bosques. Ya desde el año 2001 el Comité de Patrimonio Mundial adoptó una política específica de preservación de los bosques. Hasta hoy, 105 lugares han sido inscritos en la Lista del Patrimonio Mundial como forestas y cubren un total de setenta y cinco millones de hectáreas del orbe. El 50% de las forestas inscritas son de carácter tropical y más de la mitad se encuentran en América Latina y Caribe. En ese enorme espacio hay que empezar a inventar deprisa nuevas formas de cooperación internacional, ya que los retos no pueden limitarse a las capacidades de maniobra de los ministerios de medioambiente nacionales. Cada año se pierden trece millones de hectáreas de selvas en el mundo. La tala ilegal, la roza y quema, el avance de la frontera agrícola y ganadera acaparan grandes espacios de discusión en la agenda de cada sesión anual del Comité de Patrimonio Mundial. Los bosques son los espacios naturales más amenazados y por lo tanto más representados en la Lista de Patrimonio Mundial en peligro.

Los gobiernos y la sociedad civil van a tener que multiplicar sus esfuerzos para cumplir con la responsabilidad de proteger las selvas ante la comunidad internacional. El reconocimiento del papel de los bosques como reservas de carbono es un campo aún sin explorar pero que a su vez se está convirtiendo en un posible mercado financiero sin ordenar. La reducción de emisiones de carbono y el freno a la degradación de la cobertura vegetal operan como dos caras de la misma moneda y nuestra tarea es trabajar de forma colegiada para que las finanzas no sean las que dirijan los mecanismos de tomas de decisiones técnicas.

El papel de nuestra región en la definición de políticas subregionales de preservación es fundamental. Amazonia, Yucatán y el corredor mesoamericano tienen una responsabilidad universal, del tamaño de los valores excepcionales que conservan sus selvas tropicales. Su calidad y escala son incontestables y el compromiso debe estar a la altura del reto. El estado de Campeche puede convertirse en un territorio de buenas prácticas para una tarea siempre recomendada y no conseguida: la cooperación entre Convenciones Internacionales, a saber, la de la Diversidad Biológica, RAMSAR, Hombre y Biosfera (MAB) y Patrimonio Mundial. Además, salvaguardar las formas de conectividad regional es una labor aún pendiente y urgente, y necesita encontrar un espacio de diálogo en todas las cumbres y escenarios políticos de cooperación, además de las plataformas de carácter técnico.

Las selvas son además las áreas donde se necesita de mayores esfuerzos en términos de investigación aplicada a la conservación. Y la ciencia debe traducirse sobre todo en trabajo de carácter antropológico y sociológico con las comunidades humanas que habitan su corazón o su periferia. Las formas de desarrollo sustentable no se diseñan al margen de las consultas, ni del trabajo participativo en permanencia. En los últimos cuarenta años la antropología del desarrollo o la antropología para el desarrollo no han dejado de clamar por un tipo de metodología que empezara por el entendimiento cultural de las expectativas. Es ya hora de que las disciplinas sociales y humanas se conviertan en el sujeto de la frase de la investigación. Científicos sociales y naturales necesitan proyectar juntos la manera de prever el desarrollo de áreas rurales sostenibles y de su capacidad adaptativa a los cambios. Las selvas del mundo no han sido territorios inertes, en los últimos veinte mil años fueron contenedores de innumerables formas de adaptación cultural en todas las latitudes boscosas del planeta. La tarea pendiente es saber leer, sin perder tiempo ni detalle, en todas las respuestas sociales y poder contar las historias culturales de la selva.

Esa enorme mancha verde campechana devuelve instantáneamente a un mundo del origen, primigenio, que debemos afrontar desde el convencimiento de las ventajas de la preservación y no desde la nostalgia. La magnitud de la mancha verde nos obliga a pensar en otra forma de habitar juntos. La perfección de lo originario, aunque inacabado, nos obliga a comprender que la naturaleza le va dando un verdadero sentido al tiempo, si no se la empuja...

Nuria Sanz
Directora para América Latina y el Caribe
Centro de Patrimonio Mundial UNESCO

PRESENTACIÓN

En el año de 1972 la comunidad internacional adoptó la Convención sobre la Protección del Patrimonio Mundial como un instrumento que protege el patrimonio cultural y natural de valor excepcional, al tiempo que reconoce la indisoluble conexión existente entre el hombre y la naturaleza, en términos de paisaje, cultura y territorio. Este acontecimiento, marcó un antes y un después, con relación a la manera en que gobiernos y ciudadanos han asumido el compromiso de desarrollar acciones encaminadas a garantizar la preservación, difusión y promoción del legado humano en su dimensión ambiental y social.

En este contexto, la cultura es una herramienta vital en las estrategias de desarrollo sustentable por la manera en que contribuye a ampliar las capacidades y libertades de las personas, tanto para el cuidado de los recursos naturales como en la forma en que se apropian de los servicios de los ecosistemas.

En Campeche alrededor del 45% del territorio se encuentra bajo algún régimen de protección jurídica, y es precisamente de estos territorios en donde se genera una parte importante de la economía estatal por el valor que aportan en recursos agrícolas, pecuarios, pesqueros, apícolas y turísticos, destacando en este proceso el compromiso y la disposición de las comunidades para aprovechar el entorno con prácticas basadas en la corresponsabilidad y sustentabilidad. Es por ello que el Gobierno del Estado de Campeche concede a la cultura un lugar significativo y reconoce su carácter vinculante como un eje transversal a partir de las sinergias establecidas con la economía, la educación, la salud, la seguridad pública y, por supuesto, el medio ambiente.

El libro *La piel de la selva. Ecosistemas de Campeche* pretende aportar claves sobre la intrínseca relación del ser humano con el territorio, descifrar el paisaje, develar el fino equilibrio y la necesaria armonía para la construcción social de la naturaleza. Citando a don Narciso Barrera Bassols: "La historia de los bosques remonta a la historia de seres humanos, y la historia de seres humanos refleja su relación con los bosques. Ambos forman parte del mismo mundo"; si conocemos y valoramos nuestro patrimonio cultural y natural, si hacemos un uso moderado y sustentable de nuestros ecosistemas, estaremos mejor preparados para afrontar con mayor eficacia los desafíos de hoy y las incertidumbres del futuro.

CARLOS VIDAL ANGLES
Secretario de Cultura
Gobierno del Estado de Campeche

CALAKMUL, UN PARAÍSO PARA LA FAUNA Y LA FLORA

Gerardo Ceballos
Heliot Zarza

ESTADO DE YUCATÁN

Mérida ★

Refugio faunístico de Celestún

Bosque petrificado

Punta Arena
Isla Arena

El Remate
Tankuché
Nunkiní
Bécal
Santa Cruz
Tepakán
Calkiní
Dzitbalché
Isla de Piedra
Blanca Flor
Hecelchakán
Xcalumkín
Isla de Jaina
Tenabo
Grutas Xtacumbilxunan
Kankí
Bolonchén de Rejón
Tinún
Grutas Xcabanaltun
Hampolol
Kobén
Campeche ★
Hunto Chac
Lerma
Xlun
Tacab
Xtampac
Hopelchén

Punta Morro
Seybaplaya
Uayamón
Usazil Cozma
Dzibilnocac
Sihoplaya
Edzná
Tabasqueño
Dzibalché

G O L F O   D E   M É X I C O

S o n d a   d e   C a m p e c h e

Paraíso
San José Carpizo
Chencoh
Champotón
Hochob
Chunchuntoc
Moquel
Ukum
Xmejá
Xmaben

ESTADO DE CAMPECHE

Ulumal

Xalatun

Sabancuy

Balam Kin
Tancach

Isla Aguada
Bahamitas
Calakmul
Ciudad del Carmen
Zohlaguna
Laguna de Atasta
Silvituc
Constitución
Nadzcaan
Laguna de Términos
Escárcega
Balam Kú
Matamoros
Chan Laguna
Becán
Xpuhil
Nuevo Conhuas
Hormiguero
Chicanná
Palizada
Balam Kú
Río Bec
Payro Jene
Candelaria
La Muñeca
El Aguacatal
El Tigre
Placeres
Calakmul

ESTADO DE TABASCO
Misterioso
Santo Domingo

Uxul
Balakbal

ESTADO DE QUINTANA ROO

Bel

REPÚBLICA DE GUATEMALA

El amanecer desde lo alto de la pirámide

llamada la Estructura II en la zona arqueológica ubicada en el corazón de la región de Calakmul es sobrecogedor por su indescriptible belleza. Poco a poco, los rayos del sol van dejando al descubierto los matices de innumerables colores con los que se cubre la selva, que se pierde interminable en todas las direcciones. Aquí es uno de los últimos sitios en donde perdura una de las selvas más extensas de todo el planeta. La alfombra de los árboles es continua, aparentemente uniforme, con su monotonía sólo salpicada por la presencia de algunos árboles que sobresalen del resto como gigantes solitarios.

Con los primeros rayos de luz la selva cobra vida, con los numerosos cantos de las aves y los aullidos de los monos saraguatos. Tucanes, pericos, orioles, tangaras escarlatas, caciques, turquitos, oropéndolas y otras aves, muchas de colores vistosos, se mueven en lo alto de las copas de los árboles. En el suelo hocofaisanes y tinamúes se mueven discretos. Desde lo alto de la pirámide se tiene un sitio privilegiado para observar a la fauna. En un árbol cercano dos ardillas brincan de rama en rama. Una tropa de monos araña se mueve lentamente, empezando el día. En la plaza principal de la zona arqueológica un grupo de coatis arrasa con toda clase de pequeñas presas y se mezcla con una manada de pecaríes de labios blancos. Calakmul es uno de los últimos baluartes donde sobreviven estos pecaríes y otras especies en peligro de extinción en México.

La región de Calakmul se localiza en el corazón de la Selva Maya al sur de la Península de Yucatán, inmersa en una de las últimas grandes extensiones de selvas del continente. Forma parte de la Selva Maya, que todavía cubre casi tres millones de hectáreas de selvas desde el norte de la Península de Yucatán en los estados de Quintana Roo, Campeche y Yucatán en México, hasta el Petén en Guatemala y Belice. Esta región ha llamado la atención de arqueólogos y exploradores desde principios del siglo XX. Es extraordinaria por su belleza escénica, sus incontables vestigios arqueológicos y su diversidad de plantas y animales. Es una de las regiones más importantes de descanso para las aves migratorias durante su travesía invernal provenientes de Canadá y Estados Unidos, y uno de los últimos refugios

naturales con la capacidad de mantener poblaciones de plantas y animales en peligro de extinción y amenazadas lo suficientemente grandes para garantizar su sobrevivencia.

La selva inmensa de Calakmul parece que ha tenido contacto con el ser humano sólo desde hace unas pocas décadas. Sin embargo, esto es sólo una apariencia. La región fue uno de los centros más importantes donde floreció la cultura maya. Durante el periodo Clásico Maya (322-925 *d.C.*), Calakmul se convirtió en una ciudad-estado, centro de poderío militar y económico, que competía en grandeza con Chichen Itzá, al norte y con Tikal, al sur. Para esa época, se estima que la región era habitada por más de cincuenta mil mayas. Tras el colapso de la cultura maya, atribuida por lo menos en parte a la destrucción de enormes extensiones de selva, las grandes metrópolis fueron abandonadas y quedaron en el olvido. El sitio arqueológico Calakmul que consta de más de seis mil estructuras, la mayoría no exploradas todavía, incluye a la pirámide Estructura II que con más de 55 metros es la de mayor altura en el mundo maya. Con la desaparición de los mayas, la selva y los animales reclamaron la región, que quedó inaccesible, inhóspita y aislada hasta la década de 1970.

Calakmul es una de las joyas naturales más importantes que aún perduran en el planeta. Sin embargo, su conservación a largo plazo es uno de los retos más grandes del país. "La Tierra atraviesa hoy en día uno de los periodos más peligrosos de su historia. En tiempos normales su tranquilidad es estremecida esporádicamente por la actividad de algún volcán o por la presencia de un huracán; hoy enfrenta una tormenta de enorme magnitud que pone en peligro su integridad y la continuidad de la vida. La amenaza no procede de cataclismos generados por las azarosas y anárquicas fuerzas de la naturaleza —un impacto de meteorito, una nueva glaciación o el colapso de los continentes— que han moldeado la evolución a lo largo de los tiempos. Lo que hoy enfrentamos como colectividad es el resultado de los efectos negativos de las actividades del ser humano, acumulados a lo largo de generaciones, pero que han sido especialmente severos en el último siglo", escribió hace tiempo el doctor Gerardo Ceballos. En Calakmul, el avance de asentamientos humanos legales e ilegales, campos de cultivo, pastizales ganaderos, infraestructura como carreteras, son algunas de las amenazas más severas para la región. Por eso su conservación es una prioridad nacional.

Por fortuna, gracias a su valor biológico y cultural 723,000 hectáreas fueron decretadas como Reserva de la Biósfera por el gobierno federal en 1989. La reserva, que es administrada por la Comisión Nacional de Áreas Naturales Protegidas, está dividida en zonas núcleo con una superficie de 248,260 hectáreas y zonas de amortiguamiento de 474,924. Una década después, el gobierno de Campeche decretó a Balam Kin y Balam Kú como reservas estatales protegiendo otras 520,000 hectáreas, lo que constituye la selva protegida más extensa de México y una de las 20 reservas tropicales más grandes de todo el mundo.

En los últimos años, el incremento de la población humana en la periferia y en la zona de influencia de la Reserva de la Biósfera Calakmul se ha convertido en una de las mayores amenazas que pone en riesgo la conservación de estas selvas, así como la biodiversidad y los servicios ambientales que proveen la región. La

UN CHAKAH (*ficus* spp.) SE ABRE CAMINO TRAS LOS RESTOS DEL ÁRBOL QUE ESTRANGULÓ CON EL PASO DEL TIEMPO

p. 32
EL CHACHAH, CHAKAH, HUKÚP (*Bursera simaruba*) ES UNA DE LAS ESPECIES ABUNDANTES DE LA REGIÓN; SUS FLORES, CUYA DURACIÓN ES DE UN DÍA, SON VISITADAS POR GRAN CANTIDAD DE ABEJAS

p. 33
LAS AGUADAS SON DE LAS POCAS FUENTES DE AGUA EN LA REGIÓN DURANTE LA TEMPORADA DE SECAS

población local ejerce una presión sobre la zona de amortiguamiento con extensa cacería y extracción de madera furtiva. Las áreas más afectadas por la presión humana se encuentran al este de la reserva. La parte oeste y sur no tienen problemas de deforestación y están a salvo de cualquier invasión o explotación, gracias a su inaccesibilidad.

La vegetación imponente

Calakmul es una región de superlativos biológicos. Se tiene registro de 1,537 especies de plantas, que incluyen desde árboles majestuosos como el chicozapote (*Manílkara zapota*) hasta pequeñas orquídeas. El inventario de la flora es aún incompleto, por lo que se espera que el número de plantas sea tal vez de más de dos mil especies. El conocimiento local de la flora es muy interesante e impresionante. Los pobladores locales conocen las plantas comestibles, las venenosas, las que tienen propiedades curativas y las que sirven para construir por ser maderas resistentes a las inclemencias del clima, por ejemplo. El chicozapote y el ramón (*Brosímum alicastrum*) dan frutos comestibles; los de este último se usan para hacer café y una masa parecida al pan, además de que sus hojas son forraje para el ganado y su madera es apreciada en la construcción. La caoba (*Swietenia macrophylla*) era muy abundante pero casi está extinta localmente, por la tala indiscriminada. Abunda la pimienta y otras plantas útiles. En otra perspectiva, muchas plantas de la selva contienen compuestos químicos que les sirven como protección frente a posibles animales depredadores. Si se tiene la mala fortuna de tocar el chechen (*Metopium brownei*) se produce una intensa reacción en la piel, que puede durar hasta un mes en aliviarse. En la selva, la reacción del chechen se puede contrarrestar con la corteza del chaká (*Bursera simaruba*).

A pesar de que desde lo alto de la Estructura II la selva de Calakmul parece ser uniforme, en realidad es un mosaico de diferentes tipos de selva, que difieren en su estructura, como la altura de los árboles, sus especies de plantas y su localización, respondiendo a factores del medio ambiente como el tipo de suelo, la disponibilidad de agua y la historia. Los ciclos biológicos de la selva están dominados por la época de lluvias y la de secas. Cada año, las lluvias se presentan de manera regular desde principios de julio hasta finales de septiembre. En esa temporada grandes extensiones se inundan, por lo que se tornan casi inaccesibles.

Las selvas de Calakmul pueden agruparse de acuerdo con la fisonomía, básicamente la altura de sus árboles, y fenología, principalmente en la cantidad de especies que pierden las hojas en la época de sequía. De manera muy general hay cuatro tipos diferentes de selva: la alta, la selva mediana, la baja caducifolia y la selva baja inundable.

La *selva alta* se caracteriza porque los árboles dominantes tienen más de 25 metros de altura. Pocas especies arbustivas pierden sus hojas durante la temporada seca, por lo que en general se ve siempre verde; tiene escasos bejucos y epifitas, y casi no hay palmas en la parte baja de la selva. Se ubica principalmente en la zona sur

LOS CUERPOS DE AGUA, CONSTITUIDOS POR AGUA DE LLUVIA, PRODUCEN LAGUNAS SOMERAS, LLAMADAS "AGUADAS", Y DE ELLOS DEPENDEN LAS ESPECIES Y COMUNIDADES HUMANAS DE LA REGIÓN PARA SU SUPERVIVENCIA

pp. 36-37
LAS AGUADAS SE FORMARON POR HUNDIMIENTOS NATURALES, SON CIRCULARES Y POCO PROFUNDAS. ALGUNAS DE ELLAS FUERON CONSTRUIDAS POR LOS MAYAS, CONECTADAS A CANALES PARA LA CONSERVACIÓN DEL AGUA DURANTE EL TIEMPO DE SECAS

de la región de Calakmul, a lo largo de la frontera con Guatemala. La selva alta ocupa el 15% de la región, lo que representa alrededor del 80% de toda la selva alta de la Península de Yucatán. Los árboles más notables de esta hermosa y amenazada selva son el chicozapote, la caoba, el ramón, el tzalam (*Lysiloma latisiliqua*), la guaya (*Talisia olivaeformis*), el kakaoché (*Alseis yucatanensis*), la sac-chacá (*Dendropanax arboreus*), la amapola (*Pseudobombax ellipticum*), el cedro (*Cedrela odorata*) y el zapote mamey (*Pouteria sapota*).

La *selva mediana* se caracteriza por tener árboles entre 15 y 25 metros de altura y porque la mitad de las plantas pierden las hojas durante la temporada de seca. Esta selva está representada en toda la región de Calakmul. El chaká, con su hermosa corteza desprendible, como si fueran hojas de papel, es muy común en estas selvas. Otros árboles interesantes son el machiche (*Lonchocarpus castilloi*), el chicozapote, el jobillo (*Astronium graveolens*), el jabín (*Piscidia piscipula*), el guayacán (*Guaiacum sanctum*).

La *selva baja caducifolia* es la selva más baja, con árboles de entre 5 y 15 metros de altura. La mayoría de las plantas pierden sus hojas para sobrevivir en la época de secas. Algunos árboles característicos son el chaká, el jabín, el guayacán, el yaité (*Gliricidia sepium*) y el tzalam.

La *selva baja inundable* se caracteriza por estar inundada entre seis y ocho meses del año. Debido al drenaje deficiente, los árboles son bajos, de entre 8 y 12 metros. Se distribuyen de manera fragmentada en Calakmul. Uno de los árboles dominantes y característicos de estas selvas es el palo de tinte (*Haematoxylon campechanianum*), que se usa para producir el tinte rojo, que es un colorante que se emplea para teñir telas en la Península de Yucatán.

LAS BROMELIAS SON PLANTAS EPIFITAS QUE CRECEN SOBRE LOS ÁRBOLES USÁNDOLOS COMO SOPORTE

p. 40
LAS ORQUÍDEAS SON PLANTAS HERBÁCEAS, TERRESTRES O EPÍFITAS Y ALGUNAS TREPADORAS, LAS HAY SAPRÓFITAS Y MICOHETEROTRÓFICAS. LAS EPÍFITAS PUEDEN SER PERENNES, PERO SU SUBSISTENCIA ESTÁ LIGADA A LA EXISTENCIA DEL ÁRBOL QUE LAS SUSTENTA

p. 41
LAS FLORES DE LA ORQUÍDEA DEL GÉNERO *Encyclia*, DE UNA HERMOSURA DELICADA, SON PRODUCTORAS DE NÉCTAR, PROPIEDAD QUE DISPONEN COMO ESTÍMULO PARA LOS POLINIZADORES. NINGUNA FAMILIA DE PLANTAS TIENE UNA SERIE DE FLORES TAN DIVERSAS

EL TUCÁN PICO CANOA
(*Ramphastos sulfuratus*) ES UNA
ESPECIE AMENAZADA EN
NUESTRO PAÍS DEBIDO A SU
COMERCIO ILEGAL Y A LA
DESTRUCCIÓN DE LAS SELVAS

p. 44 (arriba)
EL CHEJÉ O CARPINTERO DE
FRENTE AMARILLA (*Melanerpes
aurifrons*) TIENE GRAN CAPACIDAD
PARA TREPAR ÁRBOLES
Y UTILIZA SU PICO PARA
PERFORAR LOS TRONCOS A
FIN DE EXTIRPAR Y ALIMENTARSE
DE LAS LARVAS E INSECTOS QUE
VIVEN BAJO LAS CORTEZAS

p. 44 (abajo)
Chloroceryle aenea, EL MÁS PEQUEÑO
DE TODOS LOS MARTINES
PESCADORES, MIDE 14 CM,
HABITA LAS ZONAS PANTANOSAS,
ARROYOS Y MANGLARES DE LA
SELVA; SE ALIMENTA DE
INSECTOS Y PECES

p. 45
EL PICAMADEROS PIQUICLARO
(*Campephilus guatemalensis*) SE
ALIMENTA EN LA PARTE
SUPERIOR DE LOS TRONCOS Y
PRINCIPALES RAMAS DE ÁRBOLES
GRANDES; ESENCIALMENTE DE
LAS LARVAS DE ESCARABAJOS,
QUE REPRESENTAN EL 70% DE
SU DIETA, PERO TAMBIÉN COME
TERMITAS Y BAYAS DE ALGUNOS
ARBUSTOS

p. 46
LA AVES RAPACES DEL GÉNERO
Falco HABITAN LOS MÁRGENES DE
LA SELVA, EN LA VEGETACIÓN
PRÓXIMA A LOS CURSOS DE AGUA

p. 47 (arriba)
LOS HALCONES DEL GENERO
Micrastur HACEN SU VIDA
EN EL SOTOBOSQUE DE LA SELVA
Y FRECUENTAN ÁREAS DE
VEGETACIÓN DENSA SEMIABIERTA

p. 47 (abajo)
LAS AVES DE PRESA O RAPACES,
DE ACTIVIDAD DIURNA O
NOCTURNA, POSEEN GARRAS
Y PICOS FUERTES Y AFILADOS
CON LOS QUE SUJETAN Y
DESGARRAN Y PERFORAN A SUS
PRESAS

FAUNA

Uno de los mayores atractivos de Calakmul, y de otras regiones tropicales, es su abundancia de vida. Una caminata al amanecer o atardecer en la selva revela una plétora de especies animales, desde minúsculas hormigas de milímetros de tamaño, hasta parvadas inmensas de pericos, e inclusive con algo de suerte a un majestuoso jaguar. A pesar de que se ha estudiado poco la fauna de la región se estima que existen miles, tal vez decenas de miles, de especies de fauna. Más de 200 especies de mariposas diurnas, como la morfo azul, viste de llamativos colores.

Se han registrado 70 especies de reptiles y anfibios, con numerosas especies de exóticas ranas y más de 20 especies de serpientes, entre las que se encuentra la nauyaca (*Bothrops asper*) que es la más venenosa de México y su mordida suele ser mortal si no se trata rápidamente. La región alberga a más de 350 especies de aves, lo que representa el 85% de las especies reportadas para el estado de Campeche; de estas el 57% son residentes y el resto migratorias.

Se tiene conocimiento en la región de 86 especies de mamíferos, de las cuales nueve se encuentran en peligro de extinción como el jaguar (*Panthera onca*), el ocelote (*Felis pardalis*), el tapir (*Tapirus bairdii*) y el pecarí de labios blancos (*Tayassu pecari*). Estas especies enfrentan severos problemas de conservación a lo largo de su área de distribución, sin embargo aún se mantienen grandes poblaciones de estas especies en Calakmul.

La principal amenaza para la conservación de la diversidad biológica de la región es la deforestación de las selvas y la cacería ilegal. Entre las principales especies más buscadas por la cacería se encuentra el venado cola blanca (*Odocoileus virginianus*), el temazate (*Mazama*), el pecarí de labios blancos y de collar (*Tayassu pecari* y *T. tajacu*) y el sereque (*Dasyprocta puntata*).

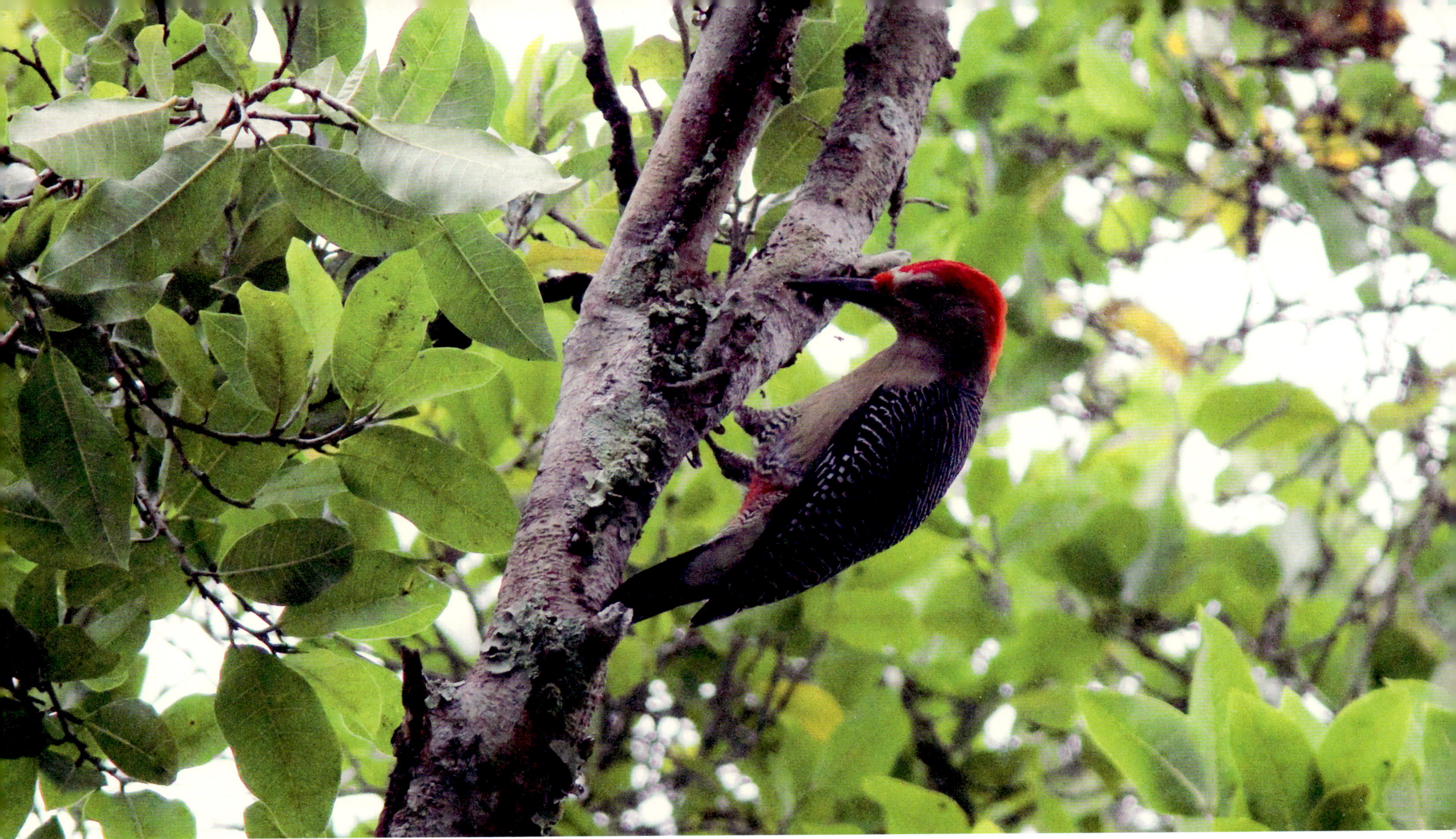
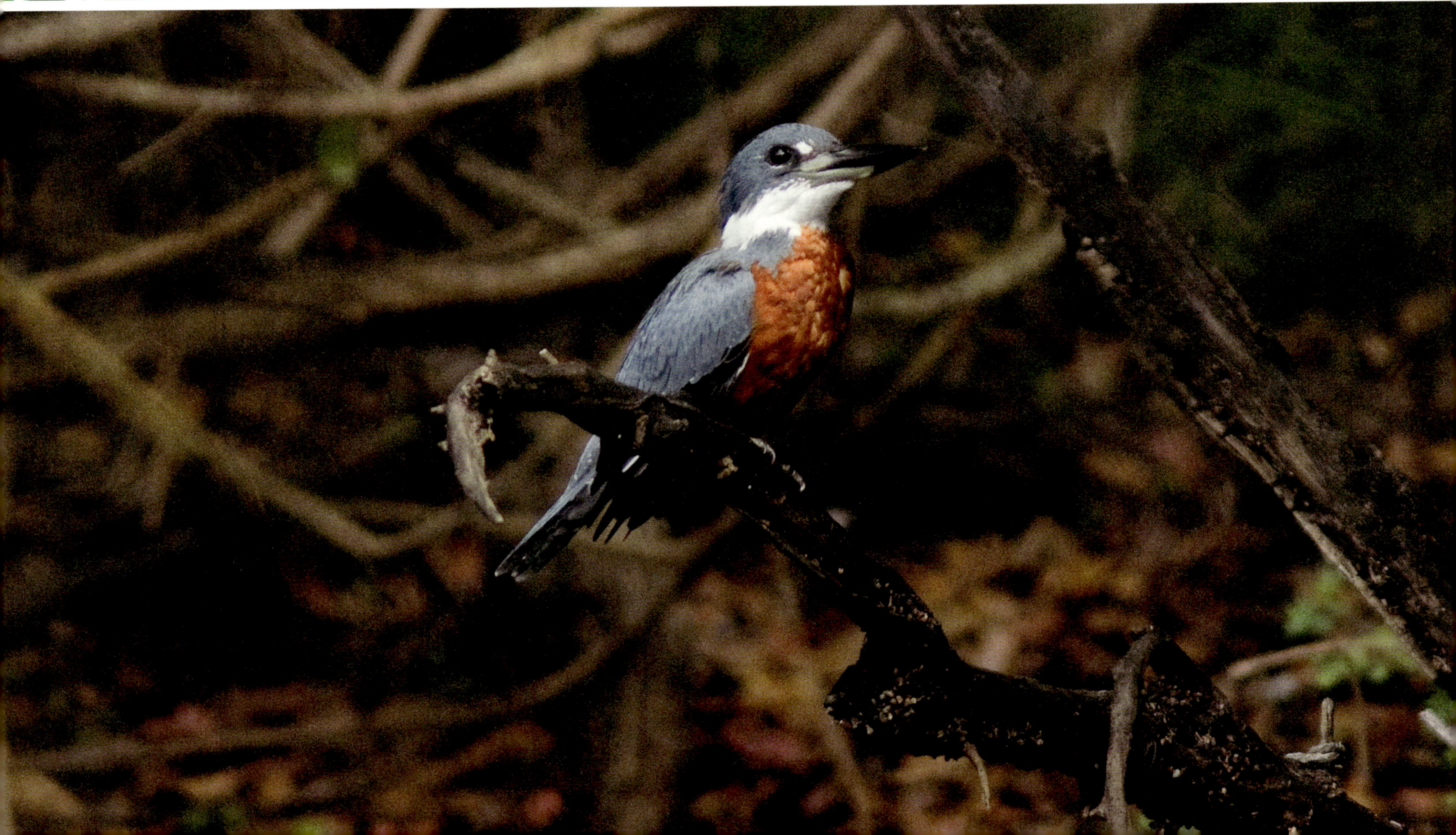

EL JAGUAR: SEÑOR DE LA SELVA

Para los mayas y otras culturas prehispánicas el jaguar fue un animal mítico, temido y adorado. Para nosotros es aún el más imponente de los depredadores de los trópicos de América. Hace más de quince años comenzamos un estudio sobre la ecología y conservación del jaguar en la región de Calakmul. Poco se sabía de ese magnífico felino entonces. Gracias a ese estudio hemos obtenido una clara visión de su situación actual y una visión íntima de las selvas de la región. Hace tiempo el doctor Ceballos describió de la siguiente manera el estudio (Ceballos, 2010):

Éste es el diario de uno de tantos días que hemos trabajado en esta región y que forma parte de la historia de un majestuoso jaguar llamado Tony.

2:00 am

Las claras noches invernales en la selva del sureste de México son increíblemente frías. Esta madrugada, el frío húmedo me ha despertado a las dos de la mañana. La oscuridad es intensa, por lo que me lleva tiempo adaptarme y ver —o adivinar— formas extrañas en la penumbra. Estoy tan exhausto que tengo la impresión de que esta temporada de trabajo de campo sobre la ecología y la conservación del jaguar… hubiera comenzado hace meses, en lugar de sólo la semana pasada. Los ruidos de la selva comparten el pequeño catre donde dormí. Escucho una sinfonía de ranas y grillos. Una lechuza ulula sin cesar… Nuestro campamento se encuentra ubicado en la orilla de una aguada, como llaman los habitantes a los pequeños lagos que abundan en la zona…

3:30 am

Al conciliar el sueño nuevamente, llega nuestro ayudante y me despierta. Me visto lentamente. Salgo de la casa de campaña y contemplo el claro cielo cuajado de innumerables estrellas, tan antiguas como el universo mismo. Cargo mi mochila con los binoculares, las cámaras, una botella de agua y algunos dulces… Tomamos un rápido y frugal desayuno de galletas y café. Las camionetas están listas. La jauría que dirige *Sombra*, una perra de raza indefinida que parece ansiosa por iniciar su difícil carrera dentro de la selva, está lista. Uno de los perros estuvo ladrando toda la noche, como si presintiera la presencia del jaguar. Poco después de las cuatro de la madrugada salimos del campamento siguiendo un camino de terracería que se adentra en la selva, para empezar la búsqueda del jaguar…

6:00 am

Los primeros rayos de sol anuncian la mañana. A medida que avanza el día, la selva despierta. Nos rodean los cantos de las aves; se distingue especialmente la ruidosa presencia de las chachalacas. Pancho se detiene. Ha encontrado un rastro fresco que parece de jaguar. Rápidamente soltamos a los perros. *Sombra* corre en círculos tratando de husmear el rastro. De pronto, sus aullidos nos anuncian que lo ha encontrado y sale corriendo enloquecida por la selva, seguida por los demás perros que aúllan sin cesar. Siento que el corazón se me sale del pecho. Otro guía corre tras los perros, tratando de seguirlos lo

PARA LOS MAYAS Y OTRAS CULTURAS PREHISPÁNICAS EL JAGUAR FUE UN ANIMAL MÍTICO, TEMIDO Y ADORADO. PARA NOSOTROS ES AÚN EL MÁS IMPONENTE DE LOS DEPREDADORES DE LOS TRÓPICOS DE AMÉRICA

pp. 50-51
LA PENÍNSULA DE YUCATÁN MANTIENE LA POBLACIÓN MÁS GRANDE DE JAGUARES EN NORTEAMÉRICA

pp. 52-53
A DIFERENCIA DE OTROS GATOS, AL JAGUAR LE GUSTA EL AGUA Y ES UN EXCELENTE NADADOR

más cerca posible para asegurarse de que no se extravíen o de que el felino no les haga daño. Tratamos de seguirlos, pero en pocos minutos nos dejan atrás. Sólo podemos guiarnos por sus aullidos cada vez más lejanos; avanzamos lentamente...

10:30 am

Caminamos más de tres horas agobiantes. Cuando todo parece indicar que hemos perdido a los perros, los escuchamos aullar a lo lejos. Ya no corren. ¡Han logrado que el jaguar trepe a un árbol! Media hora después, cuando finalmente los alcanzamos... ¡Tenemos un jaguar enorme! Cuauhtémoc prepara el rifle con el dardo de tranquilizante, apunta y a los pocos minutos el jaguar está en tierra. Le ponemos gotas en los ojos para protegerlos y le cubrimos la cara con un paño limpio. Medimos su cuerpo, lo pesamos y tomamos muestras de sangre, determinamos su sexo y evaluamos su condición física en general. Bautizamos como *Tony* a este imponente macho de casi 70 kilogramos. Constantemente medimos su ritmo cardíaco para comprobar que el tranquilizante no tenga efectos negativos. Para terminar le colocamos el radio-collar que nos permitirá seguir su deambular durante los próximos dos años... Ahora sabemos que los jaguares de Calakmul tienen principalmente hábitos nocturnos y descansan la mayor parte del día a la sombra de un árbol o en una cueva. Sus presas principales son el pecarí, el venado temazate, el coatí, el armadillo y el tepezcuintle. Tony tiene un enorme territorio de más de 60,000 hectáreas, que se sobrepone con el territorio de varias hembras. En un día puede recorrer hasta 10 kilómetros en busca de agua o alimento. Su territorio, en el que se encuentra un poblado, es surcado por una serie de brechas de terracería que usa frecuentemente para desplazarse y una carretera pavimentada a la que evita en lo posible. Tony es constantemente acechado por cazadores furtivos, por lo que ha aprendido a sobrevivir concentrando su actividad en el crepúsculo y en la noche. La población en la reservas de Calakmul es de más de 600 jaguares, por lo que es la región más importante para la conservación de la especie en México y Centroamérica...

12:10 pm

Bajo la sombra de un inmenso chicozapote, contemplamos asombrados, en silencio, al imponente jaguar. Sus profundos y misteriosos ojos amarillos nos observan con detenimiento. Se ha recuperado lentamente de los efectos del tranquilizante. Con mucho cuidado escucha, olfatea y vigila. Tal vez somos los primeros seres humanos que ha visto. Trata de comprender qué está pasando. Ya se han llevado a los perros; sus aullidos son ahora lejanos. Súbitamente se levanta restablecido por completo y salta sobre el tronco de un gran árbol caído sin hacer el más mínimo ruido, a pesar de que el suelo está cubierto de hojas secas. Inmutable, nos regala una mirada antes de desaparecer, majestuoso, entre la selva. Es una escena difícil de olvidar. En ese momento me pregunto cuál será su futuro y no puedo imaginarme el mundo sin ésta y muchas otras especies en peligro de extinción. Su supervivencia depende de nosotros y la nuestra, paradójicamente, sólo será posible con la de ellos...

AL DESPERTAR EL ALBA, LOS MONOS AULLADORES COMIENZAN SU DESPLAZAMIENTO CON VOCALIZACIONES PARA INDICAR SU POSICIÓN

p. 59
EL COCODRILO DE PANTANO (*Crocodylus moreletii*) ES UNA ESPECIE DIEZMADA SUJETA A PROTECCIÓN ESPECIAL (PR). PREFIERE ARRELLANARSE EN ZONAS DESOLADAS, QUE SE ENCUENTREN AISLADAS DE LOS CUERPOS DE AGUA DULCE, PANTANOS Y AGUADAS

ANFIBIOS

Orden ANURA
Sapo (*Chaunus marinus*)
Sapo (*Cranopsis valliceps*)
Rana (*Agalychnis callidryas*)
Rana (*Dendropsophus ebraccatus*)
    Dendropsophus microcephala
    Scinax staufferi
    Smilisca baudinii
    Tlalocohyla loquax
    Tlalocohyla picta
    Trachycephalus venulosa
    Triprion petasatus
  Familia Leptodactylidae
    Leptodactylus fragilis
    Leptodactylus melanonotus
  Familia Mycrohylidae
    Gastrophryne elegans
    Hypopachus variolosus
  Familia Ranidae
    Lithobates brownorum
    Lithobates vaillanti
  Familia Rhinophrynidae
    Rhinophrynus dorsalis

Orden CAUDATA
  Familia Plethodontidae
    Bolitoglossa mexicana
    Bolitoglossa yucatana

REPTILES

Orden SAURIA
  Familia Corytophanidae
    Basiliscus vittatus
    Corytophanes cristatus
    Laemanctus serratus
  Familia Eublepharidae
    Coleonyx elegans
  Familia Iguanidae
    Ctenosura similis
    Iguana iguana
  Familia Gekkonidae
    Sphaerodactylus glaucus
  Familia Phrynosomatidae
    Sceloporus chrysostictus
  Familia Polychridae
    Anolis lemurinus
    Anolis rodriguezi
    Anolis sericeus
    Anolis tropidonotus

  Familia Scincidae
    Eumeces schwartzei
    Mabuya brachyopoda
  Familia Teiidae
    Ameiva undulata

Orden SERPENTES
  Familia Boidae
    Boa constrictor
    Spilotes pullatus
  Familia Corytophanidae
    Corytophanes cristatus
  Familia Colubridae
    Coniophanes imperialis
    Coniophanes schmidti
    Dipsas brevifacies
    Drymarchon corais
    Drymobius margaritiferus
    Elaphe triaspis = Senticolis triaspis
    Ficima publia
    Leptodeira frenata
    Leptophis ahaetulla
    Leptophis mexicanus
    Ninia sebae
    Oxybelis fulgidus
    Pseustes poecilonotus
    Sibon fasciata
    Sibon sartorii
    Tantilla canula
  Familia Elaphidae
    Micrurus diastema
  Familia Typhlopidae
    Typhlops microstomus
  Familia Viperidae
    Bothrops asper
    Crotalus durissus

Orden TESTUDINES
  Familia Bataguridae
    Rhinoclemmys areolata
  Familia Emydidae
    Trachemys scripta
  Familia Kinosternidae
    Claudius angustatus
    Kinosternon leucostomum
    Kinosternon scorpioides
  Familia Staurotypidae
    Staurotypus triporcatus

Orden CROCODYLIA
  Familia Crocodylidae
    Crocodylus moreletii

AVES

Orden TINAMIFORMES
  Familia Tinamidae
    Crypturellus boucardi
    Crypturellus cinnamomeus
    Crypturellus boucardi
    Crypturellus cinnamomeus

Orden PELECANIFORMES
  Familia Phalacrocoracidae
    Phalacrocorax brasilianus
  Familia Anhingidae
    Anhinga anhinga

Orden CICONIIFORMES
  Familia Ardeidae
    Tigrisoma mexicanum
  Familia Cochleariidae
    Cochlearius cochlearius
  Familia Threskiornithidae
    Eudocimus albus
  Familia Cathartidae
    Cathartes aura
    Coragyps atratus

Orden ANSERIFORMES
  Familia Anatidae
    Anas discors

Orden FALCONIFORMES
  Familia Accipitridae
    Leptodon cayanensis
    Rostrhamus sociabilis
    Geranospiza caerulescens
    Buteo magnirostris
    Spizaetus ornatus
  Familia Falconidae
    Micrastur ruficollis
    Micrastur semitorquatus
    Falco deiroleucus

Orden GALLIFORMES
  Familia Cracidae
    Ortalis vetula
    Penelope purpurascens
    Crax rubra
  Familia Phasianidae
    Meleagris ocellata
  Familia Odontophoridae
    Dactylortyx thoracicus

Orden COLUMBIFORMES
 Familia Columbidae
  Columba speciosa
  Columba flavirostris
  Zenaida asiatica
  Columbina talpacoti
  Claravis pretiosa
  Leptotila verreauxi
  Leptotila jamaicensis

Orden PSITTACIFORMES
 Familia Psittacidae
  Aratinga nana
  Brotogeris jugularis
  Pionopsitta haematotis
  Pionus seniles
  Amazona albifrons
  Amazona xantholora
  Amazona autumnalis
  Amazona farinosa

Orden CUCULIFORMES
 Familia Cuculidae
  Piaya cayana
  Dromococcyx phasianellus
  Crotophaga sulcirostris

Orden STRIGIFORMES
 Familia Strigidae
  Glaucidium brasilianum

Orden APODIFORMES
 Familia Trochilidae
  Campylopterus curvipennis
  Chlorostilbon canivetii
  Archilochus colubris
  Amazilia candida

Orden TROGONIFORMES
 Familia Trogonidae
  Trogon melanocephalus
  Trogon violaceus

Orden CORACIIFORMES
 Familia Momotidae
  Momotus momota

Orden PICIFORMES
 Familia Ramphastidae
  Ramphastos sulfuratus
 Familia Picidae
  Melanerpes aurifrons
  Melanerpes pygmaeus
  Melanerpes rubricapillus
  Dryocopus lineatus
  Campephilus guatemalensis

Orden PASSERIFORMES
 Familia Dendrocolaptidae
  Dendrocincla anabatina
  Dendrocincla homochroa
  Sittasomus griseicapillus
  Xiphorhynchus flavigaster
 Familia Thamnophilidae
  Thamnophilus doliatus
 Familia Tyrannidae
  Elaenia flavogaster
  Mionectes oleagineus
  Oncostoma cinereigulare
  Rhynchocyclus brevirostris
  Tolmomyias sulphurescens
  Platyrinchus cancrominus
  Onychorhynchus coronatus
  Contopus cinereus
  Contopus virens
  Empidonax affinis
  Pyrocephalus rubinus
  Attila spadiceus
  Myiarchus tuberculifer
  Myiarchus yucatanensis
  Pitangus sulphuratus
  Megarynchus pitangua
  Myiozetetes similis
  Myiodynastes luteiventris
  Tyrannus couchii
  Tyrannus melancholicus
 Familia Cotingidae
  Tityra semifasciata
 Familia Vireonidae
  Vireo griseus
  Vireo pallens
  Vireo flavifrons
  Vireo flavoviridis
  Hylophilus decurtatus
  Hylophilus ochraceiceps
 Familia Corvidae
  Cyanocorax yncas
  Cyanocorax morio
  Cyanocorax yucatanicus

Familia Troglodytidae
  Thryothorus maculipectus
  Thryothorus ludovicianus
  Uropsila leucogastra
Familia Sylviidae
  Ramphocaenus melanurus
  Polioptila caerulea
Familia Turdidae
  Catharus ustulatus
  Hylocichla mustelina
  Turdus grayi
Familia Mimidae
  Dumetella carolinensis
  Melanoptila glabrirostris
  Mimus gilvus
Familia Parulidae
  Dendroica magnolia
  Mniotilta varia
  Setophaga ruticilla
  Seiurus noveboracensis
  Wilsonia citrina
  Wilsonia pusilla
  Granatellus sallaei
Familia Thraupidae
  Eucometis penicillata
  Habia rubica
  Habia fuscicauda
  Piranga roseogularis
  Piranga rubra
  Euphonia hirundinacea
Familia Emberizidae
  Arremonops rufivirgatus
Familia Cardinalidae
  Saltator atriceps
  Pheucticus ludovicianus
  Cyanocompsa cyanoides
  Cyanocompsa parellina
  Passerina ciris
Familia Icteridae
  Dives dives
  Icterus auratus
  Icterus gularis
  Amblycercus holosericeus
  Psarocolius decumanus
  Psarocolius montezuma

MAMÍFEROS

Orden DIDELPHIMORPHIA
  Familia Marmosidae
    Marmosa mexicana
    Tlacuatzin canescens
  Familia Caluromyidae
    Caluromys derbianus
  Familia Didelphidae
    Didelphis marsupialis
    Didelphis virginiana
    Philander opossum

Orden XENARTHRA
  Familia Dasypodidae
    Dasypus novemcinctus
  Familia Myrmecophagidae
    Tamandua mexicana

Orden INSECTÍVORA
  Familia Soricidae
    Cryptotis mayensis

Orden CHIROPTERA
  Familia Emballonuridae
    Peropteryx macrotis
    Rhynchonycteris naso
    Saccopteryx bilineata
  Familia Noctilionidae
    Noctilio leporinus
  Familia Mormoopidae
    Mormoops megalophylla
    Pteronotus davyi
    Pteronotus parnelli
    Pteronotus personatus
  Familia Phyllostomidae
    Micronycteris megalotis
    Micronycteris sylvestris
    Diaemus youngi
    Desmodus rotundus
    Diphylla ecaudata
    Chrotopterus auritus
    Trachops cirrhosus
    Vampyrum spectrum
    Artibeus jamaicensis
    Artibeus lituratus
    Carollia perspicillata
    Carollia brevicauda
    Centurio senex
    Chiroderma villosum
    Dermanura phaeotis
    Enchisthenes hartii
    Glossophaga soricina
    Hylonycteris underwoodi

    Mimon bennettii
    Mimon crenulatum
    Sturnira lilium
    Sturnira ludovici
    Uroderma bilobatum
    Vampyressa pusilla
  Familia Natalidae
    Natalus stramineus
  Familia Vespertilionidae
    Eptesicus furinalis
    Lasiurus borealis
    Lasiurus ega
    Lasiurus intermedius
    Myotis elegans
    Myotis keaysi
    Rhogeessa tumida
  Familia Molossidae
    Eumops auripendulus
    Eumops glaucinus
    Eumops nanus
    Molossus rufus
    Molossus sinaloae
    Promops centralis
    Nyctinomops laticaudata

Orden PRIMATES
  Familia Cebidae
    Alouatta pigra
    Ateles geoffroyi

Orden CARNÍVORA
  Familia Canidae
    Urocyon cinereoargenteus
  Familia Felidae
    Leopardus pardalis
    Leopardus wiedii
    Puma concolor
    Puma yagouaroundi
    Panthera onca
  Familia Mustelidae
    Lontra longicaudis
    Eira babara
    Galictis vittata
    Mustela frenata
    Conepatus semistriatus
    Spilogale putorius
    Potos flavus
  Familia Procyonidae
    Bassariscus sumichrasti
    Nasua narica
    Procyon lotor

Orden PERISSODACTYLA
  Familia Tapiridae
    Tapirus bairdii

Orden ARTIODACTYLA
  Familia Cervidae
    Mazama americana
    Mazama pandora
    Odocoileus virginianus
  Familia Tayassuidae
    Tayassu pecari
    Tayassu tajacu

Orden RODENTIA
  Familia Sciuridae
    Sciurus deppei
    Sciurus yucatanensis
  Familia Geomyidae
    Orthogeomys hispidus
  Familia Heteromyidae
    Heteromys gaumeri
  Familia Muridae
    Oligoryzomys fulvescens
    Oryzomys melanotis
    Oryzomys palustris
    Otonyctomys hatti
    Ototylomys phyllotis
    Peromyscus yucatanicus
    Reithrodontomys gracilis
    Sigmodon hispidus
  Familia Erethizontidae
    Coendou mexicanus
  Familia Cuniculidae
    Cuniculus paca
  Familia Dasyproctidae
    Dasyprocta punctata

Orden LAGOMORPHA
  Familia Leporidae
    Sylvilagus brasiliensis

LA ENCRUCIJADA DE TÉRMINOS

Juan M. Labougle
Claudia Agraz

GOLFO DE MÉXICO

Sonda de Campeche

Legend:
- Pantano
- Área natural protegida
- Ríos y cuerpos de agua
- Principales carreteras
- Límite estatal
- Límite municipal

Estero de Sabancuy

○ Sabancuy

Península El Palmar

Calax ○

Isla del Carmen

San Román ○

Puerto Real ○

Canal Grande

Ciudad del Carmen

Laguna de Panlau

○ Nuevo Campechito

Atasta ○

Xicalango ○

L. Las Palmas

Boca de Pargos

LAGUNA DE TÉRMINOS

L. Atasta

L. Puerto Rico   L. Lodazal

Laguna Pom

L. Los Loros

Río Maman

Río San Pedro y San Pablo

Laguna el Muerto

L. Carlos

Boca de Atasta

Mamantel

Laguna de Palancares

Península de Atasta

Laguna del Corte

L. Los Negros   L. Piedra

L. Chocajito

L. Boca Vieja

L. Sureste

Laguna de Balchacah

ESTADO DE TABASCO

Río La Gloria

Laguna del Viento

L. San Francisco

Lagón Dulce

Laguna del Este

Río Candelaria

L. Caño Grande

Río Palizada

Laguna del Vapor

Kilómetro 59 ○

Río Usumacinta

El Cimarrón ○

Pino Suárez ○

Santa Cruz ○

L. Colorada

Pantanos de Centla

Palizada

Río del Este

Río Champán

San Manuel ○   **Carmen**

Candelaria

Naranjos ○

ESTADO DE CAMPECHE

Candelaria

Jonuta ○

Río Palizada

Los Tulipanes ○

Palizada

La región de Términos es una encrucijada

entre las tierras de aluvión formadas por los ríos del Golfo de México, las tierras kársticas de la Península de Yucatán y las tierras de la plataforma continental sumergidas que conforman la sonda de Campeche. Términos tiene una superficie mayor a un millón de hectáreas y su principal rasgo físico es una enorme laguna (denominada laguna de Términos). La zona está delimitada al norte por una isla de barrera (isla del Carmen) que la separa casi por completo de la sonda de Campeche, al noreste está contenida por los suelos calizos y paisajes propios de la Península de Yucatán. Al sur y sureste destacan ríos y lagunas características de las tierras bajas del Golfo de México, como el río Candelaria que descarga en la laguna de Panlau, el río Chumpan que forma la laguna de Balchacah, el río del Este y el río Palizada que dan origen a las lagunas de El Vapor, del Este y del Viento. El suroeste de la región de Términos está delimitado por el río San Pedro y San Pablo; afluente del río Usumacinta y por un conjunto de lagunas interconectadas que son Las Coloradas, Pom, Atasta, Los Negros y Puerto Rico; el extremo occidental de la región es la Península de Atasta.

El elemento dominante de toda el área es el agua; aún cuando laguna de Términos es casi una cuenca cerrada existen dos bocas permanentes (Puerto Real y el Carmen) que comunican la laguna con el mar y la sonda de Campeche. Un conjunto de ríos y drenajes agregan paisajes acuáticos a la región; el estero de Sabancuy, las distintas lagunas litorales, los cauces de los diferentes ríos, hasta los terrenos agropecuarios y las áreas con vegetación naturales se encuentran inundados gran parte del año y contribuyen a un espejo de agua que se antoja infinito. En gran medida, la región de Términos fue formada por las descargas del río Usumacinta que conforme fue depositando aluvión fue migrando hacia el oeste, hasta unirse al río Grijalva en Pantanos de Centla (Tabasco). Actualmente, la región es el margen derecho del río Usumacinta, que continúa descargando agua y azolves de Guatemala y Chiapas mediante los ríos Palizada y San Pedro-San Pablo.

En consecuencia, el paisaje predominante está conformado por terrenos de relieve bajo e inundables en época de lluvias. La morfogénesis del territorio ha sido larga y compleja. En primer lugar destacan los terrenos ganados al mar mediante los

depósitos de aluvión producto del empuje de los distintos ríos, en especial el Usumacinta, lo que dio origen al actual delta del río Palizada, gran parte de la Península de Atasta y las riberas del sistema Pom-Atasta. Destacan también los cordones litorales generados por los depósitos de arenas que resultan del empuje del mar que forman las playas y dunas de la Península de Atasta y del litoral de Sabancuy. Igualmente producto de depósitos marinos son las islas de barrera que forman isla del Carmen. Los terrenos bajos han sido cubiertos por una vegetación propia de humedales, como son manglares de cuatro distintas especies, pastizales salinos que soportan la inundación varios meses al año, pastos marinos que requieren bancos de arena a poca profundidad en aguas someras, tranquilas y trasparentes, selvas bajas con palmares adaptadas a terrenos inundables.

El conjunto de tipos de suelos, relieve y tipos de vegetación, dan origen a un paisaje conocido como sistema fluvio-palustre y conforman diferentes unidades del paisaje que son:

- Isla del Carmen
- Estuario de Sabancuy
- Delta del río Candelaria
- Zona de los ríos y delta del río Palizada
- Sistema lacustre Pom-Atasta
- Península de Atasta
- Laguna de Términos

La superficie total de algunas unidades y partes representativa de las otras, quedaron incluidas dentro del área de protección de flora y fauna de Laguna de Términos, área natural protegida administrada por la Secretaría de Medio Ambiente y Recursos Naturales (SEMARNAT) del gobierno federal, apoyada por el gobierno estatal, los gobiernos municipales y la sociedad civil a través de un consejo asesor.

ISLA DEL CARMEN

Está formada por tres islas de barrera que han sido fusionadas por el desarrollo de barras estrechas de arena, cordones de duna y pantanos de manglar. Detrás de las dunas y cordones de playa se encuentra un mangle bajo y un área de marisma de 20 km de longitud y 5 km de anchura, donde se encuentran praderas de pastos marinos (*Thalassia testudinum, Halodule wrigthii y Syringodium filiformes*) y canales de marea bordeados por individuos de mangle (*Rhizophora mangle, Avicennia germinans, Laguncularia racemosa y Conocarpus erectus*) de gran porte. La isla de barrera está formada a barlovento por varias series de bermas de tormenta, constituidas casi en su totalidad por conchas marinas y fragmentos de conchas, que han sido acumuladas por el océano en especial durante las tormentas; no hay grandes dunas pues los materiales están bien estabilizados por la vegetación. Hacia sotavento, se encuentra extensas zonas de manglares antiguos con un evidente crecimiento hacia la laguna. En la porción central

EL RÍO PALIZADA SE BIFURCA
DEL RÍO USUMACINTA,
TIENE UNA LONGITUD DE
81 KILÓMETROS Y DESEMBOCA
EN LA LAGUNA DE TÉRMINOS EN
UN CANAL ESTRECHO MENOR
A UN KILÓMETRO LLAMADO
BOCA CHICA

PP. 70-71
LAGUNA DE TÉRMINOS ES
LA UNIDAD DE PAISAJE MÁS
RELEVANTE DE TODA LA REGIÓN,
POR SUS DIMENSIONES Y POR
SER EL ÁREA DE MEZCLA DE LAS
DISTINTAS CORRIENTES. ES UN
ESPEJO DE AGUA HETEROGÉNEO
EN ESPACIO Y TIEMPO, CON
CONDICIONES DE CALIDAD DE
AGUA, SALINIDAD, SUELOS,
PROFUNDIDAD Y DIVERSIDAD
BIOLÓGICA QUE VARÍAN DE UN
EXTREMO AL OTRO

PP. 72-73
LAS GAVIOTAS PERTENECEN
A LA FAMILIA LARIDAE QUE
INCLUYE 55 ESPECIES EN EL
MUNDO, DE LAS CUALES 20 SE
HAN REGISTRADO EN MÉXICO.
SON ESPECIES TÍPICAMENTE
COSTERAS MARINAS O COSTERAS
DE LAGOS Y LAGUNAS INTERIORES

(Bahamitas) hay una antigua boca que ha sido rellenada en gran parte por manglares dejando sólo canales como remanentes de ese sistema; existen evidencias de otra boca cercana del límite oriental, en la actualidad completamente cegada.

En la porción occidental extrema de la isla se encuentra Ciudad del Carmen, principal poblamiento de la región, que se origina en el siglo XVIII al establecer los españoles el presidio de nuestra señora de El Carmen (1717). La infraestructura de la ciudad sirve de base para las operaciones petroleras y para la actividad pesquera en la sonda de Campeche.

ESTUARIO DE SABANCUY

El estero de Sabancuy está separado del Golfo de México (sonda de Campeche) por una barrera arenosa bien consolidada; se une a la laguna de Términos mediante un canal de transporte que rodea Isla Aguada y se conecta a la altura de la boca de Puerto Real. Por otra parte, el estero se vincula en la parte noroeste con la sonda de Campeche mediante el estero Noján y también a través de una boca artificial construida a la altura del poblado de Sabancuy. Parte del estero está cubierta por manglar y el resto por remanentes de selva baja.

La superficie del estero es de 32 km² (3,200 hectáreas) con un eje longitud de 40 km y una geoforma estrecha que corre paralela a la línea de costa. El estero tiene una profundidad promedio de 1.5 metros y un drenaje superficial poco desarrollado, puesto que se localiza en un terreno kárstico donde las aguas escurren sobre rocas carbonatadas, que al disolverse en el agua favorecen una rápida infiltración y la formación de corrientes subterráneas.

El tipo de suelo es un karst y, en muchas partes circundantes al estero de Sabancuy, se encuentran terrenos bajos que conforman un *akalche* en la terminología maya de suelos; es decir, terrenos que tienen poca materia orgánica y permanecen inundados durante la época de lluvias, con pocos afloramientos rocosos y casi siempre de color oscuro. La vegetación arbórea de estos terrenos kársticos está constituida por individuos con altura promedio de siete metros, de los que la mitad deja caer sus hojas durante la época de seca. Los árboles con mayor altura, área basal y frecuencia son: *Haematoxylon campechianum* (palo tinto o palo de Campeche), *Bucida buceras* (pukte), *Metopium brownei* (chechen negro), *Cameraria latifolia* (chechen blanco) y *Pachira acuática* (apompo). Estos sitios carecen de un estrato herbáceo variado, posiblemente porque sus suelos están inundados la mayor parte del año, sin embargo abundan gramíneas y ciperáceas tales como *Scleria* spp., y *Eleocharis* sp.; las epífitas las constituyen Orchidaceae como *Encyclia alata*, Piperaceae como *Peperomia* sp., y Bromeliaceae, así como el bejuco *Dalbergia glabra*.

La zona circundante al estero de Sabancuy es poco apta para el desarrollo agropecuario, lo que no ha impedido el desarrollo de ranchos ganaderos que han desmontado la selva baja y propiciado el uso de pastos exóticos, generalmente africanos, para la alimentación del ganado. El área de influencia del estero de Sabancuy termina en el río Mamantel, con una extensión de 41 km que forma la frontera física de los suelos calizos de la Península de Yucatán.

LA GAVIOTA REIDORA (*Larus atricilla*) ES OBSEQUIOSA, GRACIOSA Y LLAMA LA ATENCIÓN HACIA PROPÓSITOS DE CONSERVACIÓN DE LOS ECOSISTEMAS MARINOS

pp. 76-77
LAS AVES RESIDENTES, COMO LA GAVIOTA PLATEADA (*Larus argentatus*), POR SUS HÁBITOS ALIMENTICIOS SON UN COMPONENTE SUSTANCIAL EN LA REGULACIÓN DE LAS POBLACIONES DE ALGUNOS INSECTOS, ANFIBIOS CRUSTÁCEOS Y PECES

p. 78
LA LAGUNA DE TÉRMINOS ES UN ÁREA DE DESARROLLO Y CRECIMIENTO, ASÍ COMO UNA RUTA MIGRATORIA DE LA QUE DEPENDEN LAS EXISTENCIAS DE GRAN DIVERSIDAD DE ESPECIES, COMO LA DEL CORMORÁN OLIVÁCEO O BIGUÁ (*Phalacrocorax brasilianus*)

p. 79
PELÍCANOS Y CORMORANES, ESPERANDO QUE ACLARE LA MAÑANA, COHABITAN EN CONDICIONES NATURALES Y POSEEN UNA ESTRECHA RELACIÓN CON EL AGUA, DEBIDO PRINCIPALMENTE A SUS HÁBITOS ALIMENTICIOS

Zona del Río Candelaria

El Candelaria es el límite físico de los suelos de aluvión del Golfo de México, en otras palabras es la frontera entre el Golfo y la Península de Yucatán. El río Candelaria tiene una longitud de 120 km y transporta agua y terrígenos desde el Petén en Guatemala a través de la porción sur del estado de Campeche, hasta formar la laguna de Panlau, laguna litoral que se comunica con la de Términos a través de la boca de Pargos. La cuenca del río es de 9,623 km² (962,300 hectáreas).

Es un río con una importante historia, ya que con el Usumacinta, fue a principios del siglo XX la ruta de entrada para extraer el chicle, el cedro y la caoba del trópico mexicano, en particular del sur de Campeche. Durante la década de los sesenta y setenta, el río sirvió de medio para la colonización de las tierras tropicales de Campeche, con población proveniente del centro y norte del país.

En la región de Términos (al oeste de la carretera federal 180), el paisaje de la cuenca está conformado por terrenos planos y bajos generalmente inundables en la época de lluvias, cubiertos con vegetación de pastos nativos y pastos exóticos localizados en potreros para ganadería extensiva. Es decir, el delta del río Candelaria es una sabana amplia con fondos de roca caliza cubiertos de aluvión; en esta sabana la energía del río se disipa y los terrígenos se depositan para seguir formando nuevo suelo.

Zona de los ríos y delta del Río Palizada

Al sur de la cuenca del río Candelaria se encuentra otra amplia sabana de relieve plano, más húmeda que la del río Candelaria pero también cubierta de pastos y selvas inundables. Esta zona está formada por el río Chumpan que nace en Tabasco y tiene una longitud de 91 km y una cuenca de 1,225 km (122,500 hectáreas), con un cauce que termina en la laguna de Balchacah o Sitio Viejo, laguna que representa el delta funcional del río. Asimismo, la sabana está formada por el empuje del río Palizada que se bifurca del río Usumacinta cerca de Jonuta en Tabasco y tiene una longitud de 81 km. El Palizada termina en la Laguna de Términos en un canal estrecho menor a un kilómetro llamado Boca Chica.

El drenaje de la extensa sabana se realiza por un conjunto de arroyos donde destacan el arroyo del Este, arroyo Marentes y el arroyo Piñas que a su vez ayudan a formar lagunas litorales como la laguna El Vapor, laguna del Este y laguna del Viento (San Francisco). Este sistema de humedales de mínimo 150 km² (15,000 hectáreas) aledaño y complementario de la sabana, está cubierto por una vegetación de transición entre palustre y manglar. El sistema fluvio-palustre de los ríos Chumpan y Palizada, desciende en última instancia hasta boca Chica y la boca de San Francisco para comunicarse con la Laguna de Términos.

EL PELÍCANO BLANCO AMERICANO (*Pelecanus erythrorhynchos*) POSEE UN VIVO COLOR BLANCO REMATADO POR EL NEGRO QUE ADORNA EL EPÍLOGO DE SUS ALAS Y EL AMARILLO ALREDEDOR DE LOS OJOS. SOBRE EL PICO PRESENTA UNA PROTUBERANCIA PROPIA DE SU ESPECIE

pp. 82-83
DE HÁBITOS SOCIALES, EL PELÍCANO BLANCO AMERICANO SE AGRUPA EN PARVADAS QUE LE HAN LLEVADO A DESPLEGAR PROCESOS EXTRAORDINARIAMENTE SOFISTICADOS PARA CAPTURAR ALIMENTOS

pp. 84-85
LA GAVIOTA, CUYA DIETA ESTÁ PRINCIPALMENTE CONSTITUIDA POR PECES, FUE HOSTIGADA POR PESCADORES QUE LA CONSIDERABAN UNA COMPETIDORA. SU HÁBITAT NATURAL ES LA COSTA, PERO ESTÁ AMPLIANDO PRESENCIA TIERRA ADENTRO SIEMPRE QUE DISPONGA DE RECURSOS HÍDRICOS

pp. 86-87
LOS GRUPOS DEL PELÍCANO BLANCO AMERICANO EMPRENDEN DESPLAZAMIENTOS MIGRATORIOS BUSCANDO UN CLIMA MÁS AMIGABLE. MIGRAN AGRUPADOS SIGUIENDO LA LÍNEA DE COSTA Y FORMANDO UNA ESCUADRA CERRADA QUE ASEMEJA LA PUNTA DE UNA FLECHA

Sistema lacustre Pom-Atasta

Esta unidad de paisaje es quizá la parte emblemática de la región. Las riberas del sistema lacustre fueron en algún momento el límite costero o las playas antiguas del delta del río Usumacinta. El empuje del río y los sucesivos depósitos de aluvión generaron terrenos ganados al mar, que ahora se presentan como un conjunto de superficies emergidas apenas por encima del nivel del mar con extensas lagunas intercaladas y rodeadas de amplias áreas palustres.

El proceso de formación de suelos aún continúa mediante el depósito de terrígenos proveniente de los ríos Palizada y San Pedro-San Pablo, son bifurcaciones del río Usumacinta. El drenaje con dirección oeste a este, es decir del río San Pedro-San Pablo a Laguna de Términos, forma lagunas distintivas como Las Coloradas, laguna de Pom, laguna de Atasta, laguna de Palancares, laguna del Corte, laguna los Negros, laguna Las Palmas, laguna de Puerto Rico, laguna Los Loros hasta alcanzar la boca de Atasta, que representa el principal drenaje del sistema. El drenaje con dirección sur a norte, es decir del margen izquierdo del río Palizada hacia la Península de Atasta, alimenta una extensa zona palustre salpicada de pequeñas lagunas (Caño Grande, Alegre, Soledad, Cocalito, el Muerto, Sureste) y una lámina de agua que, en parte, descarga en Boca Vieja, para ingresar a Laguna de Términos.

Este sistema fluvio-palustre tiene las mayores extensiones de manglar de la región y es considerada una de las zonas más importantes y extensas de manglar del Golfo de México. Destaca en la unidad de paisaje la carencia de arroyos; es decir, el movimiento del agua es mediante un flujo laminar de superficie y no mediante corrientes con cauces bien definidos. La cantidad de agua y sedimentos que mueve este flujo laminar es considerable, de tal forma que en ambas bocas (Atasta y Boca Vieja), que comunican con Laguna de Términos, se encuentran extensos bancos de ostión.

Península de Atasta

Esta unidad de paisaje aledaña al sistema fluvio-palustre de Pom-Atasta, se conforma con suelos de reciente génesis que resultan de los arrastres de los río Usumacinta, río Palizada y río San Pedro-San Pablo, junto con procesos marinos que empujan arenas y dan forma a un litoral costero en constante evolución. A lo largo de la Península de Atasta existe una frontera bien definida entre suelos salinos y suelos alcalinos; técnicamente esta división se conoce como un clinal. Las diferencias en empujes a lo largo del año entre corrientes salinas y dulce acuícolas, el relieve de los terrenos y sus diferencias en tiempos de anegamiento por lluvias, el tipo y morfología de suelo, dan curso a un mosaico de vegetación con distintos porcentajes de las cuatro especies de manglar, intercalados con pastizales salinos o algún tipo de vegetación halófita (propia de suelos salinos). En consecuencia, aunque anexo al sistema Pom-Atasta, la fisonomía de esta unidad es claramente distinta.

Las geoformas en la Península de Atasta son cordones litorales, que antiguamente eran las playas o litorales costeros. Estos cordones corren en dirección oeste al

LA GARZA MORENA (*Ardea herodias*) ANIDA ENTRE LAS RAMAS DEL MANGLE Y, AUNQUE SE INTEGRA A COLONIAS, PUEDEN APARECER SOLITARIAS BUSCANDO ALIMENTO

este y dan forma a venas o encaños intercalados entre las cimas del relieve, los encaños sirven como drenajes en la época de lluvias y como venas de transporte durante los empujes por mareas altas o eventos extremos (como huracanes o nortes). Por lo general, la vegetación arbustiva se localiza en la parte alta de los cordones litorales y las simas o encaños están descubiertas, mantienen algún tipo de pastos o forman espejos temporales de agua.

LAGUNA DE TÉRMINOS

Laguna de Términos es el reservorio final de cuatro distintas subcuencas, primero del área kárstica que drena a través del estero de Sabancuy y el río Mamantel, segundo la que inicia en el Petén guatemalteco y drena el río Candelaria, tercera la que forma el río Chumpan y, por último, la que descarga a través del río Palizada y el río San Pedro-San Pablo que conforman el margen derecho del río Usumacinta. Asimismo, Laguna de Términos recibe aportes marinos a través de la boca de Puerto Real y en ocasiones a través de la boca del Carmen. El espejo de agua tiene una forma ovalada, con un eje mayor de 70 km y un eje menor de 30 kilómetros, lo que da como resultado una superficie de 1,450 km cuadrados (145,000 hectáreas).

Los patrones de flujo y circulación propios de Laguna de Términos, tienen consecuencias importantes sobre cómo la afluencia de agua dulce de los ríos influye en la ecología de la laguna. El más grande de los tres ríos que desemboca en la laguna, el Palizada, descarga aproximadamente el 75% del total de agua dulce fluvial. Este río se ubica en porción occidental y, durante la mayor parte del año, su agua fluye hasta alcanzar la sonda de Campeche. Los otros ríos, el Chumpan y Candelaria, descargan volúmenes pequeños de agua y aunque pueden tener un efecto en la ecología de las lagunas litorales de Balchacah y Panlau, su papel en el mantenimiento de la estructura ecológica de toda Laguna de Términos es menor. Se cree que la circulación dentro de Laguna de Términos ocurre debido a cambios en la marea en las dos bocas (Puerto Real y Carmen), así como a patrones de viento estacionales. Durante la mayor parte del año, en las estaciones secas y lluviosas, hay un flujo de agua neto de este a oeste, luego durante la estación de "nortes", el viento aumenta de magnitud y cambia de dirección y la circulación invierte la dirección.

Laguna de Términos es la unidad de paisaje más relevante de toda la región, por sus dimensiones y por ser el área de mezcla de las distintas corrientes. Pero es un espejo de agua heterogéneo en espacio y tiempo, con condiciones de calidad de agua, salinidad, suelos, profundidad y diversidad biológica que varían de un extremo al otro.

CONCLUSIÓN

El complejo territorio que da forma a la región de Términos, al encontrarse entre los dominios ambientales de una región carbonatada y otra terrígena, presenta tres fisiografías con características compartidas y ecotonos de influencia relativas:

LA IGUANA O IGUANA VERDE (*Iguana iguana*) REALZA SU PIEL ESCAMOSA Y SU CAPACIDAD DE MIMETIZARSE CON LA VEGETACIÓN; POSEE AFINADAS GARRAS Y UNA CRESTA DORSAL DESDE LA CABEZA HASTA LA COLA

p. 92
LOS NENÚFARES (FAMILIAS *Nymphaeaceae, Cabombaceae* Y *Nelumbonaceae*) HABITAN AGUAS QUIETAS O DE CORRIENTE LENTA DE HASTA DOS METROS DE PROFUNDIDAD

p. 93
LAS NINFEÁCEAS O NENÚFARES SON TOLERANTES A LA ESCASEZ DE OXÍGENO, QUE ES TRANSPORTADO A LAS PARTES SUMERGIDAS POR EL AERÉNQUIMA DESDE LAS HOJAS

1) planicies palustres que se caracterizan por presentar vegetación hidrófila y halófila, con condiciones anaeróbicas causadas por el estancamiento semipermanente o estacional de las aguas pluviales

2) planicie fluvio-palustre registrada en zonas asociadas a ríos, interconectada en el curso bajo del río Usumacinta en Campeche como el San Pedro-San Pablo, Palizada, Candelaria y Chumpán

3) planicie proluvial conchífera, establecida para zonas de transición entre ambientes fluviales y marinos, que se caracteriza por formar marismas según el régimen intermareal que en la región es diurno, propiciando la colonización del mangle.

Estas unidades fisiográficas interactúan con diversas unidades de suelo, donde predominan las formaciones resultantes de los depósitos de ríos. Los sedimentos son esencialmente arenas finas, arcillas-limosas y arenas-limo-arcillosas. En consecuencia, se forman seis tipos de suelos: gleysol eutrico y gleysol molico, feozem calcarico, solonchack gleyico, regosol eutrico calcarico y vertisol pelico. Estos suelos soportan el desarrollo de diversas comunidades vegetales.

Es decir, la región de Términos por su origen, es producto del arrastre de terrígenos desde Guatemala y Chiapas, que comparte con su origen marino resultante del empuje del mar, influenciada por cuatro subcuencas, tres terrígenas y la cuarta kárstica. Con una enorme laguna al centro del sistema, que recibe los aportes dulceacuícolas de distintos ríos y de agua marina proveniente de la sonda de Campeche, es un complejo mosaico de vegetación donde pueden encontrarse pastizales, selvas bajas y selvas medianas, palmares, popales-tulares, pastos marinos, manglares y vegetación propia de dunas costeras.

El conjunto de relieve del terreno (geoformas), suelos y tipos de vegetación da origen a siete unidades de paisaje, que son descritas y representadas. Cada unidad de paisaje es relativamente autónoma en tanto sus flujos de materia y energía son independientes.

MANTARRAYAS DE GÉNERO *Aetobatus* NAVEGAN EN GRUPO EN LAS AGUAS POCO PROFUNDAS DE LA LAGUNA DE TÉRMINOS

pp. 95-96
EN SISTEMA LACUSTRE POM-ATASTA TIENE LAS MAYORES EXTENSIONES DE MANGLAR DE LA REGIÓN Y ES CONSIDERADA UNA DE LAS ZONAS MÁS IMPORTANTES Y EXTENSAS DE MANGLAR DEL GOLFO DE MÉXICO

EL CANTO DE LOS MANGLARES: CELESTÚN, CHENKÁN, LAGUNA DE TÉRMINOS Y LOS PETENES

Juan Núñez Farfán
Rosalinda Tapia López

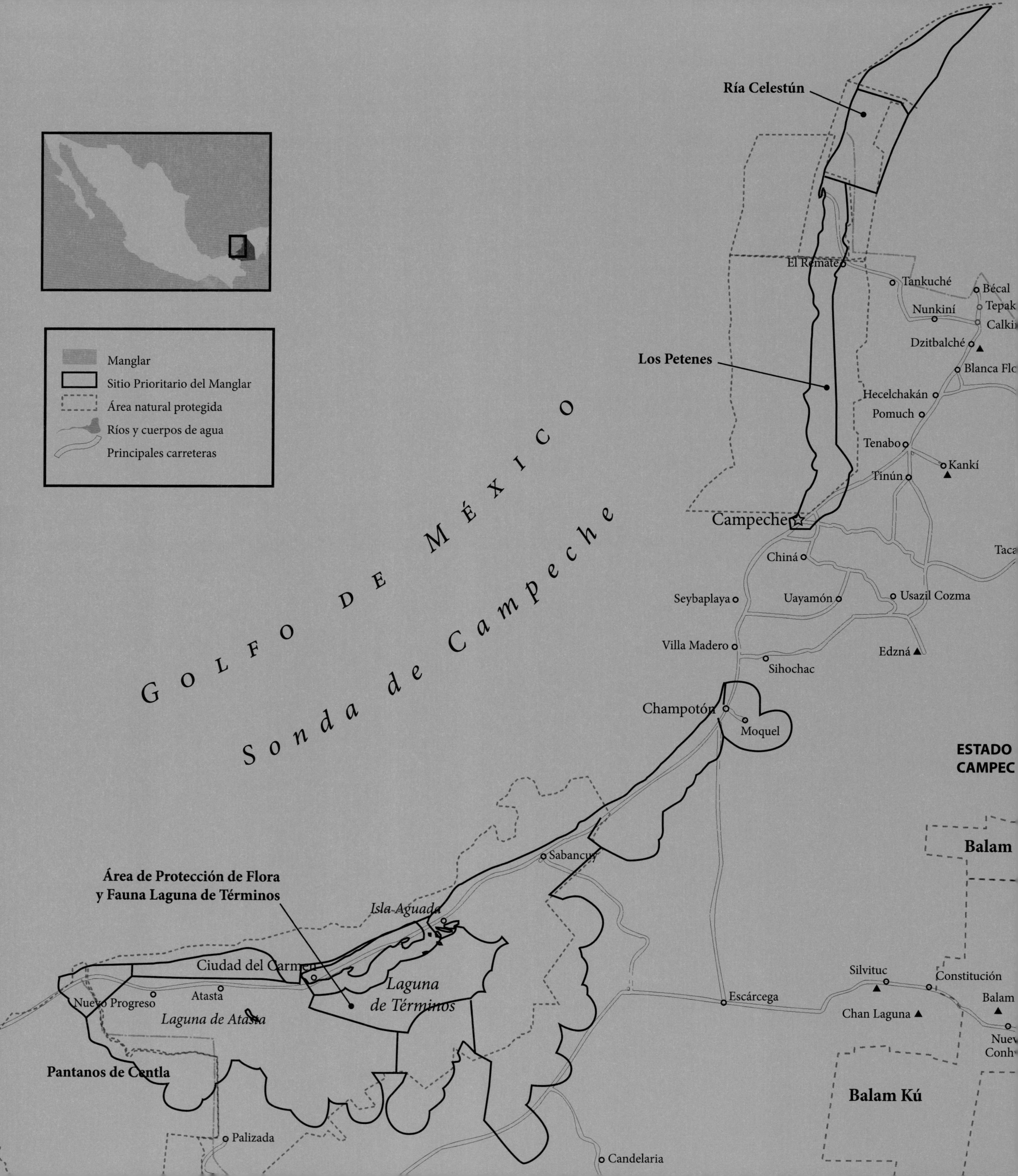

Ría Celestún

Los Petenes

El Remate○
Tankuché ○
Bécal ○
Nunkiní ○
Tepak ○
Calki...
Dzitbalché ○ ▲
Blanca Fl...
Hecelchakán ○
Pomuch ○
Tenabo ○
Kankí ○ ▲
Tínún ○
Campeche ☆
Chiná ○
Taca...
Seybaplaya ○
Uayamón ○
Usazil Cozma ○
Villa Madero ○
Sihochac ○
Edzná ▲

G O L F O   D E   M É X I C O

S o n d a   d e   C a m p e c h e

Champotón ○
Moquel ○

ESTADO
CAMPEC

Balam

Sabancuy ○

Área de Protección de Flora
y Fauna Laguna de Términos

Isla Aguada

Ciudad del Carmen

Laguna
de Términos

Silvituc ▲
Constitución ○
Balam...

Nuevo Progreso ○
Atasta ○
Escárcega ○
Chan Laguna ▲
Nuev...
Conh...

Laguna de Atasta

Pantanos de Centla

Balam Kú

Palizada ○

Candelaria ○

1   Fernández de Oviedo y Valdés, Gonzalo. 1531, Historia General y Natural de las Indias, Islas y Tierra-Firme del Mar Océano, *libro IX, cap. VI, Real Academia de la Historia, Madrid, 1851.*

p. 98

EN LA PRIMERA *Historia natural del nuevo mundo,* FERNÁNDEZ DE OVIEDO DIJO DE LOS MANGLARES "SON MUY EXTRAÑOS É ADMIRABLES ÁRBOLES Á LA VISTA, PORQUE DE LA FORMA SUYA NO SE SABEN OTROS QUE LES PAREZCAN EN LO QUE AQUÍ SE DIRÁ"

MÉXICO OCUPA EL CUARTO LUGAR MUNDIAL EN IMPORTANCIA POR LA EXTENSIÓN DE SUS MANGLARES, DESPUÉS DE INDONESIA, AUSTRALIA Y BRASIL. DE LAS 770,000 HECTÁREAS DE MANGLAR QUE EXISTEN EN NUESTRO PAÍS, EL 92% ESTÁ EN SÓLO OCHO ESTADOS. CAMPECHE DESTACA POR POSEER LA MAYOR PROPORCIÓN CON EL 25%

De los ecosistemas de Campeche, los

manglares ocupan un lugar preponderante. Están presentes en gran porción de los cerca de 500 km de su costa. Junto con las selvas tropicales, los manglares aparecen como sitios exóticos, intrincados, difíciles de penetrar. En sí mismo, el árbol de mangle prototipo, *Rhizophora mangle,* da nombre a estos ecosistemas. Fernández de Oviedo[1] describe el árbol de *mangle,* como lo llamaban los indígenas de la isla Española (Santo Domingo y Haití):

Estos árboles se crian en çiénegas y en las costas de la mar é de los rios é aguas saladas, y en los esteros ó arroyos que salen á la mar é çerca della. Son muy extraños é admirables árboles á la vista, porque de la forma suya no se saben otros que les parezcan en lo que aquí se dirá. [...] háçense innumerables juntos, é muchas de las ramas se tornan á convertir en rayçes. Porque non obstante que tienen muchas para arriba con sus hojas y que no declinan para abaxo é estan altas é destintas unas de otras (como en todos los árboles están), dessas mismas ramas proceden otras muchas gruesas é delgadas é sin hojas, que derechamente declinan é van al agua, pendientes desde lo alto ó mitad del árbol, é baxan hasta en tierra penetrando el agua, é llegadas al suelo se ençepan en la tierra ó arena é tornan á prender é echan otras ramas, é están tan fixas como el mismo pie prinçipal del árbol; de forma, que paresçe (y es assi) que tiene muchos pies, é todos asidos unos de otros.

Sin embargo, hoy sabemos que existen otras especies de árboles de manglar que sin ser tan espectaculares poseen características biológicas, denominadas *adaptaciones,* que los hacen capaces de vivir en un ambiente salobre.

Los manglares se desarrollan en la intersección del medio acuático y terrestre, del agua dulce de ríos y manantiales, y el agua marina. No obstante, es un ambiente salino, y pocas especies de plantas pueden vivir en estos ambientes; en ocasiones la salinidad de las lagunas costeras puede exceder la salinidad del agua de mar, que en promedio es de 35 por 1,000 (35g/l). Los manglares prosperan en las riberas de ríos, de lagunas costeras o de esteros, en los deltas de las zonas tropicales del mundo. No obstante, en ciertas regiones, como es el caso de la Península de Baja California, en México, o en Nueva Zelanda, los manglares pueden estar en latitudes fuera de la zona tropical.

Los manglares pueden cubrir grandes extensiones, formando bosques espesos, como en las lagunas Pom y Atasta en Campeche; o bien desarrollarse sólo a lo largo de los ríos, con una anchura de pocos metros para dar paso de forma abrupta a otros tipos de vegetación. En el sistema Usumacinta, los manglares pueden penetrar muchos kilómetros río arriba y hoy constituyen relictos de zonas antaño inundables. Pero en la mayoría de las comunidades de manglar, los árboles propios de este ecosistema gradualmente van dejando lugar a otros, terrestres, conforme nos alejamos de la zona inundable y salina. En Campeche, usualmente están rodeados por selvas.

ESPECIES DE MANGLAR

Los manglares son árboles o arbustos que viven en las márgenes de ríos, lagunas, esteros, de aguas salobres, y cuyas raíces están parcial o totalmente sumergidos. Debido a las mareas, existe variación diurna y estacional en la extensión y nivel del agua, lo que crea un gradiente en la distribución de las especies, siendo las más tolerantes a la salinidad las que se establecen en los bordes mientras que las menos tolerantes se establecen tierra adentro. Por ello, se considera que existen *especies asociadas* a los manglares, cuya tolerancia a la salinidad y la inundación es menor que la de los *verdaderos mangles*. Esta capacidad distinta de las especies de manglar para establecerse hace que su distribución espacial no sea azarosa sino que ocupen zonas particulares en relación con el margen del cuerpo de agua. Este fenómeno se conoce como *zonación*.

La zonación de las especies de manglar puede apreciarse con mayor facilidad donde existe un cambio gradual y continuo en las condiciones físicas, es decir el grado de inundación, cambios en la disponibilidad de nutrimentos, oxígeno para las raíces y salinidad. Estos gradientes ocurren donde la topografía, tierra adentro, cambia también de forma gradual. También río arriba, donde las condiciones de salinidad decrecen, puede existir una sucesión de especies vegetales.

No obstante, la configuración del paisaje, así como la distribución de canales, meandros y la topografía misma, pueden imposibilitar la formación de "zonas" ocupadas por distintas especies, dando lugar a la dominancia o bosques de una sola especie.

Es interesante, sin embargo, apuntar que la zonación puede ser el resultado de otros procesos biológicos. Se ha propuesto la hipótesis de que podría ser una consecuencia de cómo se dispersan los propágulos y, por lo tanto, de dónde se establecerán los árboles adultos. Las especies de mangle con un tamaño de propágulo pequeño podrán ser transportados con mayor facilidad a sitios que alcance la marea alta, mientras que los propágulos más grandes y pesados ocuparían zonas cercanas a la línea de marea baja. Existe evidencia de que el tamaño del propágulo sí determina su capacidad de dispersión, así los más pequeños son los más móviles, pero los de tamaño grande tienen mayor probabilidad de establecerse debido a que poseen una tasa de crecimiento radicular superior.

LAS ESPECIES DE MANGLAR MÁS TOLERANTES A LA SALINIDAD CRECEN EN LOS BORDES DE LOS ESTEROS, RÍOS Y LAGUNAS COSTERAS CON UNA FUERTE INFLUENCIA DEL MAR

Sin embargo, otra hipótesis establece que aun cuando todas las especies tuviesen la misma capacidad de dispersión, es posible que aquellas que pueden crecer en un rango amplio de salinidades en el sustrato (llamadas *euryhalinas*) podrían tener tasas de crecimiento y supervivencia menores que aquellas que crecen en un rango estrecho (*estenohalinas*), y, por lo tanto, ser desplazadas por éstas en las zonas de alta salinidad. Es decir, "pagarían un costo" en crecimiento y supervivencia por poseer un rango amplio de tolerancia a la sal. Este fenómeno, denominado "compromiso o *trade-off* ecológico" entre las características adaptativas de las especies, es común en la naturaleza. Si esto es cierto para los manglares, la zonación de las especies en el ecosistema de manglar sería el resultado de la competencia entre ellas y la salinidad. La evidencia experimental sugiere que la especialización se favorece en los ecosistemas drásticos como el manglar; esto implica que no pueden ser invadidos fácilmente por especies que carecen de tales adaptaciones.

ADAPTACIONES DE LOS MANGLARES

Justo como los cactos poseen adaptaciones para vivir en un ambiente de alta irradiación y escasez de agua, las especies de manglar, por redundante que parezca, definen el ecosistema. Se trata de un hábitat bien restringido, entre el mar y la tierra, común, estrecho, frágil y riguroso: pobre en oxígeno, de inestable sustrato y salino.

Y precisamente, los manglares poseen características para enfrentar ese ambiente. Aunque con diferencias, los manglares poseen adaptaciones para tomar oxígeno, necesario para la respiración celular: raíces aéreas en *Rhizophora* proveen de oxígeno a las raíces sumergidas, que asimilan los nutrimentos del suelo fangoso y pobre en oxígeno; raíces horizontales extensas, que emergen a intervalos, y las partes expuestas toman el oxígeno; desarrollo de pneumatóforos en *Avicennia* (mangle negro), literalmente *snorkels*, prolongaciones verticales de las raíces por las que obtienen oxígeno.

Paradójicamente, la adquisición de agua por las plantas para la fotosíntesis es costosa en el ambiente acuático salobre. La exclusión de la sal disuelta en el agua y la tolerancia a ésta es un proceso energéticamente costoso; experimentalmente se ha demostrado que la aplicación de inhibidores metabólicos a plántulas de mangle reduce la secreción de sal, implicando un gasto energético.

Aunque los mecanismos de exclusión y tolerancia a la salinidad no se conocen para todas las especies, la mayor proporción de sal es excluida en la superficie de las raíces. No obstante algunas especies poseen estructuras anatómicas especializadas para excretar la sal, como glándulas en las hojas; otras especies las depositan en el tallo o en tejidos senescentes. Las glándulas excretoras de sal poseen una estructura semejante a las glándulas secretoras de néctar de atracción para polinizadores (insectos), presentes en otras plantas. Por ello, se cree que las glándulas excretoras de sal tuvieron una función distinta en su origen.

El desarrollo de adaptaciones, fisiológicas y estructurales, en los manglares para enfrentar el ambiente salobre de las lagunas costeras se considera un ejemplo de *evolución convergente*, producto de la selección natural.

EL MANGLE ROJO (*Rhizosphora mangle*), PROTOTIPO DE LAS ESPECIES DE MANGLE, LANZA RAÍCES DESDE LOS TRONCOS PARA ASIRSE AL SUSTRATO Y CAPTAR OXÍGENO PARA LAS RAÍCES SUMERGIDAS

VIVIPARIDAD

Un fenómeno inusual en las plantas es la viviparidad: los hijos, denominados en los manglares *propágulos*, nacen (germinan) mientras están aún unidos a la madre; esto es, continúan creciendo a expensas de los tejidos maternos y en la mayoría de los mangles el tamaño del propágulo es considerable. Por ejemplo, en el mangle rojo los propágulos pueden alcanzar más de 30 cm, y hasta un metro en especies asiáticas de manglar.

Este fenómeno es inusual porque en la mayoría de las plantas una vez que la semilla se forma, pasa por un periodo de duración variable antes de germinar. Esta latencia es más frecuente en las especies que viven en ambientes estacionales, de manera que las semillas "esperan" la época o estación favorable del año para germinar.

El porqué la viviparidad ha evolucionado en los mangles y en otras especies de ambientes tropicales marinos someros, como los pastos marinos, se ha interpretado como una adaptación para el establecimiento en ambientes con una amplia variación ambiental, de forma que la latencia no tiene un valor adaptativo y sí lo tiene acumular recursos para la supervivencia. Por otra parte, como se indicó antes, el tamaño del propágulo y su capacidad de flotación puede ser adaptativo para la dispersión a larga distancia. Esto podría explicar la amplia distribución de los manglares en las zonas costeras tropicales y quizá su baja diferenciación genética entre poblaciones de manglar.

DIVERSIDAD EN LOS MANGLARES

A pesar de que las 54 especies vivientes de manglar han evolucionado en 16 familias de plantas vasculares distintas, el hábito "manglar" no ha especiado profusamente pues la mayoría de las especies pertenece a las familias Rhizophoraceae (22), Avicenniaceae (8) y Sonneratiaceae (5), restringida ésta al sureste de Asia. En México, se conocen tres especies de manglar "verdaderos": el mangle rojo (*Rhizophora mangle*), el mangle botoncillo (*Laguncularia racemosa*) y el mangle negro (*Avicennia germinans*). El mangle blanco (*Conocarpus erectus*) es una especie asociada a los manglares.

Sin embargo, los manglares no sólo son importantes por las especies vegetales que le dan su estructura. Estos ecosistemas son sumideros de carbono, que reducen su emisión a la atmósfera y contribuyen a la estabilidad climática. La diversidad biológica de los ecosistemas de manglar está principalmente en el agua, al ser zona de reproducción de peces e invertebrados, sitios de reproducción y anidación de numerosas especies de aves y refugio de otros vertebrados.

La severidad de los desastres naturales, como los huracanes, son atenuados por los manglares; estabilizan sedimentos ricos en nutrientes entre sus raíces y sustento de plantas y animales. El manglar ofrece una gran cantidad de recursos, desde la madera como combustible, construcción de viviendas o artes de pesca, animales de caza, pesca, y sin duda valor cultural. Debido a su productividad, las lagunas costeras y esteros son empleados para el cultivo de invertebrados con valor económico, y ésta es una de las muchas amenazas del ecosistema de manglar. La zona de Laguna

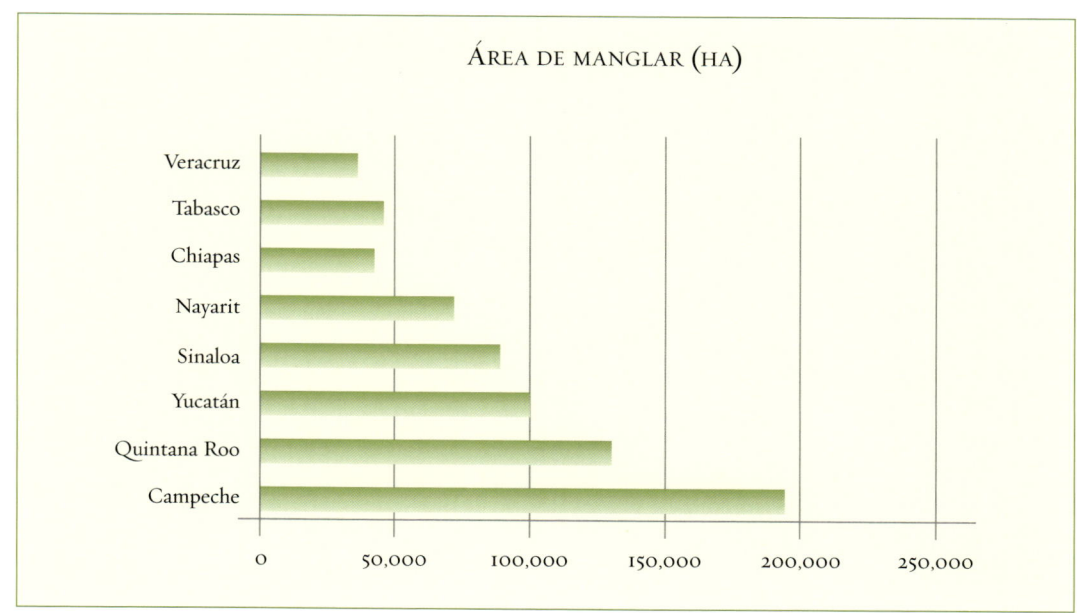

ÁREA DE MANGLAR (HA)

FIGURA 1. Área de manglar en ocho estados de la república mexicana. Campeche ocupa el primer lugar con casi 200,000 ha.

de Términos es un ejemplo prototipo de la complejidad, riqueza biológica y belleza de los manglares.

LOS MANGLARES DE CAMPECHE

México es el cuarto país en importancia por la extensión de sus manglares, después de Indonesia, Australia y Brasil. De las 770,000 hectáreas de manglar que existen en nuestro país, el 92% está en sólo ocho estados (figura 1) y Campeche destaca por poseer la mayor proporción (25%). Este hecho remarca la importancia de Campeche para la conservación de este ecosistema en México. Por ello, científicos especialistas, coordinados por la CONABIO, han identificado las áreas del país prioritarias para la conservación de los manglares, considerando su valor biológico, agentes de perturbación y amenazas, y oportunidades de rehabilitación. Por fortuna, Campeche posee un alto grado de conservación de sus ecosistemas, en particular los humedales, y una alta proporción de su territorio, que es superior a la de varios países de Europa occidental, forma parte de áreas naturales protegidas. Casi todos sus humedales han sido declarados sitios RAMSAR.

Por su relevancia y debido a que el manglar se desarrolla en prácticamente toda la costa de Campeche, se han identificado diez sitios prioritarios para la conservación de los manglares (cuadro 1) que en su conjunto suman 160,000 hectáreas. Estos diez sitios están incluidos, en general, en dos regiones del estado distintivas e importantes: la zona de Protección de Flora y Fauna Laguna de Términos y la región de la Península de Yucatán que incluye a Celestún y a Los Petenes, establecido como la Reserva de la Biósfera Los Petenes. Los sitios relevantes para la conservación de manglares denominados Sabancuy-Chen Kan y Champotón (cuadro 1), no están incluidos en estas dos regiones.

CUADRO 1. SUPERFICIE DE LOS SITIOS DE MANGLAR PRIORITARIOS PARA LA CONSERVACIÓN EN EL ESTADO DE CAMPECHE			
SITIO	CLAVE[3]	SUPERFICIE (HA)	% MANGLAR CAMPECHE
Ría Celestún[1]	PY 59	21,230	13.31
Los Petenes	PY 66	13,976	8.76
Río Champotón	PY 74	611	0.38
Sabancuy-Chen kan	PY 75	12,973	8.13
Isla Aguada-Boca de Pargos	PY 62	29,710	18.63
Isla del Carmen	PY 63	4,291	2.69
Boca del Río Chumpán	PY 58	1,987	1.25
Atasta Norte	PY 57	12,859	8.06
Pom-Atasta[2]	PY 67	59,299	37.18
San Pedro-Nuevo Campechito	PY 76	2,558	1.60
TOTAL		159,494	100.00

[1] Yucatán-Campeche   [2] Campeche-Tabasco   [3] CONABIO

CELESTÚN-LOS PETENES

Aunque los manglares de la Península de Yucatán incluyen los típicos ecosistemas ribereños, manglares de cuencas inundables y manglares enanos, las especies de manglar están presentes en un tipo especial de vegetación denominada *petén*, característicos de la Península y abundantes en la región de Campeche comprendida desde su frontera con Yucatán en Celestún (municipio de Calkiní) y en toda la región que precisamente recibe ese nombre, Los Petenes. Los petenes son pequeñas "islas" de vegetación arbórea, usualmente círculos irregulares, inmersas en amplias zonas inundables. Las especies arbóreas que le dan su fisonomía son habitantes de las selvas circunvecinas y del manglar. Aquí, los manglares alcanzan un gran desarrollo debido en parte al afloramiento de aguas dulces o salobres en el interior del petén. En las zonas inundables que rodean a los petenes crecen especies de manglares enanos, gramíneas y ciperáceas. Aunque también hay petenes en Florida y Cuba, son abundantes en Campeche, Yucatán y Quintana Roo. Los petenes dan una configuración bella y particular al paisaje. En lugar de bosques continuos, se trata de un paisaje fragmentado naturalmente. Los petenes pueden tener una superficie de media hectárea o incluso menos, pero pueden alcanzar hasta mil hectáreas, lo que sugiere que, en ocasiones, la vegetación de varios petenes se mezcla en un gran bosque. Sin embargo, en la región Celestún-Los Petenes, un petén tiene una superficie promedio de 20 hectáreas. Se estima que en los 755 petenes que alberga esta área natural protegida, se encuentra el 12% de la cobertura vegetal boscosa de la zona.

Rhizophora mangle FORMA BOSQUES DENSOS TANTO EN CAMPECHE COMO EN POM-ATASTA

La distancia lineal entre petenes puede ser de cientos de metros, pero muchos se encuentran a más de un kilómetro del petén más cercano. Esta fragmentación natural de las especies vegetales, y en consecuencia de las especies animales que habita en los petenes, puede determinar en gran medida no sólo la diversidad global del sistema sino la estructuración genética y ecológica de las especies. Aspectos que deberían estudiarse en el futuro.

El área cubierta por manglar en la región Celestún-Los Petenes es de aproximadamente 32,000 hectáreas, equivalente al 22% del área de manglar de Campeche, y posee un alto grado de conservación. La diversidad vegetal de los petenes aumenta conforme éstos están más alejados de la costa; existen diferencias entre petenes en su diversidad de especies. Las especies de plantas más importantes en el sentido estructural son *Sabal yapa* (guano), *Bravaisia tubiflora*, *Laguncularia racemosa* (mangle blanco), *Manilkara sapota* (zapote), *Ficus maxima*, *Swietenia macrophylla* (caoba), *Ficus tecolutensis*, *Annona glabra* (palo de corcho), *Diospyros digyna*, *Tabebuia chrysantha* (tronador), *Bursera simarouba* (chaka), entre otras. Sin embargo, existe una gran heterogeneidad entre petenes en su composición y riqueza florística. Algunas especies son comunes e importantes estructuralmente como *Sabal yapa*, *Laguncularia racemosa*, *Bravaisia tubiflora*, otras son raras, es decir tienen una frecuencia baja. Tal es el caso de *Rhizophora mangle*, que aunque es importante en algunos petenes, está ausente en muchos de ellos. Esto posiblemente se deba a la lejanía de los petenes respecto de las zonas inundables.

En Campeche se encontraron 36 especies de plantas acuáticas estrictas. En los ojos de agua de los petenes se encuentran hidrófitas sumergidas como *Egeria densa*, *Vallisneria americana*; flotantes como *Lemna* spp., *Eichhornia crassipes* (lirio de agua), *Pistia stratiotes* (lechuga de agua) y *Nymphaea ampla* (flor de agua). Entre las plantas acuáticas emergentes está *Typha dominguensis* (poop) y *Phragmites australis* (carrizo). En los manglares se encuentra también *Ruppia maritima*.

Otras comunidades vegetales se desarrollan en la reserva de la biósfera Los Petenes, entre las que se encuentran el manglar de franja o borde (con el 21.6% del área), el manglar chaparro o enano (13.7%), pastizal inundable (12.8%), petenes (19.4%), selvas inundables (6.1%), selvas caducifolias y subcaducifolia (1.6 y 11.3%, respectivamente) y "blanquizales" (13.25%). El manglar es una comunidad densa, con árboles entre tres y cinco metros de altura, aunque pueden alcanzar hasta 25; están dominados por *Rhizophora mangle*, *Avicennia germinans*, *Laguncularia racemosa* y *Conocarpus erectus*. En los petenes, *R. mangle* y *L. racemosa* dominan, con alturas de 20 metros o más; *Avicennia germinans* ocupa los bordes de los sitio con alta salinidad, mientras que *Conocarpus* bordea los petenes o se establece en sitios de baja salinidad. En el pastizal inundable o marisma de zacates predomina el tular de *Thypa dominguensis* y *Eleocharis cellulosa*. Las selvas bajas caducifolias tienen entre sus especies dominantes a *Bursera simaruba*, *Caesalpinia gaumeri* (kitmche), *Metopium brownei* (chechen), *Gymnopodium floribundum*, *Bauhinia divaricada*, *Caesalpinia yucatanensis* y *Ceiba aesculifolia* (pochote). La selva baja inundable o "tintal" está en depresiones y está dominada por la especie que le da el nombre (*Haematoxylum campechianum*), asociada con el jícaro *Crescentia cujete*. Para la flora terrestre se reportan 678 especies de las cuales 34 son endémicas y siete están amenazadas, entre las que se encuentras las cuatro especies de mangle (NOM-059-SEMARNAT-2010).

DIVERSAS COMUNIDADES DE PLANTAS ACUÁTICAS ESTRICTAS SE DESARROLLAN EN EL ÁREA PROTEGIDA DE FLORA Y FAUNA EN LAGUNA DE TÉRMINOS

pp. 112-113
UN MANGLAR RIBEREÑO TÍPICO DE *Rhizophora mangle* Y *Avicennia germinans*

pp. 114-115
LOS MANGLARES ENANOS CRECEN EN ÁREAS POBRES EN NUTRIMENTOS EN EL SUELO

De acuerdo con el *Plan de manejo de la Reserva de la Biósfera Los Petenes*, la región es muy importante para un gran número de aves migratorias, terrestres y acuáticas. Por ello, en febrero de 2004 se declaró como un sitio RAMSAR.[2] Se considera, aunque los datos no son definitivos, que en la reserva de la biósfera Los Petenes cohabitan al menos 313 especies de aves, 188 residentes permanentes y 125 migratorias. Cinco especies se consideran en peligro de extinción, entre ellas la cigüeña jabirú (*Jaribu mycteria*), el pato real (*Cairina moschata*), la aguililla tirana (*Spizaetus tyrannus*); ocho amenazadas, entre las que destaca el flamenco rosado (*Phoenicopterus ruber*), el búho coronado americano (*Bubo virginianus*), la aguililla zancona (*Geranospiza caerulescens*), el ralón cuellirrufo (*Aramides axillaris*), y la tortolita pechipunteada (*Columbina passerina*); 30 están en protección especial, entre ellas, el loro yucateco (*Amazona xantholora*), el perico pechisucio (*Aratinga nana*) y la cigüeña americana (*Mycteria americana*). El garrapatero pijuy (*Crotophaga sulcirostris*) probablemente esté extinta en el medio silvestre.

En cuanto a los mamíferos, hay 47 especies, al menos 47 especies de peces marinos, y 21 especies de reptiles. No existen datos precisos para anfibios. Existen dos especies de roedores endémicos (*Otonyctomis hatti* y *Peromyscus yucatanicus*) y varias especies de mamíferos en peligro de extinción, como el ocelote (*Leopardus pardalis*), el tigrillo (*Leopardus wiedii*), el jaguar (*Panthera onca*), el viejo de monte (*Eira barbata*), el brazo fuerte u oso hormiguero (*Tamandua mexicana*), el tapir (*Tapirus bairdeii*) y el mono araña (*Ateles geoffroyi*).

Las especies de animales que sobresalen en esta región, entre otras, son la cacerolita de mar (*Limulus polyphemus*), el pavo ocelado (*Meleagris ocellata*), el hocofaisán (*Crax rubra*), el flamenco rosado (*Phoenicopterus ruber*), el pelícano blanco (*Pelecanus erythrorhynchus*), el mono araña (*Ateles geoffroyi*), el jaguar (*Panthera onca*), el ocelote (*Leopardus pardalis*), el tigrillo (*Leopardus wiedii*), la onza (*Herpailurus yagouaroundi*), el oso hormiguero (*Tamandua mexicana*), el mico de noche (*Potos flavus*) y el cacomixtle (*Bassariscus sumichstri*).

La cacería de animales por las comunidades aledañas a la reserva de la biósfera para el consumo ocurre principalmente durante los meses de enero a abril. A partir de entrevistas a familias elegidas aleatoriamente, se ha podido determinar cuáles especies y en qué proporción son cazadas para consumo en la región de Los Petenes. El venado cola blanca (*Odocoileus virginianus*) ocupa el primer lugar, seguido por la iguana (*Ctenosaura similis*), el tepezcuintle (*Agouti paca*), el coatí (*Nasua narica*), el jabalí de labios blancos (*Tayassu tajacu*) y el pavo ocelado (*Agriocharis ocellata*) [cuadro 2]. Tan sólo las primeras cinco especies dan cuenta de 75% de la presas. Esta práctica, sin embargo, parece no afectar las poblaciones de las especies, ya que se realiza cuando la región no está inundada (época de secas) y porque se siguen ciertas prácticas de la cultura Maya, como el no cazar sino lo indispensable para cubrir las necesidades y no cazar hembras preñadas o con huevos.

[2] Convención relativa a los humedales de importancia internacional especialmente como hábitat de aves acuáticas. Convención Ramsar, Irán, 2 de septiembre de 1971. Signada por México, lo que le confiere obligaciones internacionales.

LA FALTA DE OXÍGENO EN EL AGUA Y LA EVAPORACIÓN FORMAN CHARCAS HIPERSALINAS. POCOS ORGANISMOS SOBREVIVEN EN ESTAS CONDICIONES

LAGUNA DE TÉRMINOS

La región en la que se encuentra la Laguna de Términos pertenece a los municipios de Carmen y parte de Palizada y Champotón, y tiene una superficie de 705,000 hectáreas.

CUADRO 2. CAZA DE ESPECIES ANIMALES PARA CONSUMO HUMANO EN LOS PETENES[1]		
ESPECIE	N°. INDIVIDUOS	% TOTAL
Odocoileus virginianus	96	37.94
Ctenosaura similis	53	20.95
Agouti paca	23	9.09
Nasua narica	19	7.51
Tayassu tajacu	17	6.72
Agriocharis ocellata	17	6.72
Sylvilagus floridanus	13	5.14
Dasypus novemcintus	6	2.37
Sciurus yucatanensis	3	1.19
Procyon lotor	3	1.19
Ortalis vetula	2	0.79
Leopardus pardalis	1	0.40
	253	100.00

[1] Datos de León y Montiel (2008)

Las áreas donde se desarrollan los manglares circundan la Laguna de Términos. Los límites de esta área protegida los marcan la desembocadura del río San Pedro-San Pablo y el estero Sabancuy. Esta región de Campeche es parte de los procesos deltáicos de los ríos Grijalva-Usumacinta, por lo que es la región de mayor descarga de agua dulce de México. Junto con los pantanos de Centla y es la región de pantanos y humedales más importante de Mesoamerica.

Esta región se desarrolla prácticamente alrededor de Laguna de Términos, y penetra río arriba en los múltiples ríos que desembocan en Laguna de Términos como Candelaria, Chumpán y Palizada; incluye también los complejos lagunares Pom-Atasta-Puerto Rico, donde los manglares alcanzan un mayor desarrollo y cubren una extensa área, y el sistema Palizada-Del Este-San Francisco-El Vapor, Balchacah, Chacahito y la Laguna de Panlao [cuadro 3].

Para comprender la importancia del área natural Laguna de Términos, debemos considerar que posee el 70% de los manglares de Campeche, con 110,000 hectáreas. Es un área de gran importancia biológica, por la diversidad del ecosistema, por la diversidad de especies de animales y de plantas (y muchas otras especies aún no cuantificadas); también es una región económicamente importante, y lo ha sido desde hace varios siglos. Precisamente por sus recursos naturales y su geografía, son diversos los factores que amenazan la preservación de su diversidad y los procesos que la generan y mantienen.

El área de Laguna de Términos posee distintos ecosistemas, entre los que se encuentran el manglar, el popal, la sabana, la selva baja espinosa subperennifolia,

EN LOS MANGLARES DE CAMPECHE, LOS FELINOS COMO EL JAGUAR Y EL OCELOTE SON ESPECIES AMENAZADAS

p. 122
EL FLAMENCO ROSADO SE ALIMENTA Y SE REPRODUCE EN LOS ESTEROS DE LA PENÍNSULA DE YUCATÁN, DESDE LOS PETENES HASTA RÍA LAGARTOS

p. 123
UNA MARAVILLA DE LA EVOLUCIÓN, LOS FLAMENCOS SE ALIMENTAN "DE CABEZA" Y AMBAS PARTES DEL PICO SON MÓVILES

pp. 124-125
FLAMENCOS ROSADOS AL VUELO

	CUADRO 3. COMUNIDADES VEGETALES EN LA REGIÓN DEL SISTEMA FLUVIO-LAGUNAR-DELTÁICO DEL RÍO PALIZADA, CAMPECHE[1]		
COMUNIDAD	CARACTERÍSTICAS	TIPO DE COMUNIDAD/ ESPECIE DOMINANTE	ESPECIES REPRESENTATIVAS
1. Hidrófitas enraizadas emergentes	Plantas enraizadas al sustrato, el cuerpo vegetativo sobre la superficie del agua. Colonizan orillas someras de ríos y pantanos	Tular (5032.73 ha)	*Typha dominguensis, Eleocharis cellulosa, Leersia Alexandra, Sagitaria lancifolia*
		Carrizal (12,078,64 ha)	*Phragmites australis, Mimosa pigra*
		Thypa-Phragmites	*Typha dominguensis, Phragmites Australis, Echinochloa holciformis, Echinochloa polystachya*
		Popal	*Thalia geniculata, Pontedería sagittata, Sagittaria lancifolia*
		Nelumbo lutea	*Nelumbo lutea, Vallisnería americana*
2. Hidrófitas enraizadas, hojas flotantes	Herbáceas perennes arraigadas al sustrato con hojas flotando, pecíolos flexibles	*Nymphaea ampla*	*Nymphaea ampla*
3. Hidrófitas enraizadas sumergidas	Herbáceas, anuales o perennes, que viven por debajo de la superficie del agua y arraigadas al sustrato	*Vallisnería americana* (3155.94 ha). Con el mayor número de especies exclusivas.	*Vallisnería americana, Cabomba palaeformis, Najas marina*
4. Hidrófitas libremente flotadoras	Herbáceas, perennes, flotan libremente sobre superficie o bien ligeramente por debajo de ella	*Eichhornia crassipes*	*Eichhornia crassipes*
		Ceratophyllum demersum	*Ceratophyllum demersum*
		Utricularia	*Utricularia foliosa, Utricularia gibba*
5. Matorral espinoso inundable	Plantas arbustivas, leñosas, con abundantes espinas en tallos, ramas y hojas	Zarzal	*Mimosa pigra*
6. Bosque perennifolio ripario	Árboles de altura variable, se establecen sobre las riberas, desde altitudes elevadas hasta nivel del mar		*Salix chilensis, Echinocloa polystachya*

	CUADRO 3. COMUNIDADES VEGETALES EN LA REGIÓN DEL SISTEMA FLUVIO-LAGUNAR-DELTÁICO DEL RÍO PALIZADA, CAMPECHE (cont.)		
COMUNIDAD	CARACTERÍSTICAS	TIPO DE COMUNIDAD/ ESPECIE DOMINANTE	ESPECIES REPRESENTATIVAS
7. Selva mediana riparia	Árboles que permanecen inundados la mayor parte del año		*Inga vera, Lonchocarpus luteomaculatus, Machaerium falciforme, Combretum laxum*
8. Selva baja inundable	Elementos arbóreos que crecen sobre suelos con drenaje deficiente, inundados todo el año	*Annona glabra*	*Annona glabra, Machaerium falciforme, Salvinia auriculata, Salvinia mínima Acoelarraphe wrightii*
9. Palmar inundable	Tasistal, palmas con hojas en forma de abanico, toleran inundación por más de seis meses	*Acoelarraphe wrightii*	
10. Manglar (9889.08 ha)	Árboles con adaptaciones anatómicas y fisiológicas; colonizan hábitats de condiciones cambiantes y extremas como lagunas costeras, esteros, desembocaduras de ríos y bahías protegidas	a. Manglar canal Boca Chica (7984.03 ha), dosel de 20 m, alta salinidad b. Manglar en Punta Cochinitos. (150.37 ha), dosel 20-25 m Alta riqueza florística c. Manglar de *Rhizophora mangle* a orillas de los ríos Palizada, Marentes, Las Piñas, Las Cruces, y en márgenes de lagunas de El Vapor y del Este (1754.69 ha); dosel de 12-20 m mayor riqueza florística. Menor salinidad	*Avicennia germinans* (en a y b) *Rizophora mangle* (en a y b) *Laguncularia racemosa* (sólo en b)

[1] Datos de Ocaña y Lot (1996)

la selva baja perennifolia, la selva mediana subperennifolia, el tular, las dunas costeras, así como la vegetación secundaria derivada de la perturbación. Existen también comunidades de pastos marinos. Hasta donde se sabe, la región alberga 374 especies de plantas. Recientemente, las cuatro especies de mangle (*Avicennia germinans*, *Conocarpus erectus*, *Laguncularia racemosa* y *Rhizophora mangle*) han sido declaradas en la categoría de *amenazadas* (antes estaban catalogadas como *sujetas a protección especial*), lo que es un reconocimiento del riesgo que presentan los manglares y los humedales en general; este hecho, sin duda tendrá un efecto positivo en la conservación de la biodiversidad (NOM-059-SEMARNAT-2010). Las especies de manglar, como se ha dicho, son clave de estos ecosistemas, por lo que su protección "cobija" a otros organismos y garantiza la preservación de los servicios ambientales. Entre las plantas amenazadas están *Bletia purpurea* (Orchidaceae), *Bravaisia integerrima*, *B. tubiflora* (Acanthaceae), mientras que *Habenaria bractescens* (Orchidaceae) se considera en peligro de extinción.

En el sistema fluvio-lagunar-deltáico del río Palizada se han identificado 18 tipos de comunidades de plantas herbáceas (10), arbustivo (1) y arbóreo (cuadro 3). Este sistema ejemplifica la diversidad y complejidad del área: las comunidades de herbáceas acuáticas cubren una superficie de cerca de 22,000 hectáreas, mientras que los manglares, segundo en importancia, abarcan casi 10,000 hectáreas. Se han registrado 133 especies de plantas; en particular el sistema es rico en familias de plantas acuáticas estrictas.

En el caso de los animales, aun cuando algunos grupos no ha sido estudiados de forma completa, se han reportado 1,480 especies de las que 30 son endémicas y casi 90 están en categoría de amenazadas. Entre éstas destacan la cigüeña jabirú (*Jabiru mycteria*), el manatí (*Trichechus manatus*), el cocodrilo (*Crocodylus moreletii*), el ocelote, el jaguar (*Panthera onca*) y las tortugas marinas carey y blanca (*Eretmochelys imbricata* y *Chelonia midas*).

En los humedales de la región se han registrado 279 especies de aves, 77 de ellas habitan el manglar y la zona costera. Por ser un sitio de reproducción de numerosas especies de aves, esta zona ha sido declarada en 2004 como sitio RAMSAR.[3]

FACTORES DE RIESGO Y AMENAZAS A LA BIODIVERSIDAD

Desde antaño, existe una explotación de los recursos naturales de la región (pesquerías, petróleo, maderas, agricultura, minería, etc.) que ponen en riesgo la integridad de los ecosistemas, su biodiversidad y, como consecuencia, la sostenibilidad del desarrollo humano.

Las amenazas a los ecosistemas del manglar y la flora y la fauna en la región Laguna de Términos incluyen la destrucción para asentamientos humanos irregulares, cultivo de camarón, perforación y explotación de pozos petroleros, contaminación de lagunas y ríos, construcción de carreteras que modifican los flujos naturales de agua, descarga de desechos sólidos en la laguna, transporte fluvial, sobreexplotación de especies comerciales, crecimiento poblacional y desarrollo urbano no planificado, entre algunos de los problemas evidentes.

[3] Ibid.

Pelecanus occidentalis O EL PELÍCANO PARDO SE DISTRIBUYE DESDE NUEVA YORK HASTA LA DESEMBOCADURA DEL AMAZONAS; Y SE LE HA VISTO EN LAS BERMUDAS. TAMBIÉN SE ENCUENTRA PRESENTE EN TODAS LAS ISLAS DEL CARIBE

p. 128
EL PELÍCANO PARDO ES UNA ESPECIE SEDENTARIA Y LA MAYORÍA DE LOS ADULTOS PERMANECEN CERCA DE SUS SITIOS DE ANIDACIÓN. EN VERANO SE TRASLADAN DE UN LUGAR A OTRO, NORMALMENTE A LO LARGO DE LA COSTA MARINA, PERO TAMBIÉN A CUERPOS DE AGUA UNOS KILÓMETROS TIERRA ADENTRO

p. 129
GARZAS DE LA FAMILIA ARDEIDAE SON HABITANTES HABITUALES DE LOS MANGLARES

PLAYA TORTUGUERA CHENKÁN

Por su importancia para los procesos ecosistémicos de los humedales, este sitio fue declarado sitio RAMSAR en febrero de 2004. Es un área de 121 hectáreas, importantes porque son sitios preferidos para el desove de la tortuga carey (*Eretmochelys imbricata*) y blanca (*Chelonia midas*). Esta zona va desde Los Cocos (19° 04' 52 N 91° 03' 31W), hasta cerca de Punta Xen (19 ° 10' 14.3N, 90° 55'1.43W).

Los manglares de Campeche constituyen un tesoro que los mexicanos debemos valorar, conservar y disfrutar.

LOS IBISES SON FÁCILES DE OBSERVAR EN LA RESERVA DE LA BIÓSFERA LOS PETENES, EN LA ISLA DE JAINA

p. 132
LA IGUANA, IGUANA VERDE, (*Iguana iguana*) ES UN GRAN LAGARTO ARBÓREO, HERBÍVORO; ALCANZA LA MADUREZ SEXUAL A LOS 16 MESES DE EDAD, PERO ES CONSIDERADA ADULTA A LOS 36 MESES, CUANDO MIDE 70 CM DE LARGO

p. 133
EL CACOMIXTLE (*Bassariscus sumichstrí*) ES ARBORÍCOLA, NOCTURNO, DE NATURALEZA SOLITARIA Y SE ALIMENTA PRINCIPALMENTE DE FRUTOS

p. 134
LAS TORTUGAS "CASQUITO" (GÉNERO *Kinosternon*) EXCAVAN UN NIDO EN EL SUELO CERCA DE UNA FUENTE DE AGUA, DEPOSITAN SUS HUEVOS Y SE VAN; PERO ALGUNAS ESPECIES EXHIBEN ATENCIÓN MATERNA

p. 135
EL COCODRILO (*Crocodylus moreletií*) OPTA POR LAS AGUAS DULCES DE RÍOS Y PANTANOS, PERO NO TIENE NINGUNA DIFICULTAD PARA DESPABILARSE EN ZONAS COSTERAS Y MANGLARES

pp. 136-137
LOS MANGLARES EN LA FRONTERA

CAMPECHE EN VEGETACIÓN Y EN FLOR

VEGETACIÓN

Celso Gutiérrez Báez

La vegetación de Campeche ha sido descrita

por Rzedowski (1978), Miranda (1958) y Flores y Espejel (1994). La mayor parte de la superficie de Campeche, está cubierta por selva mediana subperennifolia y la selva mediana subcaducifolia; pero existen otros tipos de vegetación importantes en menor proporción. En la parte norte, cerca de la línea de costa y límites con Yucatán se encuentran la selva baja caducifolia, los manglares y los petenes. En la parte central y sur del estado se encuentran la selva mediana subcaducifolia y la selva mediana subperennifolia, con algunos parches de selva baja inundable, sabanas e hidrófitas. En la parte suroeste se encuentran la selva alta perennifolia, la selva alta subperennifolia, la selva baja inundable y el manglar.

Cerca de la costa se desarrolla la vegetación halófila típica de la línea de costa, la duna costera y el matorral de duna costera que, debido a sus características edáficas particulares, son el hábitat de varias especies especializadas y restringidas a estos ambientes, y el seibadal (pasto tortuga) que es la vegetación estrictamente acuática marina. En esta zona también son frecuentes varios tipos de manglar, incluyendo además al petén y sabanas húmedas. Los petenes son lugares cerca de la costa (usualmente cerca de las lagunas costeras o los manglares) donde aflora el drenaje subterráneo (ojos de agua) y que crean un oasis de aguadulce en una matriz de suelos y vegetación halófita.

Por otra parte, enclaves de vegetación húmeda más permanentes, como los cenotes, los petenes y las aguadas, también constituyen los hábitats de muchas especies que en la región sólo crecen en estos ambientes. Por ello, todos estos tipos de vegetación, aún cuando ocupan áreas relativamente restringidas del estado, contribuyen sustancialmente a la riqueza de especies y deben ser tomadas en cuenta en el diseño de planes de conservación. Otro tipo de vegetación bastante frecuente son

p. 138
Crateava tapia L. LA VEGETACIÓN DOMINANTE EN EL ESTADO DE CAMPECHE ES LA SELVA MEDIANA SUBCADUCIFOLIA PERO HAY OTROS TIPOS DE VEGETACIÓN QUE INCLUYEN DESDE LA SELVA BAJA CADUCIFOLIA EN EL NORTE HASTA LA SELVA ALTA PERENNIFOLIA AL SUR

LOS MANGLARES JUNTO CON LOS TINTALES SON LOS DOS TIPOS PRINCIPALES DE BOSQUES INUNDABLES. EL MANGLAR ES PARTICULARMENTE ABUNDANTE AL SUR DEL ESTADO DONDE FORMA DENSOS RODALES DE HASTA 20 METROS DE ALTURA, CASI IMPENETRABLES POR SUS ABUNDANTES RAÍCES EN FORMA DE ZANCOS

las selvas bajas inundables, que forman grandes parches en muchas partes del estado. Estas selvas son de varios tipos de acuerdo con el tipo de planta que las domina en biomasa y estructura: pucteales, dominados por pucté (*Terminalia buceras*); mucales, dominados por *Dalbergia glabra*; los tintales, dominados por palo de Campeche (*Haematoxylum campechianum*); los tulares, dominados por p'oop (*Typha domingensis*); los carrizales dominados por jalal (*Phragmites australis*) y los tasistales, dominados por tasiste (*Acoelorraphe wrightii*). De la misma manera, en lugares donde hay pequeños desniveles se forman las aguadas y las rejolladas en los puntos más bajos del microrrelieve.

Las selvas alta subperennifolia y alta perennifolia ocupan las áreas más húmedas del estado y muestran diferencias florísticas importantes que se reflejan en diversos esquemas biogeográficos basados en clima, fisiografía y plantas (Lundell, 1934).

Por último, pero no menos importante por su contribución a la diversidad de especies del estado, son las llamadas sabanas; en el suroeste de Campeche las hay de posible origen antropogénico y en el sureste tenemos la llamada *sabana del Jaguactal*, una sabana o matorral natural muy húmeda, asentada sobre suelos orgánicos ácidos donde hay comunidades de pino jujuub (*Pinus caribaea* var. *hondurensis*) (Carnevali *et al.*, 2003).

SELVA MEDIANA SUBPERENNIFOLIA

Este tipo de vegetación tiene una extensión en el estado entre 30 a 45%, ocupa una superficie de 26,726 km². Se encuentra en la parte sureste. La precipitación oscila entre 1,200 y 1,400 mm, con un clima cálido subhúmedo, los suelos son calizos con una buena permeabilidad; en esta selva 25% de los árboles tira sus hojas en tiempos de seca. La altura de los árboles tiene tallas que en promedio van de 15 a 25 m de alto.

Las especies más comunes en el estrato arbóreo son: navideño (*Alvaradoa amorphoides* ssp. *Amorphoides*), ramón (*Brosimum alicatrum* ssp. *Alicastrum*), chacaj (*Bursera simaruba*), viga (*Caesalpinia mollis*), k'an xu'ul (*Lonchocarpus xuul*), éelemuy (*Mosannona depressa*), zapote (*Manilkara zapota*) y guaya de monte (*Melicoccus oliviformis* ssp. *Olivaeformis*) (Martínez *et al.*, 2001 y Martínez y Galindo-Leal, 2002).

Zamora *et al.* (2012) reporta para Oxpemul, Calakmul, las siguientes especies más importantes: ramón (*Brosimum alicatrum* ssp. *alicastrum, Eugenia* sp.), huesillo (*Drypetes lateriflora*), guaya de monte (*Melicoccus oliviformis* ssp. *Olivaeformis*), tamk'as che (*Pilocarpus racemosus* var. *racemosus*), chacaj (*Bursera simaruba*), guayacán (*Guaiacum sanctum*), sen k'ook (*Crotón oerstedianus*), madera dura (*Thouinia paucidentata*) y chuchuk che (*Capparis flexuosa*).

SELVA MEDIANA SUBCADUCIFOLIA

Este tipo de vegetación tiene una extensión de 5,915 km² y se extiende por una franja en el centro-norte del mismo. La precipitación oscila entre 1,078 y 1,229 mm,

ENTRE LAS PLANTAS MÁS MAJESTUOSAS DE CAMPECHE SE ENCUENTRA EL MACULI AMARILLO (*Tabebuia chrysantha* G. NICHOLSON), MIEMBRO DE LA FAMILIA BIGNONIACEAE, ESTA PLANTA PIERDE TODAS SUS HOJAS AL FINAL DEL VERANO Y ANTES DE COMENZAR LAS LLUVIAS TODAS SUS RAMAS SE CUBREN DE FLORES AMARILLAS OTORGÁNDOLE UNA BELLEZA SIN IGUAL. ES MUY RARO VERLA EN POBLACIONES SILVESTRES Y ES CONSIDERADA COMO UNA ESPECIE AMENAZADA

con un clima cálido subhúmedo con lluvias en verano. Los suelos se derivan de rocas calcáreas de color pardo oscuro y textura arcillosa enriquecida con aporte de materia orgánica; en esta selva entre el 50 y el 75% de los árboles tira sus hojas en tiempos de seca. Los árboles tienen tallas que en promedio van de 10 a 20 m de alto.

Gutiérrez *et al.* (2012) reporta para Mucuychakán, Campeche, las especies más importantes son tzalam (*Lysíloma latisíquum*), ya'ax xu'ul (*Lonchocarpus yucatanensis*), k'uch eel (*Machaonía líndeníana*), ya'axnik (*Vítex gaumerí*), boob (*Coccoloba cozumelensis*), toj yuub (*Coccoloba acapulcensís*), chacaj (*Bursera símaruba*), nance (*Malpíghía glabra*), já'abín (*Piscidía píscipula*), k'anasín (*Lonchocarpus rugosus*), pisit che (*Diospyros yucatanensis* ssp. *Yucatanensis*), etc.

SELVA BAJA CADUCIFOLIA

Este tipo de vegetación está poco representada, su extensión es de 2,068 km² y se encuentra en el norte del estado. La precipitación oscila entre 700 y 1,200 mm, con un clima muy cálido subhúmedo. Los suelos son poco profundos y pedregosos, bien drenados y con poca retención de humedad; el 75% o más de los árboles tira sus hojas en tiempos de seca. La altura de los árboles tienen tallas que en promedio van de 8 a 12 m de alto. Presenta un estrato arbóreo, arbustivo y uno herbáceo.

Zamora *et al.* (2011) reporta las siguientes especies para Tepakán, Calkiní: bojum (*Cordia allíodora*), já'abín (*Piscidía píscipula*), box káatsim (*Senegalía gaumerí*), ya'ax xu'ul (*Lonchocarpus yucatanensis*), tzalam (*Lysíloma latisíquum*), baalche' kéej (*Síderoxylon obtusífolium*), kitim che (*Caealpínía gaumerí*, *Havardía albicans*) y chacaj (*Bursera símaruba*).

SELVA ALTA PERENNIFOLIA

Este tipo de vegetación se encuentra en la parte suroeste del estado en forma de manchones pequeños en planicies aluviales, con una extensión de 9,920 km². La precipitación oscila entre 1,300 y 2,000 mm, con clima cálido subhúmedo y lluvias en verano. Los suelos son poco profundos, con abundante materia orgánica y con buen drenaje; es siempre verde por los árboles que conservan su follaje todo el año. La altura de los árboles tiene tallas que en promedio van de 30 a 35 m de alto, presenta un estrato arbóreo, arbustivo y uno herbáceo, en donde son comunes los bejucos trepadores leñosos. Esto hace que sea una selva compleja en la que prevalecen condiciones microclimáticas de umbría y humedad que favorecen el establecimiento de especies epífitas de orquídeas, helechos y bromeliáceas.

Las especies más comunes en el estrato arbóreo son papelillo (*Alseís yucatanensis*), ya'abo'ob (*Andíra inermís* ssp. *inermís*), pucté (*Termínalía buceras*), ramón (*Brosímum alicatrum* ssp. *alicastrum*), bari (*Calophyllum brasíliense*, *Dialium guianense*), caoba (*Swietenía macrophylla*), volador (*Zuelanía guidonía*), ceiba (*Ceíba pentandra*), roble (*Tabebuia rosea*), zapote (*Manílkara zapota*), álamo (*Fícus cotinífolía*), entre otros.

HAY VARIAS ESPECIES NATIVAS DE LA REGIÓN QUE POR SU BELLEZA Y FÁCIL CULTIVO HAN SIDO AMPLIAMENTE UTILIZADAS EN HORTICULTURA, COMO ES EL CASO DE *Helíconia latispatha Benth.* ESTA ESPECIE FORMA PEQUEÑAS Y DENSAS POBLACIONES NATURALES EN ÁREAS ABIERTAS E INUNDABLES EN EL ESTADO DE CAMPECHE

Selva baja inundable

Este tipo de vegetación se distribuye en forma de manchones aislados en ocasiones con selvas medianas y bajas caducifolias en la parte norte, centro y sur de la entidad, con un clima cálido subhúmedo y con lluvias en verano. Se desarrolla en suelos llamados *akalchés* con alto contenido de arcillas, con ligeras depresiones del terreno y con drenaje deficiente; los terrenos permanecen inundados por un tiempo más prolongado. Está constituida por pocas especies leñosas, con troncos muy retorcidos y muchos de ellos con la presencia de espinas; en esta selva el 50% de los árboles tira sus hojas en tiempos de seca. La altura de los árboles tiene tallas que en promedio van de 8 a 12 m de alto.

Palacio *et al.* (2002) reporta en la parte central del estado, entre otras, las siguientes especies: Juan de noche (*Asemnantha pubescens*), palo de Campeche (*Haematoxylon campechianum*), cheechen blanco (*Cameraria latifolia*), chak mo'ol che (*Erythrina standleyana*), majaua (*Hampea trilobata*), boob (*Coccoloba cozumelensis*), naranjillo (*Hyperbaena winzerlingii*), lu'um che (*Guettarda elliptica*), k'anasín (*Lonchocarpus rugosus*), lengua de gallo (*Bonellia macrocarpa* ssp. *macrocarpa*), sak iitsa (*Neomillspaughia emarginata*), pucté (*Terminalia buceras, Dalbergia glabra*), entre otras.

Pastizales inundables o sabanas

Se encuentran distribuidos en el norte y sur del estado; los suelos son de origen aluvial e inundadables, que se agrietan en época de secas. Está constituida por gramíneas y ciperáceas, con o sin árboles achaparrados dispersos.

En el estrato arbóreo se encuentran las siguientes especies: nance agrio (*Byrsonima bucidifolia*), nance (*Byrsonima crassifolia*), guiro o jícara (*Crescentia cujete, Curatella americana*).

Martínez y Galindo (2002) registraron este tipo de comunidad en Calakmul como sabana húmeda de ciperáceas, y se caracteriza por permanecer inundada entre seis y ocho meses al año, dominadas por ciperaceas: navajuela (*Cladium jamaicensis*), tule (*Cyperus articulatus* y *Fuirena stephani*).

Manglar

Este tipo de vegetación está representado por una franja de aproximadamente 150 m de ancho con un largo de la parte suroeste y noreste del estado, su clima es el cálido húmedo. Los suelos están siempre inundados; los árboles se caracterizan por poseer raíces aéreas en forma de zancos, su follaje es perenne y son pocas las especies herbáceas o epífitas que crecen dentro del manglar.

En el estrato arbóreo se encuentran las especies mangle rojo (*Rhizophora mangle*), mangle blanco (*Avicennia germinans*), mangle blanco (*Laguncularia racemosa*), botoncillo (*Conocarpus erectus*), entre otros.

Petén

Este tipo de asociación está constituida por diferentes tipos de vegetación. El estrato arbóreo es considerado como una isla rodeada por una estructura herbácea, con un clima cálido subhúmedo. Los suelos son negros, ligeramente rocosos y con una produndidad que va de 0 a 20 cm. La altura de los árboles tiene tallas que en promedio van de 15 a 20 m de alto, entre los que se encuentran el chechem (*Metopium brownei*), el zapote (*Manilkara zapota*), el mangle blanco (*Laguncularia racemosa*), el ya' ay tiik (*Gymnanthes lucida*), el guano macho (*Sabal yapa*), el mangle rojo (*Rhizophora mangle*), el chacaj (*Bursera simaruba*), el tzalam (*Lysiloma latisiquum*), el já'abín (*Piscidia piscipula*), el juluub (*Bravaisia berlanderiana*), entre otros.

Tulares y popales

Son comunidades conformadas por poop (*Typha domingensis*), hidrófitas emergentes y *Thalia geniculata*. Se encuentra en los márgenes de los petenes, la periferia de la Laguna de Términos y las selvas bajas inundables (akalché). En estas comunidades también se hallan otras especies como flor de agua (*Echinodorus andrieuxii, E. nymphaeifolius, Sagittaria guayanensis* ssp. *guayanensis*), o lirio (*S. lancifolia* ssp. *lancifolia, Nymphoides indica, Isoetes pallida* y *Nymphaea jamesoniana*).

Vegetación de dunas costeras

Esta vegetación se desarrolla en suelos arenosos calcáreos, con pocas partículas de arcilla, con alto contenido de sales, por lo general dominan las hierbas, arbustos achaparrados de hojas crasas, como son la vegetación costera localizada en todo el litoral del estado. Las especies características son haba de mar (*Canavalia rosea*), claudiosa (*Capraria biflora*), hierba de jabalí (*Croton punctatus*), siis já (*Euphorbia mesembryanthemifolia*), cola de alacrán (*Heliotropium angiospermum*), cola de gato (*Heliotropium curassavicum, Ipomoea imperati*), riñonina (*Ipomoea pes-caprae*), pica pica (*Macroptilium atropurpureum*), tajonal (*Melampodium gracile*), levisa xiiw (*Melanthera nivea, Okenia hypogaea*), poch (*Passiflora foetida*), verdolaga (*Portulaca oleracea*), verdolaga de playa (*Sesuvium portulacastrum*), zacate Johnson (*Sorghum halepense*), chunup (*Scaevola plumieri, Suaeda linearis*), cola de mico (*Stachytarpheta jamaicensis*), tabaquillo (*Suriana marítima*), tabaquillo (*Tournefortia gnaphaaloides*), verdolaga (*Trianthema portulacastrum*), por citar algunas.

Pastos marinos

Estas comunidades marinas sumergidas las podemos encontrar junto a las algas bénticas a lo largo de las costas, tres especies son representativas: *Halodule wrightii,* pasto de manatí (*Syringodium filiforme*) y pasto de tortuga (*Thalassia testudinum*).

PLANTAS VASCULARES

Rodrigo Duno de Stefano

Las plantas vasculares son organismos

multicelulares que se desarrollan a partir de un embrión. Son capaces de elaborar su propio alimento por medio de la fotosíntesis que realizan en organelos llamados cloroplastos. Almacenan carbohidratos en forma de almidón, y poseen un sistema de conducción vascular con células llamadas traqueidas. La presencia de traqueidas las diferencia de las briofitas (musgos, hepáticas y antoceros). Las plantas vasculares o traqueofitas incluyen a los helechos (con esporangios en forma de soros), gimnospermas (con óvulos desnudos subtendidos por esporofilos organizados en conos, como en los pinos) y angiospermas (con los óvulos encerrados en ovarios y con flores para atraer a los polinizadores). Las angiospermas son las plantas más importantes en términos de diversidad, frecuencia y biomasa en los ecosistemas terrestres de casi todo el mundo. Asimismo, algunas plantas vasculares han invadido los ecosistemas marinos como por ejemplo el famoso pasto de tortuga (*Thalassia testudinum* K.D. Koenig, Hydrocharitaceae) y los ecosistemas dulceacuícolas como *Ceratophyllum demersum* L. y *C. submersum* L. (Ceratophyllaceae).

Las plantas vasculares brindan un servicio inconmensurable al ser humano y al propio entorno natural. Es imposible imaginar nuestro planeta sin ellas, constituyen la base de la cadena alimenticia y hábitat para la diversidad terrestre. Proveen al ser humano de carbohidratos y proteína vegetal, por lo que su valor económico y cultural están fuera de discusión. Son muchas las plantas nativas o introducidas que se cultivan en Campeche: calabaza, chile, ibes, maíz, papaya, piña, tomate, entre otras. También, existen muchas especies silvestres que forman parte de la vida cultural y económica del campesino maya y son explotadas para diferentes fines: por su madera (cedro y caoba), por sus fibras (ch'it), para la obtención de huano, látex (zapote), por su utilidad forrajera (ramón) o como alimento (chaya y siricote, entre otros). De la misma

Cordia gerascanthus. CAMPECHE ES EL ESTADO MÁS DIVERSO EN LA PENÍNSULA DE YUCATÁN CON 1,814 ESPECIES. ES LA ENTIDAD MÁS GRANDE DE LA REGIÓN ASÍ COMO DIFERENTE EN SUS CARACTERÍSTICAS AMBIENTALES AL INCLUIR ZONAS MUY SECAS AL NORTE Y MUY HÚMEDAS AL SUR. CUENTA ADEMÁS CON RÍOS Y LAGUNAS QUE PERMITEN LA ENTRADA DE ESPECIES TÍPICAS DE AMBIENTES MUY HÚMEDOS DEL SURESTE DE MÉXICO Y CENTROAMÉRICA

manera, múltiples especies son empleadas por sus propiedades medicinales, ornamentales y mágico-religiosas.

Campeche, ubicado en el extremo occidental de la Península del mismo nombre, forma parte en su totalidad de una unidad biológica o biogeográfica llamada Provincia Biótica Península de Yucatán. Esta incluye a Quintana Roo y a Yucatán, junto con los departamentos del norte de Belice (Belice, Corozal y Orange Walk) y el departamento del Petén de Guatemala. La Península de Yucatán se caracteriza por una combinación de factores geomorfológicos, climáticos, edáficos y una estructura característica de tipos de vegetación, biota animal y vegetal asociada a ellos.

En primer lugar, la Península de Yucatán se puede concebir como un área de rocas fundamentalmente calizas, con elevaciones menores de 350 m (usualmente por debajo de 250 m y por debajo de 200 m), una hidrografía superficial escasa (escasos ríos), con temperaturas medias anuales de entre 25 y 28º C, precipitaciones que no exceden los 2,200 mm al año. La Península de Yucatán se originó por movimientos tectónicos de levantamientos que ocurrieron en el Mioceno y Plio-Pleistoceno, y consta de una gran plataforma caliza de origen marino. Estas rocas son más antiguas hacia el sur (Cretácico) y están más expuestas y son más recientes hacia el norte donde datan del Pleistoceno-Holoceno. Uno de los aspectos más importantes del ambiente físico de la Península es la existencia de un gradiente de precipitación que va disminuyendo desde el sureste hacia el noroeste, y que evidentemente se refleja en cambios importantes en la cobertura vegetal y diversidad florística. La geología kárstica, asociada a los sustratos calizos, impone sistemas de drenaje subterráneos, con las típicas formaciones de grutas y cenotes. Si algo tenemos que resaltar de Campeche, que lo distingue en especial del estado de Yucatán son sus ríos (completamente ausentes) y lagunas (pequeñas). Campeche cuenta con seis ríos importantes: Champotón, Candelaria, Chumpán, Mamantel, Palizada y San Pedro, y la mayoría confluyen en la Laguna de Términos. Estos ríos y lagunas son responsables de un paisaje notablemente húmedo en una matriz relativamente seca que caracteriza a la Península de Yucatán. Esta diferencia influye enormemente en la composición florística ya que plantas de ambientes húmedos presentes en Chiapas, Tabasco y Veracruz penetran hacia el norte de la Península a través de las lagunas, ríos y bosques ribereños y sirven además como una barrera para la migración de los elementos típicos de vegetación seca del norte de la Península hacia el sur.

Existen al menos cuatro listados florísticos de plantas vasculares para la porción mexicana de la Península de Yucatán (Sosa *et al.*, 1985; Durán *et al.*, 2000; Arellano-Rodríguez *et al.*, 2003; Carnevali *et al.*, 2010) y uno exclusivo para Campeche (Gutiérrez Baéz, 2003).

Hasta la fecha se han registrado para Campeche 1,814 especies, distribuidas en 814 géneros y 147 familias (Carnevali *et al.*, 2010), lo que representa aproximadamente el 79% de toda la flora de la Península de Yucatán (cuadro 1). Existen varias estimaciones en relación con la diversidad florística de México; aquí hemos utilizado un valor intermedio entre los valores extremos (18,000-30,000) para una comparación nacional. Campeche, con una extensión aproximada de 57,507 km² (2,9% del territorio nacional), incluye 7.56% de toda la flora mexicana (cuadro 2).

Centrosema macrocarpum. LA FAMILIA FABACEAE (LEGUMINOSAE) ES LA MÁS DIVERSA EN EL ESTADO DE CAMPECHE Y EN TODA LA PENÍNSULA DE YUCATÁN. CUENTA CON 188 ESPECIES Y SE LE PUEDE ENCONTRAR VIRTUALMENTE EN TODOS LOS TIPOS DE VEGETACIÓN; EN ALGUNOS DE ELLOS ES SIN DUDA EL ELEMENTO MÁS REPRESENTATIVO EN TÉRMINOS DE PRESENCIA, ABUNDANCIA Y BIOMASA

Algunas comparaciones generales son útiles para entender las causas de la diversidad florística de un área en particular, en este caso, de Campeche. El cuadro 2 muestra la riqueza de especies de plantas vasculares para algunos estados de México y permite una visión panorámica de la relación entre elementos abióticos y bióticos. Sin duda, una explicación inmediata de la riqueza o la pobreza de un área particular es la superficie. Con pocas excepciones, si las condiciones climáticas son más o menos similares, la diversidad aumenta de manera directamente proporcional a la superficie, la alta diversidad de Campeche en relación con Quintana Roo (*ca.* de 1,600 especies) y Yucatán (*ca.* de 1,400) se debe asociar a una mayor área. También la precipitación anual juega un papel importante; a mayor precipitación, mayor diversidad. La presencia de un importante cuerpo de agua dulce como la Laguna de Términos y un sistema de ríos permiten la entrada de especies típicas de la selva alta perennifolia y otras comunidades vegetales, incluyendo sabanas húmedas y vegetación acuática que incrementan la riqueza florística de Campeche. Otro elemento importante es la orografía, un estado pequeño como Tabasco con sólo 24,737 km² (el 1.3% del territorio nacional) y menos de la mitad del territorio campechano, registra cerca del 25% más de plantas. Tabasco tiene un sistema orográfico que incluye los cerros Las Flores y Madrigal con 800 y 900 m de altitud respectivamente, y donde se han registrado hasta 4,000 milímetros de precipitación al año (Pérez *et al.*, 2005). En las laderas más elevadas de estos cerros, con temperaturas mucho más bajas, aparece el bosque mesófilo de montaña, ausente por completo en Campeche y el resto de la Península de Yucatán. En estos bosques aparecen elementos típicamente extra-tropicales, como *Quercus skinneri* Benth. (chicharro), *Liquidambar styraciflua* L. (liquidámbar americano o, simplemente, Liquidámbar) (Pérez *et al.*, 2005). También la presencia de colinas y montañas, con sus valles, quebradas y laderas expuestas a sotavento y barlovento, genera condiciones meso y microclimáticas que aumentan los nichos ecológicos y por ende la riqueza de especies. Casos extremos de mega fitodiversidad los constituyen Oaxaca y Veracruz. Estas dos regiones presentan una superficie mayor que la del territorio campechano y una compleja orografía y distintos ambientes ecológicos y cuentan con casi 8,405 y 10,444 especies, respectivamente.

Como es natural, los estados con los que está más relacionado florísticamente Campeche son los vecinos Quintana Roo y Yucatán, con los que define una unidad biogeográfica (Morrone, 2005). La flora de la Península de Yucatán está integrada por diversos elementos florísticos (Estrada Loera, 1991). Entre éstos destaca un elemento endémico. En relación con las especies endémicas, aquellos organismos que crecen exclusivamente en un área determinada, generalmente una provincia biótica, un país o en este caso un estado. En la Península de Yucatán existen 203 taxones endémicos a nivel de especie o categorías inferiores. De ellos, 131 (casi el 66.5%) crecen dentro de los límites de Campeche pero sólo tres especies y una variedad lo hacen exclusivamente en Campeche: *Echeandia campechiana* (Anthericacaceae), *Fuirena stephani* (Cyperaceae), *Piper cordoncillo* var. *apazoteanum* (Piperaceae) y *Lantana dwyeriana* (Verbenaceae).

A la lista de plantas vasculares del estado y por extensión de toda la Península, también hay elementos mesoamericanos (que son predominantes); elementos mexi-

canos; y elementos de amplia distribución en el Neotrópico. Un grupo importante de especies está representado por aquellas plantas que están en Campeche pero no en Quintana Roo y/o Yucatán. Son especies con una amplia distribución en ambientes húmedos del sureste de México y Centroamérica (elementos mesoamericanos, mexicanos y neotropicales) que en la Península sólo alcanzan esta región a través de las selvas ribereñas y otros tipos de vegetación asociados a los ríos y lagunas del sur de Campeche. Este grupo de plantas puede respresentar hasta el 10% de toda la flora de la Península, algunos ejemplos son: *Aeschynomene rudis* Benth., *Andira inermis* (W. Wright DC), *Pithecellobium winzerlingii* Britton & Rose, *Rhynchosia americana* (Mill.) Metz (Fabaceae) y *Schultesia guianensis* (Aubl.) Malme (Gentianaceae). Incluso algunas familias están presentes en la flora de la Península sólo se encuentran en Campeche: Alstroemeriaceae (*Bomarea edulis* (Tussac) Herb.), Isoëteaceae (*Isoëtes pallida* Hickey) y Margraviaceae (*Souroubea loczyi* (V.A. Richt.) de Roon), entre otras. Un grupo de plantas muy interesante en toda la Península de Yucatán lo integran las que son conocidas sólo de la Península y de las Antillas, o que pertenecen a géneros antillanos. Ejemplos de esta última conexión, son *Ernodea littoralis* Sw., *Exostema caribaeum* (Jacq.) Roem. & Schult. y *E. mexicanum* A. Gray (Rubiaceae) y *Samyda yucatanensis* (Salicaceae, endémica de la Península y perteneciente a un género básicamente antillano).

El cuadro 3 resume la información de las diez familias de mayor riqueza (número de especies) de Yucatán. Entre ellas podemos destacar las leguminosas con 188 especies, Poaceae con 172, Asteraceae con 120, Cyperaceae con 91 y Euphorbiaceae con 88. Estas diez familias (6,8%) representan el 53% de la riqueza total de plantas vasculares del estado. Estas familias, no sólo son las de mayor riqueza en términos de especies, sino también en frecuencia y biomasa (salvo excepciones como las orquídeas que son ricas en especies, pero pobres en individuos y biomasa). En casi todos los tipos de vegetación del estado encontraremos que estas familias son elementos ecológicamente muy importantes. Es la lista de las diez familias más importantes y es típico de la tierras bajas de los trópicos americanos. Hay unas veinte especies cuyo epíteto específico es *campechianum* o *campechiana*. Sin duda la más emblemática es *Haematoxylum campechianum* L. (Fabaceae), el famoso palo de tinte, una planta tintorea que formó parte de la historia y economía tanto de Campeche como de Quintana Roo en los siglos XVII y XVIII. Más de una visita de corsarios y piratas a nuestras costas tenía como objeto la extracción de palo de tinte.

En resumen, Campeche tiene una flora más rica que la de Quintana Roo y Yucatán pero más pobre que la de otros estados mexicanos del sureste. Esta condición, sin embargo, no disminuye el valor intrínseco general de la flora del estado, ya que éste alberga un número interesante de especies únicas (endémicas) y otras especies que en México sólo crecen en él, ensambladas en comunidades vegetales muy particulares (donde se registran como especies raras que en otras partes son comunes).

CUADRO 1. SINOPSIS DE LA FLORA DE CAMPECHE			
GRANDES GRUPOS	FAMILIAS	GÉNEROS	ESPECIES
Helechos y afines	23	23	38
Gimnospermas	1	1	1
Angiospermas	123	790	1,775
TOTAL	147	814	1,814

En la Península de Yucatán hay 161 familias, 956 géneros y 2300 especies

CUADRO 2. RIQUEZA DE PLANTAS VASCULARES DE ALGUNOS ESTADOS DE LA REGIÓN TROPICAL DE MÉXICO, INCLUYENDO CAMPECHE Y LA PENÍNSULA DE YUCATÁN MEXICANA		
ESTADO (O PAÍS Y REGIÓN)	SUPERFICIE (KM²)	NÚMERO DE ESPECIES
Chiapas	73,887	8,248
Guerrero	63,794	7,000
Oaxaca	95,364	8,405
Tabasco	24,737	2,479
Veracruz	72,815	7,490
México	1,964,375	24,000
Península de Yucatán	171,138	2,300
Campeche	57,507	1,814

CUADRO 3. FAMILIAS DE PLANTAS VASCULARES CON MAYOR RIQUEZA DE ESPECIES EN CAMPECHE		
FAMILIA	NÚMERO DE GÉNEROS	NÚMERO DE ESPECIES
Fabaceae	69	188
Poaceae	56	172
Asteraceae	72	120
Cyperaceae	13	91
Euphorbiaceae	19	88
Orchidaceae	52	87
Malvaceae	32	60
Rubiaceae	26	57
Convolvulaceae	11	53
Apocynaceae	27	45

BROMELIACEAE

Ivón M. Ramírez Morillo

Las bromelias son nativas de la zona tropical

de América; ocasionalmente, algunas crecen en zonas subtropicales. Se distribuyen desde Estados Unidos (Carolina del Norte) hasta la Tierra de Fuego en Argentina; sólo una especie es nativa del oeste de África, en Gabón y Guinea. Con sus más de tres mil especies, es la mayor familia endémica de plantas con flores de América. Las bromelias son plantas herbáceas (no tienen estructuras leñosas), sin tallo desarrollado salvo algunas excepciones, con las hojas dispuestas en una roseta, aunque ocasionalmente las plantas son filamentosas como el caso del famoso heno (*Tillandsia usneoides*, usado en los adornos para las fiestas navideñas). Las bromelias son tanto terrestres, litófitas (las que crecen sobre piedras), así como epífitas, es decir, aquellas que crecen sobre árboles y, ocasionalmente, también sobre techos o hasta en cables eléctricos. Algunas de ellas son rosetas solitarias, pero generalmente forman macollos de varios individuos. Sus flores muy coloridas, son producidas generalmente en un eje erecto con vistosas flores, usualmente acompañadas de hojas en las rosetas que se tiñen de diversos colores, creando un espectáculo para la vista de polinizadores o para nosotros mismos; por ello, además del valor de algunas especies como plantas comestibles (*Ananas comosus* (L.) Merr., la piña) son plantas de alto valor ornamental, con una importancia destacable en el mercado hortícola del mundo.

Tillandsia pseudobaileyi ssp. *yucatanensis*. MÁS DEL 80% DE LAS BROMELIAS DE CAMPECHE SON EPÍFITAS: CRECEN SOBRE ÁRBOLES O HASTA EN CABLES ELÉCTRICOS; OBTIENEN AGUA Y NUTRIMENTOS DE LA LLUVIA, DE LA HUMEDAD DEL AIRE Y DEL AGUA QUE ESCURRE POR LA CORTEZA DE LOS ÁRBOLES

DIVERSIDAD

La familia Bromeliaceae está conformada por aproximadamente 3,086 especies organizadas en 58 géneros (Luther, 2008). Para México, se encuentran reportados 19 géneros y cerca de 380 especies (modificado Espejo *et al.,* 2004). México constituye un centro de diversificación de algunos grupos de bromelias, siendo los géneros más diversos *Hechtia* (con *ca.* 65 especies), *Pitcairnia* L'Hér.(con *ca.* 45 especies) y *Tillandsia* (con algo más de 195 especies), particularmente el subgénero *Tillandsia*. Existen dos géneros endémicos en México: *Ursulaea* R. W. Read y Baensch (con dos especies) y *Viridantha* Espejo (antiguamente parte del género *Tillandsia* L., con seis especies). En la Península de Yucatán se han registrado hasta la fecha 32 especies descritas de Bromeliaceae (modificado de Ramírez y Carnevali, 1999, Espejo *et al.*, 2004, Ramírez *et al.*, 2004), y dos especies más no descritas, de las cuales aproximadamente el 84% son epífitas y cerca del 16% son terrestres o litófitas. En México, específicamente en Quintana Roo, se encuentra la única especie de *Hohenbergia* nativa de Mesoamérica, *H. mesoamericana* (I. Ramírez, Carnevali & Cetzal (Ramírez *et al.* 2010), un género con cerca de 61 especies principalmente en Las Antillas y Brasil.

BROMELIACEAE EN LA PENÍNSULA DE YUCATÁN

Las 32 especies descritas presentes en la Península de Yucatán, están distribuidas en diferentes tipos de vegetación como selvas bajas caducifolias, selvas medianas subcaducifolias, selvas medianas perennifolias, selvas altas perennifolias, selvas bajas inundables (tintales y pucteales), matorrales costeros, matorrales xerófilos y manglares.

De los tres estados de la Península de Yucatán, Quintana Roo es ligeramente más diverso en especies de bromelias cuando se le compara con Campeche; Yucatán es el menos diverso (cuadro 1). De los tres estados, Campeche es el único hasta el momento que no tiene especies endémicas de bromelias, mientras que los otros dos tienen dos cada uno. A la fecha se han registrado cuatro especies endémicas para la Península de Yucatán: *T. maya* I. Ramírez y Carnevali (Yucatán), *T. yucatana* (Campeche y Yucatán), *T. maypatii* I. Ramírez y Carnevali (Quintana Roo), *Hohenbergia mesoamericana* (Quintana Roo) y *Hechtia schottii* (Yucatán), esta última también registrada para Campeche.

BROMELIACEAE EN CAMPECHE

Se han llevado a cabo 344 recolectas de Bromeliaceae para los once municipios del estado de Campeche (modificado de Espejo *et al.*, 2004), representado seis géneros y 25 especies de bromelias (Carnevali *et al.*, 2010; modificado de Ramírez, 2010, cuadros 1 y 2). La mayor diversidad de Bromeliaceae en Campeche ha sido registrada en la selva baja inundable o tintales, seguidos de la selva mediana subperennifolia, con la menor diversidad en los petenes, selvas altas, selvas bajas caducifolias y manglares.

La Península de Yucatán tiene una flora epifítica pobre en comparación con la gran diversidad existente en el mundo, en el Neotrópico y en México. Esta flora está representada principalmente por miembros de las Orchidaceae, Bromeliaceae, Piperaceae y Cactaceae y algunas familias de helechos (Olmsted y Gómez-Juárez

Cuadro 1. Comparación del número de géneros, especies y especies endémicas (entre paréntesis) para los tres estados de la Península de Yucatán

Género	Campeche	Quintana Roo	Yucatán
Aechmea Ruiz & Pav.	3	3	1
Bromelia L.	1	1	3
Catopsis Griseb.	3	2	0
Hechtia Klotzsch	1	0	1
Hohenbergia Schult f.	0	1	0
Tillandsia L.	16	19	13
Vriesea Lindl.	1	1	0
Número total de especies	25	27	18
Número total de géneros	6	6	4
Número de especies endémicas	0	2	2

Cuadro 2. Especies de bromelias reportadas para Campeche: nombre científico, nombre común (E: español; M: maya), estado de conservación y usos reportados

Nombre científico	Nombre común	Conservación	Usos
Aechmea bracteata (Sw.) Griseb.	(E) gallito; (M) nej ku'uk (cola de ardilla)		No se conoce
Aechmea bromeliifolia (Rudge) Baker	(E) gallito; (M) nej ku'uk (cola de ardilla)		No se conoce
Aechmea tillandsioides (Mart. ex Schult. & Schult. f.) Baker	No se conoce		No se conoce
Bromelia karatas L.	(E) piñuela; (M) chak ch'oom (zopilote rojo)		Fruto comestible; tricomas del fruto se usan para curar heridas
Catopsis berteroniana (Schult. ex Schult. f.) Mez	No se conoce	Pr	No se conoce
Catopsis nutans (Sw.) Griseb	No se conoce		No se conoce
Catopsis sessiliflora (Ruiz & Pav.) Mez	No se conoce		No se conoce
Hechtia schottii Baker	(M) pool boox (cabeza negra)		No se conoce
Tillandsia balbisiana Schult. ex Schult f.	(M) ch'u (maya: colgado)		Tratamiento de bronquitis en niños
Tillandsia brachycaulos Schltdl.	(E) gallito; (M) me'ex nuk xiib (barba de hombre)		Tratamiento de asma, bronquitis y tos
Tillandsia bulbosa Hook.	(M) ch'u che' (madera colgante)		Tratamiento de bronquitis

Nombre científico	Nombre común	Conservación	Usos
Tillandsia dasyliriifolia Baker	(M) ch'u (colgado)		Tratamiento de bronquitis
Tillandsia elongata Kunth var. *subimbricata* (Baker) L. B. Sm.	(M) ch'u (colgado)	A	Tratamiento de asma y bronquitis
Tillandsia fasciculata Sw.	(M) ch'u (colgado)		Tratamiento de bronquitis
Tillandsia festucoides Brong. ex Mez	(M) ch'u (colgado)	Pr	Tratamiento de bronquitis
Tillandsia flexuosa Sw. *vel. sp. aff.*	(M) ch'u (colgado)	Pr	No se conoce
Tillandsia juncea (Ruiz & Pav.) Poir. *vel. sp. aff.*	No se conoce		No se conoce
Tillandsia polystachia (L.) L.	No se conoce		No se conoce
Tillandsia pseudobaileyi C. S. Gardner ssp. *yucatanensis* I. Ramírez, Carnevali & Olmsted	No se conoce		No se conoce Tratamiento de asma y bronquitis
Tillandsia schiedeana Steud.	(E) gallito; (M) chan t'eel (gallito)		Tratamiento de catarro y dolor de cabeza
Tillandsia streptophylla Scheidw. ex C. Morren	(M) mulix (ondulado)		No se conoce
Tillandsia usneoides (L.) L.	(E) heno; (M)sooskil chaak (fibra de lluvia)		
Tillandsia variabilis Schltdl.	No se conoce		No se conoce
Tillandsia yucatana Baker	No se conoce		No se conoce
Vriesea heliconioides (Kunth) Hook ex Walp.	No se conoce		No se conoce

(Pr) sujeta a protección especial; (A) amenazadas, de acuerdo con la (NOM-059-Ecol-2010).

1996, Andrews y Gutiérrez, 1988, Carnevali *et al.*, 2001) patrón común previamente reportado para otras localidades del trópico seco (Gentry y Dodson, 1987). La poca diversidad del componente epífito en la Península de Yucatán, se debe a diversos factores históricos, físicos y bióticos, pero fundamentalmente se explica por la combinación de ser una región esencialmente plana y con pocos ríos y por ello, con pocas oportunidades de diferenciación de nichos y comunidades especializadas y por ser un área relativamente seca y de origen reciente.

Importancia ecológica

Existe la creencia de que las bromelias epífitas matan a sus huéspedes (o, como científicamente se les llama a éstos, forofitos), por ello se les ha denominado parásitas. Sin embargo, no hay evidencia que apoye la hipótesis de que las epífitas se alimenten

MUCHAS BROMELIAS (*Tillandsia schiedeana*), ESPECIALMENTE LAS QUE TIENEN FLORES TUBULARES, SON VISITADAS POR COLIBRÍES QUE EN BUSCA DE NÉCTAR POLINIZAN LAS FLORES

del forofito, de hecho, sus raíces sólo funcionan como elementos de soporte. No obstante, se ha investigado el efecto de las poblaciones de *Tillandsia recurvata* (L.) L., en ciertos huéspedes, y algunos resultados indican que las epífitas pueden afectar el sistema vascular del forofito y posiblemente permitir la entrada de patógenos, como por ejemplo en *Prosopis laevigata* (Humb. & Bonpl. ex Willd.) M. C. Johnst., conocido como mezquite, miembro de las Leguminosae (Aguilar-Rodríguez *et al.*, 2007). Asimismo, hay evidencia que sugiere que las epífitas actúan como un factor modelador del éxito reproductivo de algunos árboles (Castellanos-Vargas *et al.*, 2009) o posiblemente sólo causan daños mecánicos (su peso causa ruptura de las ramas del forofito) aunque no en la fotosíntesis de árboles con corteza fotosintética como en *Parkinsonia praecox* (Ruiz & Pav. ex Hook.) Hawkins (Paéz-Gerardo *et al.*, 2005), otro miembro de las leguminosas conocido como palo verde o palo brea.

Las bromelias terrestres absorben por sus raíces funcionales, las epífitas y litófitas realizan sus funciones de absorción de agua y nutrimentos por tricomas foliares o pelos en las hojas, que son estructuras altamente especializadas que capturan agua y nutrimentos de la lluvia, de la humedad del aire o del agua que escurre por el forofito. Otras epífitas forman un reservorio de agua con la base de sus hojas o las hojas mismas, que se mantiene lleno de agua y allí, material vegetal o animal se descompone proveyendo nutrimentos a las plantas, razón por la cual algunas veces se les ha llamado de forma errónea, carnívoras. Lo cierto es que muchas de esas bromelias epífitas con grandes tanques de agua (estos llamados fitotelmatas) son el hábitat de algunos vertebrados pequeños (anfibios y reptiles), muchos invertebrados y microinvertebrados, contribuyendo así las bromelias a incrementar la biodiversidad de las biotas en ecosistemas particulares, especialmente en selvas donde la lluvia sobrepasa los 1,000 ml de precipitación anual.

USOS

La gran mayoría de las bromelias tienen un alto valor ornamental, pero muy pocas han sido explotadas para tal fin en México. La piña (*Ananas comosus*) se cultiva por sus frutos en trece estados mexicanos, incluyendo Campeche, aunque Veracruz, Oaxaca y Tabasco son los que tienen mayor superficie sembrada (23,461 ha, 1,985 ha y 1,081 ha respectivamente). También el ixtle o pita (*Aechmea magdalenae* (André) André ex Baker), se cultiva en Veracruz y Oaxaca; su fibra es utilizada en la confección de elementos de la charrería mexicana. También se han reportado usos medicinales para varias especies nativas de Campeche (cuadro 2), así como el uso de frutos de especies del género *Bromelia*, para la elaboración de bebidas refrescantes.

Es pertinente destacar que faltan mejores inventarios de la familia en los once municipios de Campeche y en todos los tipos de vegetación, en especial del Área de Protección de Flora y Fauna Laguna de Términos, cuya flora es virtualmente desconocida. Asimismo, es necesario estudiar el potencial de cultivo de *Ananas comosus* para fines alimentarios, de *Aechmea magdalenae* para el mercado de fibra y varias especies por su valor ornamental.

Situación, amenazas y acciones para su conservación

La mayor amenaza para las especies es la destrucción de sus hábitats y en menor grado, su sobre-colección para la venta. Actualmente, se encuentran 21 especies de bromelias mexicanas en la Norma Oficial Mexicana (NOM-059-Ecol-2010), diez de ellas endémicas para el país, tres en categoría de riesgo Pr (sujeta a protección especial) y el resto bajo la categoría de riesgo Amenazadas (A). De las bromelias nativas de Campeche, sólo *Tillandsia elongata* var. *subimbricata* está en la categoría de riesgo como amenazada, mientras que *Catopsis berteroniana*, *T. flexuosa* y *Tillandsia festucoides* están categorizadas como sujetas a protección. De las 25 especies nativas de Campeche, 20 crecen en la Reserva de la Biósfera de Calakmul y regiones adyacentes (Martínez *et al.*, 2001); el resto de las especies son comunes en varios estados del país y no están siendo sometidas a extracción.

FAMILIA ORCHIDACEAE

Germán Carnevali Fernández-Concha

Diversidad

La familia Orchidaceae en Campeche

cuenta con 95 especies (ver cuadro 1, que incluye autorías de las especies). Esto equivale aproximadamente al 5.95% del total de especies de plantas con flores conocidas para el estado (unas 1,814 especies modificados de Carnevali *et al.*, 2010, Carnevali, 2010). De ellas, sólo *Lophiaris tapiae* se puede considerar endémica de Campeche, aun cuando esperamos que aparezca en Tabasco. Hay 55 géneros de orquídeas en Campeche entre los que destacan *Epidendrum L.* (nueve especies), *Habenaria* Willd. (seis), *Lophiaris* Raf. y *Encyclia* Hook. (cinco), y *Prosthechea* Knowles & Westc., con cuatro especies. Otros géneros con más de dos especies en el estado son *Cohniella* Pfitzer., *Campylocentrum* Benth., *Myrmecophila* Rolfe. y *Vanilla* Mill., todos con tres.

Las orquídeas de Campeche son parte de la flora de la Provincia Biótica Península de Yucatán (PBPY) y al igual que el resto de ésta consta de especies y géneros típicos del norte de Mesoamérica (Carnevali *et al.*, 2001; Carnevali, 2010a), la parte sur de lo que Rzedowski (1991) llamó Megaméxico 2. Aquí presentaremos una comparación de las orquídeas de Campeche con las de la PBPY, con México y con el resto de América tropical.

Las 95 especies de orquídeas que crecen en Campeche constituyen el 72.5% de las 131 conocidas en la porción mexicana de la PBPY y 7.3-7.6% de las 1,250-1,300 especies de orquídeas que crecen naturalmente en México. El dato de la especies en México es tomado de Hágsater *et al.* (2005) y corregido para reflejar las múltiples nuevas especies y reportes para el país.

De las 95 especies de orquídeas conocidas de Campeche, cuatro son novedades con respecto al último listado de Campeche (Carnevali, 2010): *Camaridium pulchrum*,

LAS FLORES DE LAS ORQUÍDEAS HAN EVOLUCIONADO INTERESANTES MECANISMOS DE POLINIZACIÓN; EN ESTE CASO, *Cohniella yucatanensis* IMITA LA FLOR DE UNA *Malpighiaceae*, QUE LE OFRECE ACEITES A LAS ABEJAS POLINIZADORAS. LA ORQUÍDEA, EN CAMBIO, ENGAÑA AL POLINIZADOR Y NO LE OFRECE NINGUNA RECOMPENSA

Chysis sp., Encyclia dickinsoniana, Maxillariella variabilis. Hay 10 (10.52%) especies entre las 95 que sólo se conocen en el estado dentro de la PBPY (ver cuadro 1) y algunas de ellas (e.g. *Myrmecophila tibicinis* y *Camaridium pulchrum*) parecen ser parte de una flora restringida, localizada en la planicie costera del Golfo de México y las regiones más húmedas del Petén guatemalteco y el noreste de Chiapas. Las demás especies de orquídeas de Campeche son compartidas en su mayoría con los otros dos estados de la Península, particularmente con Quintana Roo. En el último listado florístico de la Península de Yucatán Mexicana, Carnevali *et al.* (2010) reportaron 17 especies de orquídeas como endémicas de la PBPY. De ellas, seis crecen en Campeche, por lo que la mayoría de las orquídeas endémicas a la PBPY crecen en Quintana Roo. Seis de ellas también crecen en Yucatán.

De la misma forma que sucede en otras áreas de la porción mexicana de la PBPY y de lugares de baja elevación y clima estacional en el trópico americano, la mayoría de las orquídeas en Campeche son epífitas. De las 95 especies de orquídeas de Campeche, 22 (el 23.2%) son exclusivamente terrestres, incluyendo las seis especies de *Habenaria*. Con la excepción de *Cyrtopodium macrobulbon*, estas orquídeas terrestres son todas habitantes del sotobosque húmedo. Las tres especies de *Vanilla* califican como trepadoras suculentas o hemiepífitas trepadoras.

Entre las epífitas son interesantes las conocidas comúnmente como epífitas de ramitas (cinco especies conocidas en Campeche), un grupo ecológico de epífitas restringido a las Orchidaceae, caracterizado porque las plantas sufren cambios importantes en sus historias de vida, como reducción vegetativa, condensación de estructuras vegetativas y aceleramiento del ciclo de vida para alcanzar la fase reproductiva sobre un individuo que permanece como juvenil, lo que hacen usualmente en menos de un año. Dos especies de epífitas, *Campylocentrum pachyrrhizum* y *Dendrophylax porrectus*, son ejemplos de reducción vegetativa extrema ya que las plantas consisten sólo en un manojo de raíces relativamente gruesas, verdes, fotosintéticas, que emergen de un punto meristemático (una región de tejido indiferenciado que puede producir diversos tipos de órganos vegetales) y con cortas inflorescencias que se originan de éste.

DISTRIBUCIÓN

En general, las orquídeas (igual que otros grupos predominantemente epífitos) alcanzan sus mayores diversidades y riqueza de especies en ambientes perennemente húmedos. Las regiones con mayor diversidad de la familia en el mundo son los bosques perhúmedos a elevaciones de 300-2,000 msnm de las laderas de los Andes, la Amazonía occidental y otros lugares en Brasil, sur de Mesoamérica y del sureste asiático. En México, estas condiciones óptimas para el desarrollo de epífitas se encuentran en unos pocos lugares en Chiapas y Oaxaca. Allí es donde se encuentra la mayor diversidad de estas plantas en el país; al alejarse de estas zonas, la diversidad de orquídeas va disminuyendo conforme uno se acerca a la línea del trópico. Así, Campeche se caracteriza por una orquideoflora cuya diversidad se incrementa hacia

ALGUNAS ORQUÍDEAS EPÍFITAS SÓLO CRECEN A ORILLAS DE LOS ESCASOS RÍOS EN LA PARTE SUROESTE DE CAMPECHE. UN EJEMPLO ES ESTA BELLA ESPECIE *Encyclia dickinsoniana*

el sureste. En la porción norte del estado, dominado por selva baja caducifolia y las porciones más secas de la selva mediana subcaducifolia, crecen pocas especies de esta familia, todas ellas caracterizadas por adaptaciones a la extrema sequía de la estación seca; ejemplo de ello son *Cyrtopodium macrobulbon* y *Catasetum integerrimum*, que presentan grandes seudobulbos que almacenan agua y hojas deciduas que le permiten a las plantas entrar en un periodo de descanso durante el clímax de la estación seca. Otras especies que crecen en estos ambientes como *Encyclia alata* y *Cohniella yucatanensis* poseen hojas y seudobulbos coriáceos o suculentos donde se almacena el agua suficiente para sobrevivir la estación seca. Por último, especies terrestres como *Sacoila lanceolata* están provistas de raíces tuberosas emergiendo de un corto tallo subterráneo, que son las únicas partes de la planta que sobreviven la sequía que se presenta de diciembre a mayo. En las secciones más húmedas del estado, crecen orquídeas cuyos órganos de reserva no son tan evidentes, ya que las condiciones son menos extremas. Sin embargo, todas tienen alguna parte del cuerpo vegetativo algo engrosado ya que aun en los climas más húmedos, las plantas epífitas pasan por periodos de longitud variable con una limitada disponibilidad hídrica, debido a la escasa retención de agua de las cortezas de los árboles, aun cuando estén cubiertas de musgo y detritus. En los bosques más húmedos del sureste de Campeche, encontramos especies como *Stelis ciliaris*, *Stelis gracilis*, *Trichosalpinx ciliaris*, *Anathallis yucatanensis* y otras diminutas epífitas que carecen de seudobulbos o raíces engrosadas, las cuales solamente retienen agua en las hojas coriáceo-carnosas.

Distribución ecológica: el cuadro 1 muestra los tipos de ecosistemas donde crecen preferentemente las especies de orquídeas de Campeche. Es de resaltar que la gran mayoría de las especies (69 o 72%) pueden ser encontradas en los extensas selvas bajas inundables (SBI), que aún cuando no ocupan las grandes extensiones que hay en Quintana Roo, son el hábitat preferente de la orquideoflora de Campeche. Las selvas altas perennifolias (SAP) también ocupan una porción relativamente reducida del estado, pero albergan 48 especies, el 51% de las especies del estado. Por el otro lado, los ecosistemas más secos, como la selva baja caducifolia (SBC) sólo es el hábitat de 12 especies de orquídeas (12.6%) en el estado.

IMPORTANCIA

Su principal valor económico en Campeche es su uso como plantas ornamentales. Varias de las especies de orquídeas son objeto de extracción moderada para su cultivo por sus hermosas flores; entre ellas destacan: *Encyclia alata*, *Myrmecophila christinae*, *Rhyncholaelia digbyana*, *Cohniella yucatanensis*, *Laelia rubescens* y *Maxillariella tenuifolia*, pero en general todas las especies de la familia son objetos de colección y cultivo restringido por parte de numerosos aficionados a las orquídeas.

Sin embargo, el producto de mayor importancia económica extraído de una orquídea es, sin duda, la vainilla, obtenida de los frutos de *Vanilla planifolia*. Esta especie es nativa de las porciones más húmedas del sureste de México, incluyendo Campeche. Sin embargo, no hay evidencias de que esta especie sea explotada comercialmente en el estado. La vainilla es cultivada industrialmente en algunas regiones de Veracruz y, principalmente, en Madagascar. Otra especie de orquídea de la que se han reportado usos es el *Cyrtopodium macrobulbon*, del cual se extrae una sustancia de los grandes seudobulbos que se emplea como resistol o goma para pegar. Algunas otras especies tienen usos locales como medicinas o en ritos (plantas mágicas), pero estos usos requieren de mayor documentación.

SITUACIÓN, AMENAZAS Y ACCIONES PARA SU CONSERVACIÓN

La orquideoflora de la porción mexicana de la Península de Yucatán en general y de Campeche en particular ha sido estudiada por varios investigadores. Varias publicaciones han emergido de estos estudios (Andrews y Gutiérrez, 1988; Olmsted y Gómez-Juárez, 1996; Carnevali *et al.*, 2001; Sánchez-Martínez *et al.*, 2002). Una buena reseña de algunos de los hábitats más distintivos y sus especies de orquídeas típicas ha sido publicada recientemente en Hágsater *et al.* (2005). En general, se puede afirmar que la orquideoflora del estado es bastante bien conocida y documentada con colecciones botánicas. Sin embargo, hay extensas áreas como la región de Los Chenes, el extremo sureste del estado y las cuencas de los ríos Candelaria y Palizada que requieren de un muestreo más completo. Estas áreas pudiesen aun revelar novedades orquideológicas para el estado, especialmente de especies que se han reportado de Quintana Roo, de Belice, Chiapas y del Petén guatemalteco.

Tres especies de orquídeas están incluidas en la NOM mexicana. Estas son *Oncidium ensatum*, *Ponthieva parviflora* y *Vanilla planifolia* (cuadro 1). Aún cuando no hay ninguna estrategia particular instrumentada en el estado para su protección, las tres son conocidas dentro de la Reserva de la Biósfera de Calakmul y por ello su estado de conservación en Campeche es relativamente bueno. Las tres son especies localmente raras y constituidas por poblaciones que constan de pocos individuos. Sin embargo, hay otras especies que deberían ser consideradas para su inclusión en la NOM, debido a que tienen distribuciones restringidas (e.g. *Eulophia alta*, *Lophiaris tapiae*, *Myrmecophila tibicinis* y *M. brysiana*), son conocidas sólo en áreas muy perturbadas por actividades antropogénicas.

Otras especies son candidatas a ser consideradas para protección ya que son sujetas a extracción moderada para su explotación comercial. Estas últimas incluyen especies de flores muy hermosas como *Rhyncholaelia digbyana*, *Encyclia alata*, *Encyclia bractescens*, *Epidendrum stamfordianum*, *Laelia rubescens* y *Myrmecophila christinae*. La primera de la lista es interesante ya que está restringida a la PBPY en México y es muy importante hortícolamente. Consta, sin embargo, de grandes y densas poblaciones, muchas de las cuales se hallan en zonas protegidas (e.g. Calakmul). Las otras mencionadas y ornamentalmente deseables son relativamente comunes y se encuentran buenas poblaciones de ellas en áreas protegidas.

La principal amenaza para las orquídeas en este estado es la perturbación de los hábitats. Entre las especies en peligro local se encuentran: *Cohniella cebolleta* y *Laelia rubescens*, ambas con hermosas flores, que crecen en la Selva Baja Caducifolia, un tipo de vegetación restringida a una estrecha franja paralela a la costa en el norte de

p. 170
MUCHAS FLORES DE ORQUÍDEAS COMO LA DE ESTA *Rosthechea radiata* SON INTENSAMENTE AROMÁTICAS. ESTAS FRAGANCIAS LAS AYUDAN A ATRAER AL POLINIZADOR

p. 171
MUCHAS ESPECIES DE ORQUÍDEAS PRESENTAN VARIACIÓN EN LOS COLORES Y FORMAS DE SUS FLORES. UN EJEMPLO ES *Lophiaris andrewsiae*, QUE VARÍA DESDE BLANCO PURO CON MOTAS Y PUNTOS ROSADOS O LILA OSCURO, HASTA ESTAS HERMOSAS FORMAS DE COLOR DELICADAMENTE ROSADO

la Península, que penetra marginalmente en la zona noroeste de Campeche. Este tipo de vegetación tiene serios problemas por la reducción de su área y perturbación por actividades antropogénicas. Sin embargo, en general, la mayoría de las orquídeas que crecen en Campeche tienen distribuciones amplias dentro y fuera del estado.

CUADRO 1. ESPECIES DE ORCHIDACEAE NATIVAS DE CAMPECHE		
ABREVIACIONES: CAM = Campeche; PYM = Península de Yucatán Mexicana; PBPY = Provincia Biótica Península de Yucatán; AG = aguadas y otros sitios inundanos permanentemente; BR = Bosque riparino; DC = Duna costera; MG = manglar; SAP = Selva Alta Perennifolia; SBI = Selva Baja Inundable; SM = Selvas Medianas.		
TAXÓN CON AUTORÍA DE NOMBRES	COMENTARIOS	ECOSISTEMAS
Acianthera tikalensis (Correll & C. Schweinf.) Pridgeon & M. Chase		SBI
Anathallis yucatanensis (Ames & C. Schweinf.) Pridgeon & M. Chase		SBI
Bletia purpurea (Lam.) DC	Terrestre	SBI, SAP, SM
Brassavola appendiculata A. Rich. & Galeotti		SBC, SBI
Brassavola grandiflora Lindl.		MG, SBI
Brassia caudata (L.) Lindl.		SAP
Brassia maculata R. Br.		SAP, SBI
Camaridium pulchrum Schltr.	Restringida a Cam. en PYM	SAP, BR
Campylocentrum micranthum (Lindley) Rolfe		SAP, SBI
Campylocentrum pachyrrhizum (Rchb. f.) Rolfe		SBI
Campylocentrum poeppigii (Rchb. f.) Rolfe		SBI
Catasetum integerrimum Hook.		SBI
Chysis sp.	Restringida a Cam. en PYM	BR, SAP
Cohniella ascendens (Lindl.) E. Christenson		SBI, SM
Cohniella yucatanensis Cetzal & Carnevali	Endémica a PBPY	SBC
Coryanthes picturata Schltr.		SBI
Cyclopogon prasophyllum (Rchb. f.) Schltr	Restringida a Cam. en PYM	SAP
Cyrtopodium macrobulbon (Llave & Lex.) G. Romero & Carnevali		DC, SBC
Dendrophylax porrectus (Rchb. f.) Carlsward & Whitten		SBC, SBI
Dimerandra emarginata (G. Mey.) Hoehne		SAP
Encyclia alata (Bateman) Schltr		MG, SAP, SBI
Encyclia bractescens (Lindl.) Hoehne		SBI
Encyclia dickinsoniana (Withner) Hamer	Restringida a Cam. en PYM	BR, SAP

Taxón con autoría de nombres	Comentarios	Ecosistemas
Encyclia guatemalensis (Klotzsch.) Schltr.		DC, SBI, SM
Encyclia nematocaulon (A. Rich.) Acuña		SBC, SBI
Epidendrum cardiophorum Schltr.		SAP, SBI, SM
Epidendrum chlorocorymbos Schltr.		SM
Epidendrum ciliare L.	Restringida a Cam. en PYM	SAP
Epidendrum cristatum Ruiz & Pavón		SAP, SBI
Epidendrum flexuosum G. Mey.		SBI
Epidendrum galeottianum A. Rich. & Galeotti		SBI
Epidendrum martinezii L. Sánchez & Carnevali	Endémica a PBPY	SAP, SBI
Epidendrum nocturnum Jacq.		SAP, SBI
Epidendrum stamfordianum Bateman		SBI, SM
Eulophia alta (L.) Fawc. & Rendle	Terrestre	SBI
Gongora unicolor Schltr.		SAP, SBI
Habenaria distans Griseb.	Terrestre	SBI
Habenaria floribunda Lindl.	Terrestre	SBI
Habenaria mesodactyla Griseb.	Terrestre	SBI
Habenaria pringlei Robinson	Terrestre	AG
Habenaria quinqueseta (Michx.) Sw	Terrestre	SBC
Habenaria repens Nutt.	Terrestre	AG, SBI
Heterotaxis sessilis (Lindl.) F. Barros		SAP, SBI
Ionopsis utricularioides (Sw.) Lindl.	Epífita de ramita	SAP, SBI
Isochilus carnosiflorus Lindl		SBI, SM
Laelia rubescens Lindl.		SBC, SBI, SM
Leochilus scriptus (Scheidw.) Rchb. f.	Epífita de ramita	SAP
Lophiaris andrewsiae R. Jiménez & Carnevali	Endémica a PYM	SBC, SM
Lophiaris lindenii (Brongn.) Braem		SBI
Lophiaris lurida (Lindl.) Braem	Restringida a Cam. en PYM	SAP
Lophiaris oerstedii (Rchb. f.) R. Jiménez, Carnevali & Dressler		SBI, SM
Lophiaris tapiae Balam & Carnevali	Endémica a Cam	BR
Malaxis histionantha (Link, Klotzsch & Otto) Garay & Dunst.	Terrestre	SBI
Maxillariella tenuifolia (Lindl.) M.A. Blanco & Carnevali		SAP, SBI
Maxillariella variabilis (Bateman ex Lindl.) M. Blanco & Carnevali		SR
Mesadenella petenensis (L.O. Williams) Garay	Terrestre	SAP
Mormolyca ringens (Lindl.) Schltr		SAP, SBI
Myrmecophila brysiana (Lem.) Rolfe		SAP, SM
Myrmecophila christinae Carnevali & Gómez-Juárez	Endémica a PYM	BR, DC, SBC, SBI
Myrmecophila tibicinis (Batem.) Rolfe	Restringida a Cam. en PYM	BR

Taxón con autoría de nombres	Comentarios	Ecosistemas
Nemaconia striata (Lindl.) van den Berg, Salazar & Soto Arenas		SBI
Nidema boothii (Lindl) Schltr.		SBI, SM
Notylia barkeri Lindl	Epífita de ramita	SAP, SBI, SM
Notylia orbicularis A.Rich. & Galeotti	Epífita de ramita	SBI, SM
Oeceoclades maculata (Lindl.) Lindl.	Terrestre	SAP, SBC, SM
Oncidium ensatum Lindl.	Terrestre (Pr)	SBI
Oncidium sphacelatum Lindl.		SAP, SBI, SM
Ornithocephalus inflexus Lindl.		SAP, SBI
Pelexia gutturosa (Rchb. f.) Garay	Terrestre	SAP, SBI
Platythelys vaginata (Hook) Garay	Terrestre	SAP, SBI
Polystachya clavata Lindl.	Endémica a PBPY	SBI
Polystachya foliosa (Hook.) Rchb. f.		SAP, SBI
Ponthieva parviflora Ames & C. Schweinf	Terrestre (Pr)	SAP, SBI
Prescottia stachyodes (Sw.) Lindl.	Terrestre	SAP, SBI
Prosthechea boothiana (Lindl.) W. E. Higgins		SAP, SBI, SM
Prosthechea cochleata (L.) W. E. Higgins		SAP, SBI, SM
Prosthechea livida (Lindl.) W. E. Higgins	Restringida a Cam. en PYM	BR
Prosthechea radiata (Lindl.) W. E. Higgins		SAP, SBI
Psygmorchis pusilla (L.) Dodson & Dressler	Epífita de ramita	SBI, SM
Rhetinantha friedrichsthalii (Rchb. f.) M. A. Blanco		SAP, SBI
Rhyncholaelia digbyana (Lindl.) Schltr		SBI, SM
Sacoila lanceolata (Aubl.) Garay	Terrestre	SBC
Sarcoglottis assurgens (Rchb. f.) Schltr.	Terrestre	SBC, SM
Sarcoglottis sceptrodes (Rchb. f.) Schltr.	Terrestre	SBI, SM
Scaphyglottis behrii (Rchb. f.) Benth. & Hook. f. ex Hemsl.		SBI, SM
Scaphyglottis leucantha Rchb. f.		SAP, SBI
Specklinia brighamiae (S. Watson) A. Pridgeon & M. W. Chase	Restringida a Cam. en PYM	SAP, SBI
Specklinia grobyi (Bateman ex Lindl) F. Barros		SAP, SBI
Stelis ciliaris Lindl.		SBI
Stelis gracilis Ames	Restringida a Cam. en PYM	SBI
Trichosalpinx ciliaris (Lindl.) Luer		SAP, SBI
Trigonidium egertonianum Bateman ex Lindl		SAP, SBI, SM
Triphora gentianoides (Spreng.) Ames & Schltr	Terrestre	SM
Tropidia polystachya (Sw.) Ames	Terrestre	SAP
Vanilla insignis Ames	Hemiepífita trepadora	SBI, SM
Vanilla odorata Presl.	Hemiepífita trepadora	SM
Vanilla planifolia Andrews	Hemiepífita trepadora (Pr)	SAP

Fuente: Modificado y ampliado de Carnevali *et al.*, 2001

Maxillariella variabilis PRESENTA EN EL LABELO UN CALLO CON ASPECTO "HÚMEDO", QUE SIN DUDA FUNCIONA COMO ATRAYENTE PARA LOS POLINIZADORES

CAMPECHE: UNA NATURALEZA QUE SE PIENSA Y DECLINA EN MAYA

Mario Humberto Ruz

Civilización deslumbrante sin duda alguna,

la maya ha sido rehén de las preferencias de sus estudiosos, quienes han hecho hincapié en la descripción y análisis de los avances prehispánicos en campos asociados con la cultura material y las expresiones artísticas (arquitectura, escultura, cerámica, pintura), con los logros en ciertos campos del saber (astronomía, matemática, sistemas de escritura). En fechas más recientes arqueólogos e historiadores han mostrado interés en la vida diaria de los pueblos mayas, pero centrándose casi siempre en cuestiones vinculadas con la agricultura o algunos aspectos de organización social y religiosidad. Fuera del tintero han quedado otro tipo de actividades, por lo general desplegadas por los mayas "del común", que pese a no haber dejado huellas tangibles de fácil identificación, fueron la gran base económica que posibilitó los tiempos de ocio, estudio y recreo de las elites que orquestaron las realizaciones precolombinas.

Si lo anterior nos ha permitido, con todo y sus áreas de sombra, aproximarnos a la gestación y desarrollo de la cultura maya antes de llegar los españoles, lo ocurrido desde entonces es mucho menos conocido, no sólo porque existen menos estudiosos dedicados a ello, sino también por avatares sociopolíticos, ya que se canoniza al maya prehispánico al tiempo que, con lastimosa frecuencia, se sataniza al vivo, tildándolo de indolente, atrasado e ignorante, cuando no de rémora para el progreso. Tan errónea percepción se sustenta en nuestra propia ignorancia, que desconoce, entre otras muchas cosas, el profundo conocimiento que los mayas, como tantos otros pueblos originarios de México, poseen —por mencionar un solo ejemplo— de su entorno natural, y las inventivas que durante milenios han desplegado para interactuar con él, en formas mucho más armoniosas y sustentables que las nuestras, y de las cuales tenemos mucho que aprender.

En este sentido, aproximarse a la experiencia campechana resulta de particular interés ya que se trata de una región plurilingüística y multiétnica donde si bien los pobladores mestizos constituyen hoy mayoría, la presencia de aquellos de filiación mesoamericana contribuye con una impronta de gran peso numérico[1] y, sobre todo, cultural, que se percibe a simple vista en el norte del estado, donde se ubican los municipios con la mayor densidad proporcional de mayas (Calkiní, Hecelchakán,

Hopelchén, Tenabo), pero que un ojo avizor puede advertir bajo la epidermis de regiones centrales como Campeche y Champotón. Quien se aventure a calar más hondo, podrá descubrir el aporte del elemento mesoamericano a la cultura mestiza local en Palizada, Escárcega, Calakmul y El Carmen, áreas meridionales. En todas ellas, la impronta maya permea las formas de concebir, nombrar y vivir el espacio.

Ello no significa, en manera alguna, abonar el estereotipo del "buen salvaje" convertido ahora en "buen ecologista", ni postular una chata "identidad campechana" anclada obligadamente en lo maya. Amén de que algunas formas de interacción nativa con el medio pueden resultar hoy inadecuadas, en las distintas regiones del Campeche contemporáneo se observan matices derivados tanto de procesos históricos de larga duración como de la inmigración reciente de otros grupos étnicos descendientes de los pueblos mesoamericanos originarios (de México y de Guatemala) y la presencia de mestizos, ya campechanos, ya procedentes de muy diversas partes del país. Todos ellos han influido en mayor o menor grado en la reconfiguración cultural de la entidad, y diseñado diversas estrategias, no siempre exitosas, para interaccionar con el medio.

Intentar dar cuenta, en un breve espacio, de la enorme riqueza y variedad que caracteriza la interacción con el medio de los pobladores campechanos, mayas y no mayas, es tarea imposible y que ninguna justicia haría a un saber acuñado y probado a lo largo de siglos. Incluso realizar un somero esbozo de la temática requeriría volúmenes enteros. Así pues, opté por ofrecer brevísimas pinceladas acerca de tres aspectos —el monte, la pesca, la caza— que confío permitan al lector asomarse al fascinante universo conceptual que los mayas forjaron para interactuar con su entorno, y algunas de las maneras en que éste continúa manifestándose. Para el Campeche contemporáneo, inserto en procesos de globalización y modelos de desarrollo que en ocasiones amenazan su sustentabilidad a largo plazo, reflexionar sobre el pasado y las experiencias locales bien puede significar una excelente apuesta para la elección del futuro. Mantener la memoria del ayer contribuye, en no pocos sentidos, al rescate de la diversidad cultural y, con ello, a la preservación del respeto por la diversidad biológica.

El "ordenamiento" de la tierra

Conviene iniciar recordando que la relación de los mayas —de ayer y hoy— con la naturaleza se ancla en una cosmovisión que concibe al universo en un modo peculiar (no siempre coincidente con el occidental), eficaz para integrar de manera armónica no sólo los hechos naturales sino también los culturales, y que si bien tiene como centro al ser humano (lo que explica las continuas antropomorfizaciones que se hacen de la naturaleza), lo considera un elemento más de la cadena que engarza, indisolublemente, lo natural, lo humano y lo divino.

Engarzar presupone, obvio es, conocer las cosas para poder nombrarlas y dotarles de un sitio en el propio universo cultural; una labor responsabilidad de los hombres, como asienta el *Chilam Balam de Chumayel*:

El "ordenamiento" de la tierra decían que se llamaba esto. Nuestro Padre Dios fue el que ordenó esta tierra. El creó todas las cosas del mundo y las ordenó. Y aquellos [los antiguos hombres] pusieron nombre al país y a los pueblos, y pusieron nombre a los pozos donde se establecían y pusieron nombre a las tierras altas que poblaban y pusieron nombre a los campos altos en que hacían sus moradas. Porque nunca nadie había llegado aquí, a la "perla de la garganta de la tierra", cuando nosotros llegamos (1980: 223).

Definir espacios y diseñar territorios es tarea que trasciende lo terrestre; necesariamente ha de incluir lo situado sobre y bajo la superficie, de allí que los mayas antiguos se preocuparan por imaginar y nombrar no sólo la faz de la Tierra (*Yóok'olkab*), sino también las extensiones y contenidos del Cielo (*Ka'an*) y el Inframundo (*Yáanal lu'um*), poseedores todos ellos de planos, niveles o capas, lados, rumbos o esquinas. *Axis mundi*, eje del cosmos, es el *kuxa'an suum*, especie de cuerda viviente que, a la manera de un cordón umbilical, atraviesa por su centro los tres niveles y los conecta, permitiendo el tránsito de las entidades espirituales, muertos incluidos, y posibilitando así un ciclo de renovación continua.

La compleja y variopinta concepción del cosmos incluye la creencia en numerosas entidades que, a la vez que cuidan y protegen tales espacios, son, en su calidad de "dueños" (*yumtsiloob*[2]), quienes permiten o no a los hombres emplear sus recursos, por lo que éstos habrán de procurar su favor con ofrendas y una actitud respetuosa, so riesgo de atentar contra su propia supervivencia. Guardianes de tierras, montes, milpas, cenotes, cuevas, caminos, entradas a los pueblos; espíritus controladores de lluvias, vientos, nubes; protectores de plantas y animales; espíritus de los muertos, señores de los astros..., un conglomerado múltiple y multiforme que atender y reverenciar, sin descuidar por ello afanes de orden más terrestre como el de continuar "nombrando" el universo.

Ya que las actividades agrícolas eran actividad medular para los habitantes de una Península calcárea y en muchas porciones magra en suelos ("tierra la de menos tierra que yo he visto, porque toda ella es una viva laja", escribiría Landa. "Los naturales [de la Península] no tanto pueden decir que ésta es su tierra, cuando dirán con más verdad que ésta es su piedra", asentaría Joseph de Paredes[3]), distinguir entre los distintos tipos de terreno era asunto de primera importancia, y puesto que el territorio carecía además de fuentes de agua corriente en la mayor parte de su superficie, resultaba vital saber también las características de la contenida en los depósitos, naturales o artificiales, y conocer al dedillo las épocas y características de las lluvias, que hacían posible esa riqueza subterránea, al tiempo que resultaban imprescindibles para un pueblo cuya agricultura dependía en gran medida de la precipitación pluvial.

De ello da fe una multitud de voces en los vocabularios mayas, que ilustran acerca del minucioso conocimiento que lograron acumular los mayas sobre los tipos de suelos (*lu'um*), tomando en cuenta aspectos tales como su color, consistencia (duros, pastosos, pegajosos...), profundidad, capacidad de retención de agua y hasta las características de la roca asociada (dura, porosa, lábil...), importante para evaluar las posibilidades de romperla y sembrar. De la conjunción de tales elementos

[2] *'ob funciona en maya como colectivizador. Acerca de las entidades sobrenaturales en la cosmovisión maya al llegar los españoles, consúltese Sotelo Santos (1998).*

[3] *Una reflexión sobre las interesantes consideraciones de este eclesiástico (1727), consta en Okoshi y García, 2003, pp. 113 y ss.*

CUADRO I. CLASIFICACIÓN MAYA DE LOS SUELOS (EJEMPLOS)	
RASGO FISIONÓMICO	NOMBRE MAYA
PROFUNDIDAD suelos muy profundos suelos profundos suelos someros suelos muy someros	hach taan lu'um taan lu'um tsek'el lu'um chaltún
ANEGAMIENTO Inundables, no drenan fácilmente Drenan rápidamente	ko'om lu'um pus lu'um
CONSISTENCIA EN HUMEDAD suelos duros suelos friables (que se desmoronan entre los dedos) suelos pastosos suelos pegajosos	chich ha'aan lu'um luk'ha'aan lu'um tsaay lu'um tak luk' lu'um
COLORES suelos rojos suelos negros suelos cafés suelos cafés amarillentos suelos grises	chac lu'um box lu'um eek lu'um k'áankab aak'alché
CARACTERÍSTICAS DE LA ROCA ASOCIADA piedra blanca y porosa piedra dura muy difícil de quebrar piedra en extremo lábil	sactunich toctunich sahcatunich

surgen términos como *ca cab lu'um*: "tierra buena para sembrar"; *ek lu'um* y *dzu lu'um,* ambas apropiadas "para pan maíz"; *ut lu'um*: "tierra fértil"; *cul ek lu'um*: "tierra negra para milpas"; *zíz lu'um*: "tierra de mucho humor y jugo, y fértil", *kan cab che*: "llano de tierra con árboles, bueno para milpas". Allí donde no se poseían tan codiciados suelos hubo incluso que detectar las franjas útiles, como los llamados *apatun kax*: "terreno pedregoso que en los intermedios tiene tierra fértil y profunda", con el fin de diferenciarlos de aquellos otros francamente inapropiados para la siembra.

Igualmente abundantes son las voces que señalan características de las aguas de lluvia, o que desgranan una a una las características de un cenote, un pozo, una aguada, una sarteneja o un *chulub.* Tenemos así términos para agua represada o encharcada; gruesa o somera; dulce, limpia, saludable y delgada para beber; salobre, oscura, negra, mala para su consumo... Y el preciosismo llega al grado de diferenciar el agua destilada en pozos o cavernas de la que gotea de ellos, las que se encuentran en las partes más o menos hondas de los mismos e incluso el agua virgen —"que sale la primera vez del pozo"—, que ayer como hoy era la favorita para los rituales.

4 Sin lugar a dudas la mayor parte de los afanes de los mayas antiguos se centraba en la agricultura, pero ya que estas labores son las más conocidas, preferí enfocar mi atención en otras tareas. Un trabajo ejemplar acerca de la milpa maya es el de Terán y Rasmussen (2010).

5 Es común pensar en ella como espacio productor de maíz, frijol, chile y calabaza, pero la diversidad de productos obtenidos era infinitamente mayor, como lo sigue siendo en la actualidad (Terán y Rasmussen, ibid.).

6 Respectivamente Guazuma ulmifolia, Brosimum alicastrum y y Jacaratia mexicana. No pude identificar el ac ché; por el empleo de la voz ac, podría tratarse de un bejuco.

7 Aún se emplea en Nunkiní el tuch', calabazo que se deja secar para que sus semillas suenen (David de Ángel, com. pers.).

Los frutos de la tierra[4]

Además de los productos que el maya podía cosechar como resultado de sus labores agrícolas, primordialmente centradas en la milpa, que le proveía de decenas de elementos,[5] la diversidad de ecosistemas peninsulares propiciaba la recolección de una gigantesca variedad de productos susceptibles de ser empleados para alimentarse o sazonar los alimentos (comenzando por la sal, objeto de un intenso comercio), construir viviendas y utensilios de trabajo, o para utilizar con fines terapéuticos, rituales e incluso de ornato.

De la multitud y enorme variedad de árboles y arbustos que crecían en el Mayab se aprovechaba la madera como leña, y para construir casas, puentes, canoas y múltiples utensilios para la vida diaria: desde mangos para los instrumentos del campo, platos y cucharas, hasta escudos ("rodelas"), carrillos para sistemas de poleas, escaleras, cerraduras y llaves. Las ramas se usaban para hacer escobas, las cortezas resistentes (al igual que los bejucos) servían como cordeles o mecates y hasta para elaborar cubetas, en tanto que otras se fermentaban para obtener bebidas embriagantes, sin desdeñar algunas para fabricar papel. Las flores, símbolo de alegría (y de la sensualidad), aparecen ornando guirnaldas, sombreros, casas y tumbas, a más de algunas particularmente olorosas que se mezclaban en comidas y bebidas, incluyendo el chocolate. A la par de los frutos comestibles, había frutillos secos muy codiciados como "cascabeles". Las resinas se empleaban como tinta, incienso, mordentes o pegamentos y no faltaban espinas que, como algunos huesos, fungían como agujas, clavos, anzuelos, alfileres, instrumentos para el autosacrificio o de cirugía menor. Ciertas cortezas, pulpas de árboles, hojas, semillas y raíces—como las del *pixoy*, el ramón, el bonete y el *ac ché*—,[6] se consumían en épocas de hambruna, en ocasiones moliéndolas y mezclándolas con el maíz.

Mientras que cañas y otras yerbas servían para construir setos, paredes —a veces, revueltas con barro—, esteras, camas (las hamacas, en cambio, se fabricaban con "cordeles"), cestos, sombreros, sandalias y hasta para rellenar almohadas, las palmas proveían de frutas, de "palmitos tiernos" y sobre todo de hojas. Con ellas se tejían abanicos, sandalias, capas para protegerse de la lluvia, cestería, rodetes para sostener cargas en la cabeza u ollas sobre la mesa, y se fabricaban techos. Con otras hojas se cobijaba la sal o se envolvían productos alimenticios, bien para su acarreo, bien para cocinarlos perfumándolos, sin faltar aquellas para confeccionar petates no sólo para dormir, sino también, hermosamente "ajedrezados", para ofrecer asiento a los visitantes distinguidos, ornar los escabeles y tronos de los dignatarios, e incluso para envolver y acarrear lo sagrado.

Auxiliares particularmente valiosos eran —y siguen siendo— calabazos y jícaras (*Crescentia* sp.). En ellos se transportaba agua, miel, licores, tortillas o hasta semillas para sembrar en la milpa. Rellenas de "granillos y pedrezuelas" y debidamente provistas de un "tallo", servían de maracas en los bailes o de sonajas para los niños.[7] Partidas, valían por cucharas y, agujereadas, como coladores. En tanto las medianas se empleaban para enjuagarse la boca, las muy grandes, seccionadas a la mitad, hacían las veces de platos, y las pequeñitas funcionaban como platillos de báscula y para medir sal, chián y otras semillas diminutas. Se menciona su uso ¡incluso como bacinicas!

Plantas había, como el añil (*chhooh*), el achiote (*cíuí*) y el palo de Campeche (*ek*), que proporcionaban tintes para los murales, las mantas, las jícaras, el cabello o la piel, y no sólo con fines de ornato (incluso intimidatorio, como ocurría en las batallas) sino también para protegerse de ciertos insectos o con objetivos rituales. Así, se teñía de añil a quien iba a ser sacrificado con flechas. Rituales eran también los principales usos del copal obtenido de diversas resinas, aunque se usaba asimismo con fines terapéuticos (mascado o diluido en agua), al igual que los diferentes tipos de tabaco, que podían ser fumados o mascados. Igualmente "embriagantes" eran algunos hongos y, sobre todo, el licor obtenido de la corteza del *balche'* (*Lonchocarpus longístylus*).

Por lo que toca a tierras, minerales y metales, las fuentes enumeran su utilización como instrumentos de trabajo en lapidaria y agricultura, navajas de múltiples usos (para afeitarse, cazar, pescar y cortar alimentos, hacer la guerra o efectuar sangrías), colorantes, barros y desgrasantes con fines cerámicos o constructivos y hasta para fabricar juguetes infantiles, que también podían ser de palo o trapo. Bastante más elaboradas eran sin duda las joyas de metal, privilegio de los señores en caso de ser de oro, a la manera de collares, aretes, brazaletes, anillos, narigueras y bezotes, aunque, dada la escasez de metales en la zona, resultaba más común que las joyas se fabricasen con piedras tenidas por preciosas, como el jade, o con productos animales. Uso generalizado era el de materiales pétreos para fabricar instrumentos cortantes, diversos tipos de molinos y hasta espejos.

Con un medio que ofrecía tan diversas posibilidades, fácil es imaginar el riquísimo arsenal terapéutico, que recurría tanto a animales como a plantas y minerales: los textos registran desde analgésicos hasta abortivos, sin faltar siquiera recursos amatorios. Más impactante es incluso el profundo conocimiento que se poseía (y posee) sobre las características y hábitos de abejas endémicas silvestres y domesticadas como la *xuna'an kab, kolel kab* (*Melípona beecheíí*), *ts'ets'* (*Melípona yucatanica*) *y mu'ul-Kab* (*Trigona fulvíventrís*), proveedoras de miel y cera, dos productos particularmente codiciados por su calidad y finura y que los mayas comerciaban con otras regiones de Mesoamérica. Nada extraño, pues, que distinguiesen al pormenor las características de los animales (incluyendo su "bravura"), sus hábitats y hábitos, sus ciclos de vida (desde el *u pah-al cab*: "licor de que las abejas comienzan a engendrar sus hijos"), las tareas que desempeñaban en la colmena (madre, portera, maestra, las que "embetunaban" o "empanaban" con resinas y gomas las hendiduras, zánganos...), las plantas de donde obtenían polen y agua, las características de la miel (virgen, cruda, cuajada, cocida) y la cera obtenidas, así como los utensilios empleados para su cosecha; las enfermedades que podían sufrir los animales y sus depredadores: hormigas, pájaros, mamíferos, sin olvidar a los humanos, que hurtaban la miel y hasta las colmenas completas...

COMER Y DAR DE COMER A LOS DIOSES: LAS ACTIVIDADES DE CAZA

Estilada desde épocas antiguas, la caza fue muy socorrida entre los mayas asentados en el actual Campeche, donde abundaban selvas medianas y altas, y se ha mantenido

SÍMBOLOS DE PRESTIGIO Y AUTORIDAD, LOS PETATES ERAN USADOS EN LA ÉPOCA PREHISPÁNICA COMO "ENVOLTURA" DE LAS IMÁGENES DE LOS DIOSES CUANDO SE LES TRANSPORTABA. HOY COBIJAN A LOS SANTOS QUE INTERCAMBIAN VISITAS EN COMUNIDADES DE TABASCO, CHIAPAS Y EL SUR CAMPECHANO (TOMÁS GARRIDO, TABASCO, 2010)

hasta nuestros días, si bien con modificaciones tanto por la introducción de técnicas y armas particularmente agresivas y depredadoras, como por el brutal deterioro del medio, que ha incidido en la disminución de la fauna. Sabemos que en los periodos prehispánico y colonial se cazaban desde felinos de gran talla como el jaguar, hasta el diminuto colibrí, pasando por pumas, tigrillos, jabalíes, tapires, armadillos, ardillas, conejos, tuzas, pavos de monte, faisanes, patos, guacamayas, tucanes, halconcillos, codornices... Particularmente deseados eran, a juzgar por su mención en los documentos, venados, iguanas y pájaros, que además de proveer de sabrosas carnes o preciadas plumas y pieles, servían como valores de cambio.

Los términos relativos a caza recopilados entre los mayas son variados y sugerentes. Encontramos, por ejemplo, cuatro vocablos usados como genéricos: *tah ceh-íl* (venadear), que los diccionarios traducen como "montear o andar a caza"; *ah zut kax*, que vale por "cazador que anda por el monte", *y-ahau bolay* (su-gran tigrero) y *y-ahau ah ceh* (su-gran venadero) que denotan a un cazador "grande y diestro", en actividades de caza mayor (*bolay*: felino; *ceh*: venado).

Sin duda las flechas jugaban un papel importante en la caza de venados, felinos y pavos silvestres, pero era mucho más frecuente el empleo de lazos[8] que, disimulados bajo tierra o en los árboles, o atados a una "estaca, rama o arbolillo encorvado" valían para hacerse de venados, aves, iguanas e incluso peces. Se usaban asimismo trampas para animales más pequeños, como las de piedras o lozas (*peedz*), que los españoles llamaban "ratoneras" o "barbacoas", utilizadas por lo común para atrapar tepezcuintles y tlacuaches. Hoyos y lazos se combinaban para apoderarse de tuzas. Algunas trampas se cavaban y servían para obtener desde "animalillos pequeños" como liebres, hasta felinos y venados. En este último caso, y quizás en el de los felinos, el interior de la trampa parece haberse hallado provisto de lanzas de pedernal (*u lom tok-íl ceh*, lit. "su lanza pedernal del venado"),[9] y aparece también un "cepo para coger venados o tigres", en la entrada *mac*: "encerrar en trampas, trojes". Los perros, a más de usarse como alimento y como ofrendas a los dioses (RHGGY, II, pp. 39, 217), podían ser ayudantes valiosos para llevarse a casa un cérvido según se deduce de la voz *ah ceh-al pek* (*pek*: perro; *ceh*: venado). Landa acota que los perros de la zona: "no saben ladrar ni hacer mal a los hombres; a la caza sí, que encaraman las codornices y otras aves y siguen mucho los venados, y algunos son grandes rastreadores" (*op. cit.*: p. 135).

Auxiliares eficaces eran también los zopilotes, pues si el ciervo huía herido, los mayas se valían de ellos, atalayándolos desde un árbol, para ver "dónde andan... revoloteando; que es señal que allí hay venado muerto". No es, pues, gratuita la continua asociación de zopilotes y venados en las piezas de cerámica prehispánica o en el *Códice Madrid*. Los vocabularios coloniales se refieren a ellos en varias entradas, de donde rescato solamente una por graciosa: *tuu cax*, "apestoso buscar". A estas técnicas los hispanos agregaron las armas de fuego, pero empleadas sólo por ellos, pues cabe recordar que su uso estuvo prohibido a los indígenas durante la Colonia.

Según las *Relaciones histórico geográficas* (I, p. 305) y Diego de Landa, la caza de iguanas era muy frecuente ("Hay de éstas tantas"), y es de suponer aumentó durante la Colonia, sobre todo en Cuaresma, pues los españoles convenientemente las asimi-

8   *Según Landa, en un inicio los mayas no "usaban armas ni arcos, aun para la caza, siendo ahora excelentes flecheros, y que sólo usaban lazos y trampas con los que tomaban mucha caza"; no sería sino hasta la llegada de los mercenarios mexicanos a Mayapán cuando aprendieran de ellos "el arte de las armas, y así salieron maestros del arco y flecha y de la lanza y hachuela..." (op. cit., p. 16). Los datos arqueológicos confirman que arcos y flechas aparecen en la zona sólo a partir del horizonte Posclásico.*

9   *A menos de pensar que los animales se lanceasen una vez atrapados.*

laron a "animal acuático" para no quebrantar el ayuno, "y la hallan muy singular comida, y sana" (Landa, *op.cit.*: 123). El sitio favorito para cazarlas parece haber sido el monte bajo, pues al nombrar a éste se consigna: *pac che* o *pac ché*: "andar por el monte los que buscan iguanas, mirando las ramas de los árboles. Y tómase por ir a caza de iguanas". En palabras de Landa: "péscanlas los indios con lazos, encaramadas en los árboles y agujeros de ellos" (*ibíd.*).

Los métodos para atrapar aves eran mucho más sofisticados, pues en tanto que algunas eran buscadas por su carne (ya como alimento, ya con fines terapéuticos[10]), de otras interesaban las plumas y algunas más se codiciaban vivas, bien para tenerlas en casa como aves cantoras o de ornato, bien para comerciarlas, bien para emplearlas en ofrendas o como elemento de tributo o regalo (*matan*) y en ciertos grupos mayas, hasta para pagar multas. Algunas de las técnicas empleadas eran: 1) jaulas, de madera o de fibras, a manera de "cestos en forma de bola", 2) cerbatanas, 3) lazos, 4) "unos palillos (*u nazak che íl*, *p'in che*) que ponen los indios en los lazos para coger pájaros"; palillos vinculados con el empleo de cebos, 5) flechas, usadas por ejemplo para cacería nocturna de pavos (*hul cutz*: flechar pavo), 6) materiales viscosos colocados en ramas y lazos (*tab al*: "anudarse" en la liga),[11] tales como una "cera muy pegajosa": *lococ* (también empleada, por cierto, para quitarse las garrapatas),[12] 7) silbatos o "reclamos", designados con tres términos: *dzu-dzu chí*, que vale por "silbidos" (chupar-chupar boca); *paz-al*, que conviene a "remedar" aves y venados, y *tu-tuy*, específico para volatería ("llamar faisán y aves"), 8) perros, para azuzar a las posibles presas, 9) redes finas, y 10) captura manual en los nidos.

Como se puede observar, varias de las técnicas posibilitaban atrapar a las aves vivas, asunto de importancia en tanto que a menudo lo que interesaba, como señalé, era apropiarse de sus plumas, artículo suntuario que formaba parte del activo comercio que unía a la zona maya con el altiplano central. Se les arrancaban las plumas requeridas y se les dejaba partir para que plumasen de nuevo, técnica que requería de un profundo conocimiento ornitológico, pues ha sido demostrado que hacerlo más allá de cierta periodicidad provoca la muerte del ave (Reina y Pressman, 1991, p. 112). Con tal aprecio por las plumas no es de extrañar que los atavíos que se ornaban con ellas se heredaran de padres a hijos como un bien precioso.[13]

Precioso, costoso y marcador de estatus, pues ataviarse con plumas era privilegio de los estratos más acomodados de Campeche y Yucatán, los cuales, señalaría fray Tomás de la Torre hacia 1545: "todo lo que visten y calzan... es labrado galanamente con plumas de diversos colores y con algodón colorado y amarillo" (*apud* Ximénez, 1999, I, pp. 326-327). En las famosas *Relaciones* enviadas a Felipe II hacia 1579 se asentó que mientras que el vestido de los pobres y esclavos se reducía a un braguero de algodón y "camisetas sin mangas", los señores portaban "mantas con mucha plumería"; "*xícoles* de algodón y pluma tejidos a manera de chaqueta de dos faldas de muchos colores" y bragueros que tenían en las puntas "mucha plumería", y para librarlos del sol, sus sirvientes los cubrían "con grandes aventadores de plumerías de colores". Y si los guerreros acostumbraban presentarse a la batalla "desnudos, y con plumajes y muy embijados [pintados]", los mercaderes se cuidaban de mostrarse con hermosos abanicos de pluma como distintivo.

[10] Los españoles consideraban que las auras o zopilotes [ahch'om], además de ser de gran ayuda para librarse de desechos y carroñas, eran "provechosas para sanar las llagas de las bubas o mal francés, cociéndolas en agua y lavándose con el caldo de ellas" (Relaciones histórico-geográficas de Yucatán, de aquí en adelante RHGGY, I, p. 81).

[11] La presencia del término tab (lazo) en la voz para la caza con substancias pegajosas induce a pensar que éstas se colocaban no sólo en las ramas (y acaso en los bebederos, como en Guatemala) síno también en lazos colocados al efecto.

[12] En el Nunkiní actual se denomina lokok a una cera producida por una variedad silvestre de "avíspas" (xtaká) que vive bajo tierra. Se emplea como pegamento y para elaborar velas muy adornadas para ofrendar al santo patrono. Igualmente codiciada es su miel, tenida por "muy fina" (Davíd de Ángel, com. pers.).

[13] En áreas como La Verapaz, Guatemala, abundante en quetzales, se trasmitían de una generación a otra los árboles donde anidaban, e incluso los sitios donde acostumbraban ir a beber. En algunos grupos, según los cronistas, se castigaba con la pena capital a quien matara a una de estas aves (Cf. Arévalo Sedeño, 1982, p. 201).

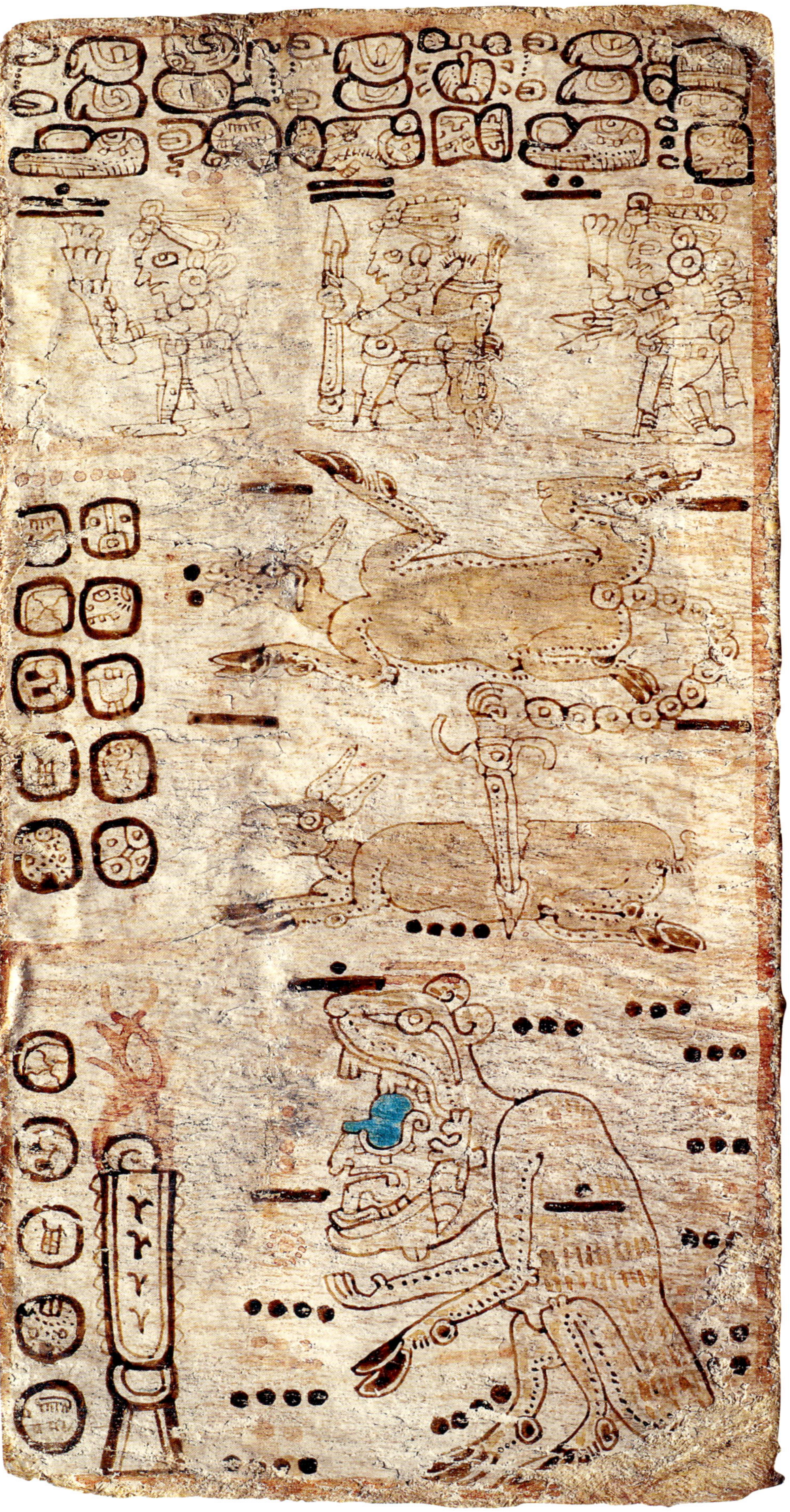

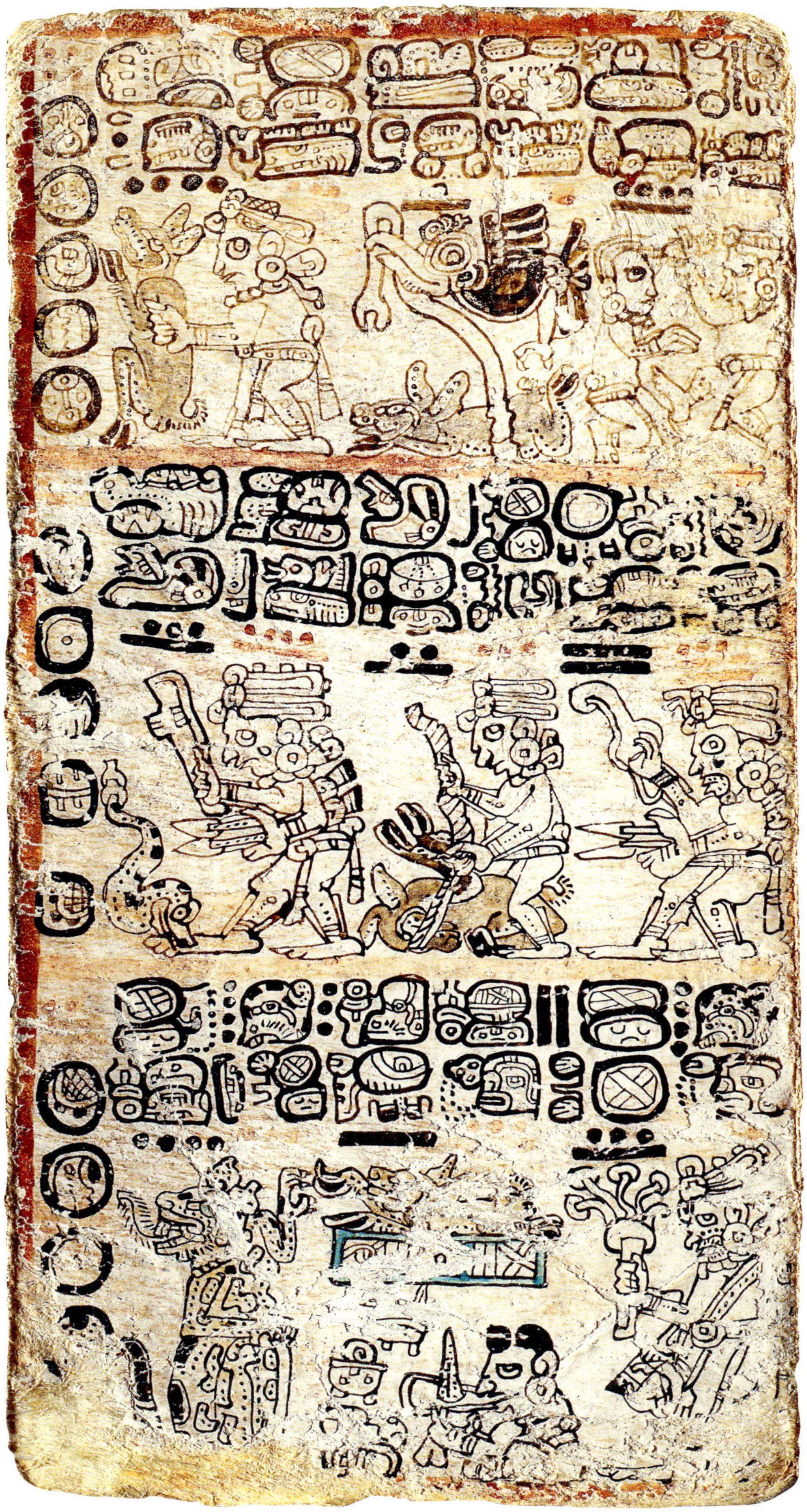

LA CAZA, NUTRIENTE DE RELACIONES HUMANAS Y DIVINAS

Además de proveer de alimentos y otros bienes, la cacería posibilitaba consolidar lazos de parentesco y buena vecindad, al fomentar la colaboración social, especialmente cuando se organizaban grupos para ello, como ocurría en el caso de las batidas para atrapar venados, las que requerían desde "apercibir a la gente para ir a cazar", convocar al especialista ritual (el *ah pay cu*) para que hiciese los conjuros que atrajesen a los animales (y los había también para tigres y aves), los hechizase o encantase para facilitar su captura (*ah cun-al ceh*),[14] o repeliese peligros como las culebras, a más de consultar los augurios para saber si era aquél un buen día para cazar.

De obtener augurios fastos, se nombraba a un *ah mek nak p'uh* ("capitán de gente que va a la caza o montería"), que distribuía tareas entre los participantes, desde 50 y hasta 100: acechadores, que en algunos casos se escondían en las noches bajo los ciruelos o algunos otros árboles "a espiar la caza" y a los *ah ch'uc be, ah ch'uuc be* (espía-camino) o *ah p'icít te* (ver a la distancia-camino), que se apostaban en las atalayas de madera hechas "en los grandes árboles para aguardar la caza"; al encargado de "reclamar" a los animales; a quien trataría de ubicarlos oliendo su rastro; a los que batirían el campo "ojeando" o "levantando" la caza, y, por supuesto a los "venaderos", que esperarían la presa apostados junto a la trampa cavada, el lazo oculto con maña, o preparados con sus redes, arcos y flechas. Entre todos ellos se repartirían las presas, sin olvidar a las autoridades y otros: "venidos al pueblo hacen sus presentes al señor y distribuyen [el resto] como amigos, y lo mismo hacen con la pesca" (Landa, *op. cít.*, pp. 40-41).

En el caso del venado además de la carne se repartían otras partes que podían emplearse para confeccionar elementos del atavío (como la piel, apreciada para sandalias), para actividades de subsistencia (los cuernos se usaban para castrar colmenas y también para desprender y deshojar mazorcas de maíz) o para formar parte de instrumentos musicales (el cuero servía para cubrir tambores,[15] las astas para percutir conchas de tortugas y con los huesos largos se fabricaban silbatos que, junto con los caracoles y las flautas de cañas, servirían para hacer "son a los valientes" cuando bailaban danzas como el *colomché*, que incluía un sacrificio por flechamiento). Valor particular se daba a las concreciones minerales alojadas en sus entrañas, que se tenían por amuletos para la caza; ésas que los hispanos llamaban "piedras bezoares" y consideraban de "gran virtud contra veneno... y todos las tienen y estiman en mucho" (RHGGY, I, p. 81).

En caso de atraparse un cervatillo, las beneficiadas eran las mujeres, quienes sentían tal afección por ellos que acostumbraban amamantarlos, como si de hijos se tratase: "... dan el pecho a los corzos, con lo que los crían tan mansos que no saben írseles por el monte jamás, aunque los lleven y traigan por los montes y críen en ellos" (Landa, *op. cít.,* cap. XXXII).

Las actividades rituales asociadas a la cacería incluían ofrendas a las deidades que tenían a su cargo a los animales, como el dios de los venados.[16] Y no está de más recordar que entre los cehaches (de *ceh*, venado) que habitaban el sur campechano, a decir de Bernal, el venado era tenido por deidad tutelar, por lo que la cacería de

[14] Ah cun-al balam, ah cun-al can y ah cun-al ch'ich *designaban, en ese orden, a encantadores de jaguares, culebras y pájaros.*

[15] *Otras pieles muy estimadas para ello eran las de pecaríes y conejos.*

[16] *Acota la Relación de Tekit: "...Para cada cosa tenían un dios. Uno principalmente, un dios que decían que era venado. En matando un indio un venado, venía luego a su dios y con el corazón le untaba la cara de sangre. Y si no mataba algo aquel día, íbase a su casa aquel indio, le quebraba y dábale de coces diciendo que no era un buen dios"* (RHGGY, I, p. 286).

ciervos estaba prohibida, y no huían de la presencia humana (Díaz del Castillo, 1982, p. 526). Patrona específica de los cazadores era Tabay, diosa en cuyo nombre aparece el término para cuerda (*tab*), por lo que no es de extrañar que extendiese su señorío a los suicidas por ahorcamiento.

La inquietante y sugerente *Canción de la danza del arquero flechador*, procedente de Dzitbalché, Campeche, es testimonio particularmente vívido de la asociación entre las actividades cinegéticas y las esferas de lo lúdico y sacro. En ella, como si de un cazador se tratase, se invita al personaje a disponerse a flechar a un cautivo antes de su sacrificio ritual: "*X-pacum, x-pacum ché / tí-hum ppel, tí-caappel / coox- zuut tut hal-ché / t-alca-okoot, tac-oxppel...*": "Espiador, espiador de los árboles, / a uno, a dos / vamos a cazar a orillas de la arboleda / en danza ligera hasta tres...".

El "cazar" hombres para ofrendar a los dioses era acto profundamente justificado para los habitantes del Mayab prehispánico, por ello, si para ciertos bailes sacrifi-ciales se compraban esclavos, no faltaban incluso quienes, "por devoción, entregaban a sus hijitos". Tras festejar varios días de pueblo en pueblo al futuro sacrificado, se reunían en el patio del templo, desnudaban a la víctima, la ataban a un madero y la pintaban de azul, color ritual, para después asaetearla, poniéndole "los pechos, como un erizo, de flechas" (Landa, *op. cít.*, p. 50).

La caza era, pues, extenso abanico que cubría desde la búsqueda de alimento hasta el sacrificio ritual. Si, como narra el *Popol Vuh*, los primeros seres de la crea-ción, al revelarse incapaces de sustentar a los dioses, fueron condenados a ser comi-dos por quienes les sucedieron,[17] no es extraño que éstos se convirtieran a su vez en alimento de las deidades. Comer y dar de comer a los dioses; sólo así se aseguraba el mantenimiento del Universo.

[17] *"Haremos otros [seres]... Vosotros, obedeced vuestro destino: vuestras carnes serán trituradas. Así será: ésta será vuestra suerte"* (1984, p. 89).

LA DOMESTICACIÓN DE LAS AGUAS

Clara muestra del interés que los espacios de pesca tenían para el maya peninsular —que, pese a la ausencia de ríos más allá del arranque continental, ocupaba tierras situadas cerca del mar o vecinas a sistemas lacustres— es la gran variedad de voces que nos ilustran sobre cómo estos espacios habían sido culturalmente domestica-dos, dando nombre a sus variaciones y la forma en que los hombres se amoldaban a ellas, incluyendo los términos para designar barcas, canoas, remos, bogadores y muchos más, que dan fe del empleo de las vías acuáticas también como medio de comunicación, a la par de voces que remiten a mares sosegados, alterados, recorri-dos por los vientos o embravecidos por tormentas; bajíos, golfos, ensenadas, islas (petenes), cabos, arrecifes, ciénegas, esteros salinos; ríos crecidos o moribundos, arroyos rugidores en tiempos lluviosos[18]... uno y mil accidentes geográficos y pecu-liaridades estacionales que un buen marino o un pescador debería conocer a fondo.

Pero no bastaba saber cuál era una fuente de agua abundante en peces; debían conocerse además los sitios donde "corrían", "bullían" o desovaban; aquellos donde se ocultaban cangrejos y lagartos, los lugares donde podían obtenerse elementos aptos para emplearse como carnada o donde crecía la trepadora *no-nok*, cuyo fruto

[18] *Algún diccionario tzeltal, lengua también maya, llega al preciosísimo de proporcionarnos la voz para describir el "ruido de aguas que corren sin hacer ruido"* (Ara, 1986).

buscaban las mujeres para asearse el cabello, mientras que tras sus hojas iban las tortugas.

Los documentos hispanos de la época registran la existencia en la Península de diversos peces, y señalan que las costas de Campeche eran particularmente ricas en tiburones, "muy buenos pulpos" y manatíes proveedores de abundante carne y excelente manteca, que se atrapaban con arpones; que el río de Champotón proveía de "muy gentiles ostiones", mientras que en Laguna de Términos "entra la mar por estas bocas con tanta furia que se hace una gran laguna abundante de todos pescados y... llena de isletas..., y que estas islas y sus playas y arenales están llenos de tanta diversidad de aves marinas que es cosa de admiración y hermosura" (Landa, *op. cit.*, pp. 198, 201-203). Por su parte, los diccionarios coloniales nos muestran que la forma en que la cultura occidental agrupa a los animales acuáticos (las *taxa* de los biólogos) no siempre coincidía con la empleada por los mayas, cuyas clasificaciones aludían a otras características (v.g. la forma o color de los animales, el hecho de que se desplazaran sobre el agua, cerca de ella o en su interior, etc.).

Sabemos, así, que *cay* es vocablo genérico para peces, susceptible de modificarse con adjetivos (grande, pequeño, fresco, salado...), y que hay numerosos nombres específicos, cuya traducción literal da buena cuenta de peculiaridades de forma o hábitos. Enlisto apenas algunos en el siguiente cuadro,[19] donde en forma deliberada y como muestra de la diversidad del campo semántico incluí animales que nosotros no consideramos peces, pero que eran tenidos como parte del mismo grupo por los mayas (v. g. pulpo, ostión, anguila y camarón).[20] Y no está de más recordar que incluso nuestras apreciaciones difieren de las de los españoles de la época colonial, quienes tenían por peces a los manatíes, y por "pescado" a los cangrejos.[21] (Ver cuadro 2)

Otro grupo interesante es el que engloba el vocablo *ac o ac-íl*, traducido en forma genérica como "tortuga", "galápago", "icotea", y que muestra precisiones si se trata de una tortuga "de la mar" (*y-ac-íl kaknab*); las verdes, también marinas, "pequeñas, buenas para comer" (*yax ac*: verde tortuga); una blanca de agua dulce (*zac ac*: blanca tortuga) y dos cuyas conchas se usaban en los bailes (*ah tza-tza ac*: gruesa tortuga y *tzul-ín ac*: aprisionada tortuga). Aparecen asimismo referencias a un tipo de "galápago" de nombre *mac* ("cubrir", remitiendo a su caparazón) y *vavu* término al parecer vinculado con la voz para "nadar", que se traduce como "unos galápagos o tortugas de agua dulce".

LAS ARTES DE PESCA

Dependiendo del animal podían emplearse para su captura redes de múltiples tipos, fisgas, anzuelos de hueso, espinas o madera; flechas, arpones de madera a veces provistos de sogas y boyas para seguir el rastro de los peces heridos, como se estilaba en las costas de Campeche (Landa, *op. cit.*, pp. 201-203), nasas hechas de varilla, paja o "yerbas". También se podía sacar a los cangrejos que se ocultaban debajo de las piedras de los ríos, directamente con las manos, a veces, poniéndoles algún cebo de pececillos en unos tules, a modo de cordeles tendidos sobre el agua. Otra

[19] *Se registran dos, tres o más nombres para prácticamente todas las especies. Doy aquí apenas ejemplos. El interesado puede obtener más datos, entre otros, en Álvarez (op. cit., 1, p. 67, y 2, pp. 254-264).*

[20] *Clasificación aparte merecen el cangrejo (bab, baab: "pata", acaso aludiendo a su porción más suculenta) y el que los vocabularios mencionan indistintamente como lagarto, cocodrilo o caimán, llamado ain o pox, esto es, "escamoso".*

[21] *La Relación de Santiago Atitlán (1585) apunta: "el pescado que cría comúnmente esta laguna son cangrejos y unos pececitos pequeños que llaman olomina" (Acuña, 1982, p. 92).*

CUADRO 2. FAUNA ACUÁTICA		
NOMBRE COMÚN (COLONIAL HISPANO)*	NOMBRE MAYA	TRADUCCIÓN LITERAL
Anguila	*Can cay*	Culebra pez
Bagre de agua dulce	*Ah lúu*	**
Bagre de cenote	*Ah lúu dzonot*	
Bagre de la mar	*Box cay*	Cáscara pez
Ballena	*Buluc luch*	Sumergida jícara
Bolines, pescadillos chicos	*Ib cay*	Frijol pez
Camarón	*Xex cay*	Semen pez
Corbina, trimielga, corbineta	*Iz cay*	Camote pez
Jurel o lobo marino	*Cooh ha*	Feroz agua
Langosta	*Cha cay*	Soltar (?) pez
Macabí	*Tzootzim*	Flaco
Mero	*Huun cay*	Hoja pez
Ostión	*Booc, bocc cay*	Olor[oso] pez
Ostra	*u-box-el booc*	Su caja de ostión
Peje araña [pulpo]	*Mex cay*	Barba pez
Peje iguano	*Huh cay*	Iguana pez
Pez volador	*Tulíx cay*	Libélula pez
Pez aguja	*Ah can-che cay*	Enramado pez
Picuda	*Chíi cay*	Boca pez
Pulpo	*Maax cay*	Mono pez
Robalo	*Ch'ib cay*	Vara pez
Sardina pequeña	*Chech bac*	Huesito (menor-hueso)
Tonina	*Zíb cay*	Manar pez
"un pez que se infla de aire"	*P'u*	

* La identificación precisa resulta a veces problemática ya que la novedad de muchas especies americanas obligó a los cronistas a limitarse a señalar en ocasiones que se trataba de animales "parecidos a...", o en el mejor de los casos a describirlos someramente.
** Las RHGGY reiteran la existencia de "bagres" de agua dulce. Así, la de Dzidzantún, apunta: "...en algunas partes hay cuevas de muy buena agua y se crían en ellas bagres y peces pequeños, y son buenos de comer" (I, p. 415).

técnica empleada era "embarbascar" o "matar" las aguas, con el fin de "emborrachar" a los peces y facilitar su captura, pues una vez turbadas las aguas (fluviales o marinas) se atrapaba a las presas usando "atajadizos" o represas construidas con maderas resistentes al agua, a modo de "cercas", de las cuales han podido encontrarse vestigios en la Bahía del Espíritu Santo, en Chetumal. (Ver cuadro 3)

USOS DE LA COSECHA ACUÁTICA

El destino más común de los pescados era la mesa familiar: se lavaban "echándolos en remojo", se raspaban con instrumentos filosos para quitarles las escamas y se colgaban en ganchos de madera. Pero los productos de las aguas eran también objeto

	NOMBRE MAYA	TRADUCCIÓN	OBSERVACIONES
	CUADRO 3. ARTES DE PESCA EN LOS DICCIONARIOS COLONIALES MAYAS		
Genéricos	*Cay*	Pesce	*Ah cay-bal*, pescador
	Zab be	"Coger mariscos"	
Anzuelos	*Lutz*	Anzuelo	*Ah lutz* valía por "anzuelero", funcionando *ah* como agentivo
Fisgas y arpones	*Lom che*	Fisga o arpón	Presumiblemente de madera (*che*)
Redes	*Oc tun, ch'ay tun Dzícíb kaan, pay kaan*	Red adobada con "pesguillas o plomos" Chinchorro o red "barredera"	
Barbascos	*Dzac cay*	Barbasco procedente de la corteza de ciertos árboles	Consta en otras fuentes que por lo general eran obtenidos de raíces, yerbas o bejucos
Canastas, nasas		Canastas o cestos	"Para pescar tortugas o ba gres y mojarras"
	Çíhib	Nasa o "garlito"	"Que hacen de varillas, como embudo", para atrapar camarones y peces.
Captura manual	*chuc cay*	"Atrapador"	

de un activo comercio: frescos o preparados (salados, asados, soasados, ahumados) eran ofrecidos casa por casa por humildes vendedores ambulantes u ofrecidos en los tianguis,[22] y no faltaban quienes se dedicaran a preparar el pesacado para comerciarlo, en lugares remotos, hasta a veinte y treinta leguas de distancia (Landa, *op. cít.*, pp. 201-203).

Además de su carne algunos animales acuáticos proveían a los mayas de otros elementos. Así, se aprovechaban los huevos de ciertas variedades de tortugas y las del pez llamado *mex*; los dientes del tiburón nombrado *xooc* eran empleados para confeccionar flechas y los especialistas rituales usaban como instrumentos de autosacrificio las "sierritas" del pez llamado *ba*, "muy lindas porque son un hueso muy blanco y curioso..., que corta como cuchillo [...] Y era oficio del sacerdote tenerlas, y así tenían muchas", asegura Landa (*op. cít.*, pp. 201-202). Caracoles, conchas, ostras, se lucían en pendientes, aretes, ajorcas, collares (en Calakmul son frecuentes los hechos con el género *Spondylus*). Ciertos caracoles se cortaban a la mitad y se adaptaban como tinteros, otros (v.g. *Pachychílus, Pomacea, Unío*) servían a manera de grava para los pisos y aún en el siglo XIX como cal para el nixtamal, mientras que algunos

[22] *En idioma tzeltal (Chíapas) se reporta un locativo, chonob chay, que remite al lugar específico donde se vendían los pescados, por lo que no sería extraño se acostumbrase en Campeche, donde abundan mucho más que en los territorios tzeltales*

marinos (*Turbinella angulata, Strombus gigas*) además de usarse para elaborar herramientas de trabajo —punzones, picos, manos de mortero, enseres agrícolas como puntas de coa— valían como instrumentos musicales, a la vez que los carapachos de ciertas tortugas pequeñas y coloradas (*ah tza-tza ac* y *tzul-in ac*), se empleaban como percutores, con fines festivos. Muchas especies servían para ofrendar a dioses y otras para acompañar en su viaje al más allá a los difuntos, en ocasiones trabajadas con enorme delicadeza, según se aprecia en tumbas como las de Calakmul.[23] Con tantos usos y demanda, no es de extrañar que para algunos grupos mayas la abundancia de animales acuáticos fuera tomada en cuenta cuando se buscaba conceptuar la prosperidad.[24]

Una prosperidad para la cual, como en prácticamente todo, también intervenía el favor divino, por lo que no sorprende que el mundo de los pescadores tendiera sus redes a lo sagrado; las deidades acuáticas exigían también reconocimiento para otorgar buena pesca y hasta fortuna o salud a sus devotos. Asienta Bernal Díaz del Castillo que, en lo que llamarían Puerto de Términos, hallaron "unos adoratorios de cal y canto, y muchos ídolos de barro, y de palo, que eran [algunos] de ellos figuras de sus dioses y [otros] de ellos de figuras de mujeres, y muchos como sierpes", ante los cuales los mayas, llegados en canoas, efectuaban sacrificios (*op. cit.*, p. 23). Y otro tanto ocurriría seguramente en las corrientes fluviales y los cuerpos lacustres, que aún hoy se supone custodian "guardianes" o dueños".

Cabe además recordar que el agua podía concebirse como dotada de características sacras útiles no sólo en el caso de ceremonias religiosas —agua "virgen" obtenida de pozos y cenotes—, sino incluso en rituales vinculados con el amor y la sensualidad (representados por la flor). Muestra de ello era la ceremonia *Kay nicté*, realizada por mujeres solas y desnudas, dirigidas por una anciana, en noches de luna y a la orilla de un *haltun* (una poza natural), "para regresar, si se ha ido, o asegurar, si permanece cerca, al amante", del cual consta una espléndida descripción en los *Cantares de Dzitbalché*, procedentes de un poblado campechano.

Nada hay de extraño en que un elemento como el agua, generador de fertilidad, sirviese como vehículo tanto para afianzar a un amante como para agradar a las deidades. Al fin y al cabo procrear era una forma de asegurar la permanencia de humanos que reverenciasen a los dioses y mantuvieran así en marcha el universo. Un mundo de forestas, ríos y lagunas que supo de cambios profundos desde la llegada de los europeos, y sobre todo a partir del siglo XIX y en épocas modernas; cambios que, a la par del trastorno ecológico, amenazan su continuidad.

EL SABER CONTEMPORÁNEO: UN LEGADO EN RIESGO

A partir de la colonización hispana la manera local de aprehender el entorno y las formas de vincularse con él comenzaron a modificarse, iniciando con el concepto mismo de "tierra", que pasó a primar sobre el de "monte", hasta entonces primordial para los mayas peninsulares, quienes, como lo demuestran sus alegatos coloniales, pensaban incluso su territorialidad con base en la vegetación que hacía posible la fertilidad

[23] Sobre el muy diverso empleo de peces y moluscos véanse los trabajos editados por Velázquez Castro y Lowe, 2007.

[24] Así en el diccionario cakchiquel de Coto (1983), vemos que la voz para riqueza, 3inomal, aparece calificando al "río que es abundante de peje" tanto como al "monte que tiene muchos animales y aves que cazar".

ESOS QUE LA LENGUA MAYA DENOMINA *booc cay*, "OLOR[OSO]-PEZ", Y QUE LOS DOCUMENTOS COLONIALES CALIFICAN COMO "MUY GENTILES OSTIONES", SIGUEN SIENDO UN AFAMADO PRODUCTO CAMPECHANO. LAGUNA DE TÉRMINOS, 2012.

(¿qué interés habría en poseer tierras desnudas?).[25] En el campo de la práctica, los antiguos sistemas agroecológicos que privilegiaban los policultivos, el obligado empleo de herramientas simples dada la carencia de metales, la ausencia de animales de tiro y carga y otras muchas características que habían permitido a los mayas sacar partido de las especies florísticas y faunísticas locales, beneficiándose de la rica biodiversidad del trópico, sin alterarla de manera irremediable, cedieron paso a otros modos de articularse con el medio, nuevas apetencias por determinados productos (v.g. cacao, tintóreas, maderables), el afán por introducir otros (caña de azúcar, cítricos, nuevos cereales, legumbres y frutales), el empleo de herramientas mucho más devastadoras en tanto que más eficaces y, asunto particularmente impactante en el caso del sur campechano, la introducción de hatos de ganado que, ante la abundancia de praderas y la escasez de predadores naturales, terminó enseñoreándose del paisaje, avanzó inmisericorde sobre los pastos y luego, con la ayuda del hombre, sobre los bosques tropicales. Comenzó, entonces, la sabanización del entorno.

El crecimiento del ganado mayor fue tan acelerado que en 1579 las autoridades tabasqueñas (que para entonces aún controlaban buena parte del territorio adyacente a la Laguna de Términos[26]), reportaron que los gigantescos hatos de ganado podían verse desde los barcos: "estos ganados pacen, demás de las sabanas que tienen dentro de las montañas y los médanos, la costa y playa, de suerte que de la mar se ve andar el dicho ganado por la playa" (RHGGY, *op. cit.,* II, p. 421). Treinta años más tarde el alcalde mayor calculaba en cerca de 30,000 las yeguas y en más de 300,000 los vacunos de la provincia. Cada año se sacrificaban apenas cerca de 20,000 animales, de los que se aprovechaban sólo los cueros; la carne se dejaba tirada en los campos para pasto de zopilotes.[27] Con el tiempo las aves carroñeras encontraron competidor nada menos que en los ingleses, pues tanto los que se dedicaban al corte de palo de tinte como los que ejercían la piratería vieron en el ganado cimarrón (que cazaban a veces desde canoas) un atractivo medio de proveerse de carne[28] y hacerse de metálico vendiendo cuero y sebo, además de pieles de lagarto. Consumían, también, carne de los abundantes manatíes (Dampier, 1987, p. 252 y ss).

Si lo obtenido del robo de ganado, cacao y el pillaje de pueblos indígenas, e incluso del puerto de Campeche, alentó la presencia de piratas y corsarios ingleses, franceses y holandeses, a finales del siglo XVI comenzó a destacar un producto local, el palo de tinte (*Hematoxylum campechianum*), cuyo éxito comercial motivó el que decidieran instalarse de manera permanente en el actual Belice, partes de la costa hondureña y Laguna de Términos. Para 1596 se habían adueñado completamente de la Isla Tris (hoy Del Carmen) y sus alrededores, desde donde, en buques jamaiquinos, enviaban el palo a los puertos del norte europeo.

Conocido como *ek* por los mayas, el palo de tinte, que crecía a lo largo de los ríos y en la proximidad de los manglares, abundaba en la cuenca baja del Usumacinta, la llamada Península de Atasta-Xicalango y el sur de la Laguna de Términos (West *et al.*, 1985, p. 132). Empleado sobre todo para obtener tintes negros y azules, ofrecía también tonos amarillentos rojizos, violetas, grises plateados y púrpuras dependiendo si se le mezclaba con agua, carbonato de cal o bicarbonatos, y se reveló de tal calidad que, junto con otras tintóreas americanas (grana cochinilla, añil y palo

[25] Véase al respecto el revelador texto de Okoshi y Quintanilla, op. cit.

[26] Recuérdese que durante buena parte de la época colonial la frontera de Tabasco con la gobernación de Yucatán caía hacia la mitad de la "Isla de Términos" [hoy Del Carmen], en la llamada Boca Nueva.

[27] Archivo General de Indias (Sevilla), Audiencia de Guatemala, legajo 61: "El capitán Juan de Miranda, alcalde mayor de la provincia de Tabasco, da cuenta, con varios testimonios, de cosas importantes al rey N.S. y provecho de aquel país", 1608.

[28] La cocinaban en una especie de tapescos denominados boucan, de donde vendría su identificación como "bucaneros".

de brasil), terminó desplazando a las tintas europeas, asiáticas y africanas que surtían al mercado europeo, centrado por entonces en buena medida en la industria textil. Para darse una idea del impacto sobre la naturaleza que significó la explotación del *ek*, baste recordar que para el siglo XVII la producción anual se calculaba en cerca de 100,000 quintales de 46 kgs.

En 1716 se logró expulsar a los piratas de la isla, pero eso no significó respiro alguno para la naturaleza; apenas un cambio de explotadores. Primero la Corona española, que llevó el corte de tinto a niveles tales que en 1786 se registró la cargazón de 163 buques (a lo que habría que agregar el contrabando). Tras la Independencia continuó el comercio, pero la tala había sido tan desmesurada que la producción decayó brutalmente. Cuando el naturalista Arthur Morelet visitó Campeche en 1847 y vio las montañas de palo de tinte apiladas en El Carmen en espera de ser exportado a Europa, se aterró ante la masacre de árboles, pues, apuntó, "la riqueza forestal, que no está protegida por ningún reglamento, decrece con rapidez, y se puede prever el momento en que la codicia de los propietarios, deseosos únicamente de una ganancia actual e inmediata, habrá agotado la fuente que los alimenta" (1990, p. 54). No se equivocaba, para fines de ese siglo el tinte no era más que recuerdo de un pasado rico y colorido. Las muy escasas ganancias que siguió generando sucumbieron al descubrirse las anilinas sintéticas (Ruz, 1979, p. 126). Ya vendrían luego el turno de auge y crepúsculo de las maderas preciosas y del chicle obtenido del chicozapote, extraídos con idéntica voracidad y la misma falta de planeación.[29] Hoy, la extracción del petróleo para venderlo crudo y la apuesta por la ganaderización del sur campechano parecen transitar por el mismo sendero.

Infinidad de piezas de ganado pudriéndose a cielo abierto, montañas formadas por millones de muñones de palo de tinte, vegas y tierras interiores brutalmente deforestadas, ríos tapizados de trozas de cedro y caoba, un sinfín de troncos de chicozapote sajados sin misericordia, selvas exuberantes sustituidas por magros pastizales, aguas marinas tachonadas de petróleo derramado... A menos de cinco siglos de que los mayas perdieran el señorío sobre sus tierras, los paisajes que conocieron y con los que aprendieron a convivir en armonía sus antepasados a lo largo de milenios, parecen en buena medida perdidos para siempre.

Avasallada por la difusión de patrones de producción y consumo occidentales, acrecentados por los procesos de globalización mundial, la gran perdedora en la carrera, por decirlo de algún modo, ha sido la tradición de origen maya. Y la pérdida alcanza incluso a las pequeñas comunidades campechanas, aisladas sólo en apariencia, pues los aires de modernidad las invaden de manera acelerada, sobre todo a partir de la apertura de vías de comunicación más expeditas y la llegada de medios como la radio, la televisión, los celulares y en menor medida los diarios, a los cuales se aúna un mayor tránsito de individuos portadores de distintas ideas, otros saberes y diferentes cosmovisiones. Todo ello explica que la manera en que la gente domesticaba los paisajes, buscando hacerlos parte de su cotidianidad, haya sabido de cambios profundos.

No es de extrañar, cualquier cultura que pretenda mantenerse viva ha de hacer concesiones y optar por modificaciones, y si algo ha caracterizado desde hace siglos a la civilización maya es su capacidad para insertar una y otra vez su "tradición" en

[29] *La industria extractiva del chicle, que diera fama al estado desde fines del siglo pasado (Molina, 1995), y que en las primeras décadas del XX llegó a ser muy importante en la región de Los Chenes, tiene en la actualidad poco impacto; apenas si destaca en algunos asentamientos del sur de Champotón y en la región de Xpujil (ahora en el municipio de Calakmul).*

la modernidad. Siempre dispuestos a dotar de nuevos significados a conocimientos y estilos de vida seculares, cuando no milenarios, y emplearlos como cantera a partir de la cual re-crear otras formas de organizar y entender la vida diaria, con el fin de adaptarse a los cambios económicos, las dinámicas sociales, los afanes políticos, las tendencias religiosas, las innovaciones tecnológicas e incluso las modas.

Así pues, lo que observamos hoy bien puede considerarse hilos sueltos de un antiguo y complejo brocado clasificatorio. Los agricultores de una u otra de las regiones del estado, por ejemplo, siguen utilizando elementos mayas para designar los tipos de suelos.[30] Pese a que la coherencia del sistema se ha diluido ya que parte del conocimiento se volvió obsoleto ante el creciente flujo de fertilizantes químicos que una eficaz propaganda ha hecho imprescindibles, denominar *tzequel* a las superficies rocosas es la norma en Calkiní y Bacabchén, mientras que los de Tenabo clasifican como *tzequel cankab* los suelos de deslave. Los agricultores —mayas y mestizos— de Hecelchakán identifican sin problemas las áreas de *cankab*, tierra roja ubicada entre afloramientos calcáreos, que consideran de alta fertilidad tan sólo durante los primeros años de cultivo, mientras que los de Cumpich se refieren a ella como *chak-cankab*, nombre que la define con mayor precisión al incluir el marcador de color rojo (*chak*). Los del sureño Pixoyal, muchos de ellos originarios del norteño Tenabo, reconocen con presteza las magras tierras negras de *yaxhom* (redzinas con tierra orgánica sobre roca caliza) que saben inadecuadas para el cultivo dada su concentración salina y baja retención de humedad, e incluso los de Champotón, en apariencia muy transculturados, mantienen una cuidadosa diferenciación de los suelos del municipio y sus utilidades: *yaxhom*: suelo negro poseedor de rico *humus*; *akalché*: compuesto de arena, arcilla y humíferos —ésos que los geólogos clasifican como gleysoles sálicos— que retiene humedad y fácilmente se encharca; *cankab*: rojo amarillento, propio para cultivo de cítricos, rábano, cilantro, camote, repollo, pepino, melón y otras hortalizas; *tzequel*: bueno para sembrar papaya y sobre todo pastos y jaragua (zacate); *pusluum*: montículos de tierra negra.

Si bien el dominio profundo de las características propias de las antiguas variedades de maíz cede cada vez más terreno ante una indiscriminada y atentatoria difusión de híbridos, las técnicas para su cultivo se mantienen con pocas alteraciones en aquellas comunidades que no cuentan con superficies mecanizadas o áreas de riego.[31] Como éstas son mayoría, el sistema de roza, tumba y quema, así como el empleo de bastones plantadores, coas y machetes aún son comunes, aunque los períodos de barbecho y la rotación tienden a acortarse dada la escasez de buenas tierras.

Poco persiste del conocimiento detallado que los mayas antiguos tenían de los elementos climáticos y de los ciclos solar, lunar y venusino, que plasmaron incluso en códices, pero es conocido que tal saber era posesión exclusiva de la élite, que basaba en él parte de su poder, y esa élite desapareció con mayor o menor celeridad a lo largo de la época colonial. Los estratos campesinos, por supuesto, poseían también conocimientos al respecto, pero no eran tan detallados. Hoy, es todavía posible oír de boca de los sabios locales —los *h-men*— los nombres e influencias que acarrean los vientos según su procedencia: Lak'ín, Chik'ín, Nohol y Xamán. Mucho más generalizado es el reconocimiento de las fases lunares sobre las actividades agrícolas

CON LAS FIBRAS OBTENIDAS DE BEJUCOS, CORTEZAS, PALMAS Y CIERTAS RAÍCES, MANOS CAMPECHANAS HAN TRENZADO DESDE HACE SIGLOS EL MUNDO COTIDIANO (BÉCAL, 2011)

[30] No puedo detenerme en detalles, remito al interesado a Ruz et al., 2007, de donde procede parte de los datos.

[31] Quienes sí las poseen, como la comunidad de Tinum, han experimentado cambios de gran magnitud pues la mecanización del agro provocó que los cultivos se trasladaran a las partes bajas en lugar de seguir haciéndolo en los cerros, donde se prefería sembrar para evitar los encharcamientos en períodos de lluvias.

y silvícolas, e incluso para la cría de animales. La gente se guía por ellas para sembrar, trasplantar, cortar... Así, en Calkiní se ponderan las ventajas de hacer semilleros y sembrar durante la llena, porque en esta fase la luna está "dura" y fuerte, lo que ayuda al crecimiento de las plantas, y otro tanto vale para el corte de árboles con fines constructivos, que realizado en tales fechas garantiza mayor durabilidad de la madera. Los huevos de aves ovados en este periodo son, se asegura, los mejores para encamar... La conexión luna-fertilidad es evidente.

Habitantes de tierra en buena medida seca y pedregosa y carente en casi toda su superficie de corrientes de agua, la mayoría de los agricultores campechanos sigue dependiendo de la lluvia para sobrevivir. No es por tanto extraño que vivan pendientes de los signos que anuncian su llegada, y la intensidad con que vendrán, como los movimientos de las hormigas o los cantos de la aguililla *koos*, el *x'aám po'ot* o las chachalacas, que un conocedor sabe cómo interpretar (Chuc Uc, 2008, p. 104 y ss). Cuando las aguas no arriban, habrá que animarse a sembrar de manera anticipada (hacer *tíkímuk*) y esperar mientras se ruega por la lluvia, intentando a veces incluso "comprarla" a los entes sobrenaturales que son sus guardianes, como se estila en Nunkiní (*Maman chaak*). Otros, más escépticos por "modernos", como los ejidatarios de Yacasay, no atribuyen el atraso en las lluvias a veleidades de Yum Chaak sino a la deforestación, los cambios climatológicos y "la contaminación de la tierra". Sea como fuere, les queda claro que las variaciones les afectan desfavorablemente, pues "antes cualquier cosa se daba", mientras que ahora, pese a la mecanización y el empleo de insecticidas y fungicidas, los rendimientos son menores.

Tras décadas de haber perdido sus amplias extensiones selváticas, arrasadas para la siembra del henequén, las comunidades norteñas han olvidado la mayor parte del conocimiento que acumularon sus antepasados sobre lo silvícola, que aún mantienen los pobladores de las franjas arboladas de Champotón y Hopelchén. Existen allí quienes reconocen con facilidad las variedades maderables y sus utilidades.[32]

La deforestación se ha perdido buena parte del antiguo conocimiento silvícola en los municipios norteños, pero el vinculado a otros componentes de la flora se mantiene vivo, y muestra aspectos de la peculiar manera de agrupar a las plantas. Así, en Hecelchakán se les clasifica en relación con sucesos rituales y sociales, pues se aduce existir flores y alimentos propios para ofrendar a los muertos, como son el *xtes, xpuhuc*, rosalía, cristemó (crisantemo), gladiola, xpelón y hierba santa (ruda); plantas y frutos prohibidos en el embarazo (limón, naranja, papaya, chile); plantas relacionadas con la alimentación animal (ramón y maíz), o con la humana (maíz, calabaza, frijol, hierbas de olor, frutas, etc.), especies alternas para alimentarse en tiempos de hambruna (precisamente el *píxcy*, el ramón, el *ac ché* y el bonete que se empleaban con idéntico fin en la época prehispánica), y raíces, cortezas, pulpa, hojas, flores y frutos relacionados con la curación de distintas enfermedades (sábila, sinanché, orégano, epazote, llantén, menta, toronjil, zacate limón, chaya, pepino *kat* y un larguísimo etcétera).[33]

Este último campo, el de la terapéutica, se antoja un bastión muy importante del saber acumulado por los campechanos, muchos de los cuales conocen las propiedades asociadas a plantas, animales y elementos minerales, de origen mesoamericano

[32] *Los nombres pueden variar de una región campechana a otra, en ocasiones por la mayor o menor fluidez en el empleo del maya.*

[33] *Los del vecino Nunkiní, por su parte, consideran como otro grupo a las plantas que se usan "para frenar la entrada de males a las casas", como el xip-ché, la ruda, la sábila (a la que se colocan lazos rojos en las puntas) y la albahaca (David de Ángel, com. pers.), en clara muestra del mestizaje entre plantas introducidas y endémicas.*

34 Y otro tanto podría decirse de esferas como la de la construcción de las viviendas, la artesanía (desde sencillos objetos de jarciaría hasta los espléndidos sombreros de jipi japa), la gastronomía y varias más.

o de importación europea temprana, que pueden emplear solos o en combinación, acompañados de rituales o no. Un saber que incide no sólo en la esfera de lo médico, sino que impacta las economías locales, y es salvaguarda y recreación de numerosos patrones culturales.[34]

El papel que juega la economía en la preservación del conocimiento tradicional se aprecia claro también en las actividades cinegéticas. La mayoría de los campechanos actuales rara vez conoce más nombres de animales que los susceptibles de ser cazados para enriquecer la dieta, comerciar o disminuir los estragos que causan en los cultivos o los gallineros. El saber de los ancianos va a menudo mucho más allá (en particular en lo que compete a la ornitología), pero las nuevas generaciones muestran poca preocupación por heredar esta riqueza. En zonas donde la caza reviste mayor importancia el saber es más amplio, lo que significa no sólo un abanico más extenso de nombres, sino estar enterado de sus hábitos, cuyo conocimiento es imprescindible si se pretende obtenerlos. Es muy común que los vecinos reconozcan el peligro de extinción que enfrentan varias especies, pero ello no significa que siempre busquen moderar la caza. Algunos alegan urgencias económicas para hacerlo, mientras que otros aducen emplear las presas únicamente para consumo familiar y jamás para venta. Eso sí, unos y otros muestran un profundo conocimiento no sólo de los hábitos animales, sino del entorno, incluyendo los aspectos sobrenaturales que consideran lo caracterizan.

Por lo que hace a las actividades de pesca, ciertamente aún puede apreciarse un minucioso conocimiento, que abarca tanto a las distintas especies como su hábitat, sus patrones reproductivos y las técnicas necesarias para obtenerlos, pero mucho de este saber está vinculado a los requerimientos del mercado y al desarrollo de nuevas investigaciones, lo cual nos habla de la puesta al día de los pescadores campechanos, quienes desechan o recrean antiguos saberes con el fin de adaptarse a las demandas comerciales. Así, aunque siguen reconociéndose numerosas especies, el conocimiento más detallado remite a los hábitos de aquellas que demandan los mercados nacional e internacional y, en segundo lugar, a las susceptibles de emplearse para el consumo doméstico o como carnada para atrapar a otras. Los trabajadores del mar de Champotón e Isla Arena, por ejemplo, enumeran sin problema las características de gran variedad de peces.

La captura supone el empleo de diversas artes de pesca, en ocasiones fabricadas por los propios pescadores: chinchorros y tarrayas (tejidas con hilos de cáñamo y dotadas de flotadores de plástico o caucho sintético), palangres provistos de poderosos anzuelos para atrapar especies mayores, y redes de arrastre, particularmente nocivas. Quienes recolectan camarones y caracoles fabrican enormes bolsas de fibra (de 3 × 5 m) y cubetas para colocar lo obtenido, mientras que para las jaibas se usan largas "fisgas" que las incitan a adherirse y permiten jalarlas sin que "piquen". En los casos de El Carmen y Champotón, centros pesqueros por antonomasia del estado, incluso la población común es capaz de identificar las especies y conoce sus hábitos. No es en balde; el tiempo local lo regulan mareas y contramareas, el comercio todo se articula en torno a épocas de captura y de veda. La cotidianeidad, en suma, se vive de cara al mar.

A los conocimientos requeridos por los antiguos pescadores se suman ahora los mecánicos y el manejo de la brújula, cuando no del radio trasmisor, por no hablar de los saberes vinculados con formas de organización social e incluso de política, de enorme importancia en la constitución y manejo de sociedades cooperativas, en especial cuando se trata de pesca en alta mar. La pesca ribereña, la más generalizada, y la captura de camarones y caracoles, reposan en buena medida en las clases económicamente más desfavorecidas (un amplio sector de la población), que emplean los productos obtenidos no sólo para consumo familiar o reventa —a intermediarios o a las congeladoras (que actúan a menudo como patrones, proporcionando lanchas)—, sino incluso para intercambio por productos no marítimos.

Cuando las bodegas o los "coyotes" no desean más producto, u ofrecen por él precios inusualmente bajos, queda la posibilidad de que las esposas de los pescadores lo ofrezcan en el mercado; asunto de escaso interés dada la abundante oferta local. Esta última explica la riqueza que exhiben en este rubro los mercados campechanos, en especial el de la capital, que ha llamado desde siempre la atención de los foráneos. Así, nuestro ya conocido Arthur Morelet, tras algunas consideraciones lapidarias sobre la ciudad en 1847, no pudo menos que expresar su admiración al toparse con los expendios de "cazón" (*alípechpol*): "Pronto los vi de todas dimensiones, de todas formas y de todos colores: cazones de martillo, cazones de hacha, cazones de hocico puntiagudo; blancos, negros, grises [...] Los había frescos y salados, asados y cocidos, en fin, para todos los gustos [...] el miércoles y viernes se puede hacer también provisión de tortugas" (*op. cit.*, p. 37).

Visitar el mercado de Campeche sigue siendo experiencia única: junto a pulpos, calamares y chivitas se observan pequeñas montañas de robalos, pargos, esmedregales, cazones, mojarras, cintillas, bagres, roncadores, boquinetes y muchos más. Se expenden en su mayoría frescos, pero también los hay secos, como las mantarrayas, que se ofrecen abiertas "en abanico", saladas según la antigua tradición del puerto. Unos y otros, aderezados en centenares de formas irán a enriquecer la justamente afamada cocina campechana.

EL FUTURO DEL PASADO

Esfera menos terrenal en el complejo proceso vinculatorio entre los mayas y la naturaleza es la que compete a la concepción del universo y los diferentes seres e influencias sobrenaturales que lo cuidan. Con independencia de que exhiban nombres y atributos mayas —*bacab'ob, pahuatun'ob, iík'o'ob, cháako'ob, j-xíimbal k'áaxo'ob, aluxo'ob, j-kalan k'áaxo'ob*—, o hayan sufrido sincretismos, yuxtaposiciones o encubrimientos con entidades cristianas (en particular los santos patronos de los pueblos y ciertos ángeles), ellos benefician a quienes solicitan su ayuda y les honran con ofrendas y plegarias, a la vez que castigan a los que depredan la naturaleza por negligencia o abuso, por lo cual resultan de gran importancia también en el control y permanencia de las normas, al posibilitar la continuidad de las tradiciones y valores socialmente establecidos y aceptados.[35]

No es por tanto extraño que, con mayor o menor vitalidad dependiendo de las regiones, sobreviva un complejo sistema ritual que, al mantenerse en continua

LA PEPITA DE CALABAZA ES INGREDIENTE DE ADOBOS, SALSAS, BEBIDAS Y PLATILLOS RITUALES COMO LOS QUE SE OFRECEN A LOS ANTEPASADOS Y LAS DEIDADES DEL MONTE Y LA LLUVIA

[35] *No puedo extenderme en este punto pese a su gran importancia. Remito al interesado al resumen de Quíntal* et al. *(2003, pp. 280-315) para toda la Península, y para el caso específico de Campeche a Chuc Uc (op. cit.), De Ángel (op. cit.) y Ruz* et al. *(op. cit.).*

renovación, asegura el futuro del pasado. Y lo hace también en lo que toca a mantenimiento del entorno natural, a través de ceremonias dedicadas a los guardianes y dueños de los montes y los cenotes, la fauna o los fenómenos atmosféricos (vientos, lluvias), a quienes pueden dedicarse, entre otros varios rituales, un *mejí kool* solicitando permiso para cultivar la tierra, y de este modo prevenir perjuicios y enfermedades u otro para la tumba; un *síís óolal* para la quema (para resarcir a los guardianes de los vientos, los *Yum íík'o'ob*, el esfuerzo desplegado al soplar con fuerza uniforme sobre el espacio talado para esparcir el fuego; de allí que se les ofrezcan una bebida fría: *(síís)*; un *u yuk'ubí j-joyaboób* (bebida para los regadores), cuando se efectúa la siembra; un *janlí cháak*, para rogar a los *cháako'ob*, los "regadores de las milpas", que envíen las lluvias; un *tut* para implorar a los *aluxo'ob* que protejan los cultivos y no hagan daño a los agricultores, o un *janlí kool*, "comida de milpa" o "ceremonia de primicias", para agradecer a los dueños sobrenaturales del sitio la cosecha, a la vez que invocar su protección y ayuda para que la del próximo año sea igualmente abundante o incluso mayor.

Se honra a los "dueños" y custodios con plegarias y ofrendas diversas dependiendo de la ceremonia, entre las cuales pueden citarse a manera de ejemplo el *saka'* (especie de pozol con miel), "panes" de maíz (*tut wá*) y pepita de calabaza, compuestos de doce o trece capas, que se cocinan bajo tierra (*píb*); pibipollos (tamales cocinados bajo tierra y rellenos de carne de pollo), guajolotes guisados con todo y vísceras en una salsa de masa (*k'ol*) roja gracias al empleo del achiote, cigarrillos de tabaco silvestre, incienso, o licor obtenido de la fermentación de la corteza del *balche'*, con miel silvestre y agua "virgen" de cenote.

Muestra privilegiada del modo en que el maya concibe el universo y su relación con él es la ceremonia denominada *ch'a cháak*, o petición de lluvias; ritual que congrega a los hombres de la comunidad, dirigidos por un *h-men* o especialista, en algún espacio comunitario (vg. el atrio de la iglesia), pero que por lo común se considera más efectiva si se realiza en el campo, e incluye una serie de plegarias y ofrendas a los *cháako'ob* o chaques, colocadas en una mesa que representa a la comunidad y sobre la que se alza una serie de arcos que evocan el firmamento comunitario. En torno a la mesa, por los cuatro puntos cardinales —Lak'ín, Chik'ín, Xamán y Nohol— se alzan otros arcos que representan las moradas de los señores de la lluvia, unidos con bejucos a los arcos de la mesa con el fin de enlazar ambos espacios.[36] En los pueblos más respetuosos de las antiguas costumbres, cuatro niños ubicados bajo la mesa, mirando cada uno a uno de los cuatro puntos de la rosa de los vientos, imitan sonidos de ranas que invocan las aguas.

Así, puesto que se aduce que las aguas, antes de transformarse en lluvias, manan de los espacios subterráneos, el escenario puede considerarse una réplica a pequeña escala del universo: bóveda celeste, espacio terrenal e inframundo, unidos —gracias a la acción de los hombres— en el mismo afán de mantenimiento de la vida a través del vertimiento del agua sobre las tierras de la comunidad, abrasadas por los soles veraniegos que caracterizan a la Península.

Comulgando, en el sentido estricto del término, con ese afán, los participantes ingieren durante la ceremonia las "hostias" de maíz y cacao elaboradas por el *h-men*

[36] En el oriente yucateco se asegura que estos bejucos buscan dirigir con precisión a los rayos para que descarguen la humedad precisamente sobre las tierras del poblado. Por eso se le nombra be'elchak, "el camino del Chak".

37 Puede sustituirse con gallina, pero es más apreciado el pavo. Aunque los partícipes no lo refieren, es de interés destacar que, empleándose pavo, se asegura que todos los ingredientes del ritual sean de origen americano.

y el licor de *balche'*, depositado en el "cáliz" de jícara *su'ul*. En los arcos destinados a los *cháako'ob* se coloca una jícara con carne de pavo,[37] trozos de un "pan" especial (*chokob*) más grande que los otros, *balche'* y tabaco envuelto en hoja de elote. Bajo la mesa se colocarán otros dones para los *tunes*, quienes viven en cuevas o a ras del suelo...Todo el universo unido en un ritual que a través de la obtención de alimento busca asegurar la permanencia de hombres y dioses, como expresa a las claras una de las plegarias elevadas por el *h-men*: "...*Talo'on k'atíkte'ex ka síkto'one'ex santo cháak, ti'al k pak'al, ti'al u yantal gracia, ti'al k jantej yéetel ti'al a jante'ex xan*": "...Venimos a suplicar tus bendiciones y nos envíes la santa lluvia para nuestras siembra y haya gracia [maíz] para nuestra alimentación y para ustedes también" (*apud* Chuc Uc, *op. cit.*, p. 119).

Ya que el mundo ritual desborda, con mucho, el espacio milpero, y abarca otras áreas de labor, no es de extrañar que los criadores de abejas nativas, que están bajo la protección de Ah Muzen Cab, practiquen ceremonias específicas; que los propietarios de ganado ofrezcan otras a su guardián, Wan Thul, para que lo proteja, o que existan rituales para bendecir la escopeta (*loj ts'on*), otros para pedir "permiso para alcanzar a los venados" o para agradecer las presas cobradas. Y también se estilan ceremonias para sacralizar y proteger los espacios habitados, como la de *ch'uysaka'*, para pedir protección al "dueño del solar" al estrenar una casa, el *janlisolar*, donde se ofrenda *saka'* a los "dueños del terreno" (De Ángel, *op. cit.*, p. 85 y ss), o el *uklí-solar*, durante la cual se ofrenda *saka'*, aguardiente y cigarros a "los dueños" que ocupan el terreno y la casa, pidiendo protección no sólo para los humanos que allí habitan, sino también para los animales domésticos e incluso para los árboles del huerto.[38] Y ceremonias hay también para reparar un olvido o un agravio a las deidades (caso en que el ritual se denomina *k'eex*: "trueque", pues a menudo se ofrece una víctima alterna) y otras que tienen como objetivo rogar a dioses, santos y guardianes, que se dignen acompañar el ciclo vital de los hombres.

38 Agradezco a David de Ángel el dato.

Uno de dichos rituales, de clara filiación prehispánica, es el *hetzmek* o *je'ets me'ek'*, durante el cual se coloca al infante a horcajadas en la cadera del padrino o madrina elegido, para después poner en sus manitas instrumentos de trabajo correspondientes a su sexo. Por lo común se practica a los cuatro meses en el caso de los varones (por referencia a las cuatro esquinas de la milpa) y a los tres en el de las niñas (alusión a las tres piedras del fogón) y tiene como objetivo dotar al pequeño/a de las facultades físicas y mentales necesarias para un buen desempeño en la vida comunal, poniéndole en contacto con el utillaje de trabajo. En un claro proceso de "puesta al día" de la tradición, en varias comunidades los utensilios agrícolas y de cocina o tejido que se acostumbraba depositar en las manos de los pequeños se ven sustituidos por herramientas propias de oficios hoy más redituables, en particular libros, libretas y lápices, cuando no la réplica de una computadora o ¡un diccionario de inglés!

Mirar al futuro no cancela atisbar al pasado, por eso se realizan también rituales a los antepasados, raíz del portentoso árbol civilizatorio maya, a quienes se dedican ceremonias a la vez que se les hace partícipes de los principales acontecimientos familiares. Por algo en Bacabchén, Calkiní y otras comunidades el conjunto de dones entregado a la familia de una novia, el *muhul*, se deposita en el altar donde

reposan las fotos de los difuntos, para hacerlos partícipes del suceso y asegurar su benevolencia hacia la nueva pareja. Los muertos son también engranaje fundamental en el mantenimiento del cosmos, ya que desde el nuevo espacio que habitan intervienen en múltiples maneras en la vida de sus descendientes, quienes a su vez, al honrarlos, aseguran su permanencia.

Clara muestra de lo anterior es un espléndido ritual aún vigente en el norte campechano, donde para el día de los fieles difuntos, los vecinos de Tenabo, Bacabchén, Dzotchén, Pomuch y otros pueblos del antiguo Camino Real, vacían los osarios y limpian cuidadosamente los restos de sus antepasados, exhumados a los tres años del deceso. Una vez limpios, los huesos se reacomodan en nuevos paños blancos (¿resabios de los envoltorios sagrados prehispánicos?) que se atan cuidadosamente vigilando que ninguna esquirla o polvo quede fuera. Los cráneos se colocan sobre paños inmaculados en los que se bordan flores, pájaros, mensajes de saludo y a menudo los nombres de los difuntos. Expuestos en los pequeños mausoleos familiares, los cráneos de los antepasados esperarán la visita de su parentela, que acude a saludarlos e incluso besarlos, al tiempo que se "presentan" a los menores ("ésta es tu tía, éste tu abuelito"), como si se pretendiera familiarizarlos con aquellos cuyo culto quedará en el futuro en sus manos. Recuperar a los antepasados, eslabón en la cadena de la especie, es imprescindible para mantener la armonía del universo, fincada en la reciprocidad y la memoria.

Son porciones de esta memoria, a nadie escapa, las que arriesgan diluirse para siempre conforme el milenario modo de ser maya se ve amenazado por cambios de profundidad nunca antes vista en varias porciones del territorio hoy campechano. Comenzando por el idioma, que no pocos padres prefieren ya no transmitir a sus hijos para evitarles futuras discriminaciones. Y aun si en casa se les enseña, en la mayoría de las escuelas, pese a lo que declaren las autoridades, se estimula a los niños a emplear el español, habiendo incluso algunas donde se les reprende por emplear el maya. No es por tanto extraño que el uso de la lengua materna se vaya restringiendo al ámbito familiar y doméstico.

Otro tanto ocurre en esferas como la de la agricultura, pues al abandonar el cultivo de la milpa por otros más redituables, se desmorona el complejo ceremonial que se integraba en torno al maíz. El mango Tommy, la soya o los pastizales no requieren de ceremonias de *ch'a cháak* o *jan líko'ol*; basta para ellos encender el motor y abrir las compuertas de riego. En las áreas urbanas es cada vez más difícil encontrar a quien sepa urdir una hamaca o recuerde cómo construir un techo de huano y bejuco, y vestir a la novia con terno blanco para la boda dejó de ser marcador de elegancia para volverse sinónimo de folclor. Hoy, se prefiere imitar el traje de la heroína de la telenovela de moda; al fin y al cabo los nuevos altares se estructuran en torno al televisor.

Sería apresurado, sin embargo, apostar por la pronta desaparición de "lo maya", que no reside exclusivamente en la lengua, el traje o algún otro "marcador étnico". Además de que el número de hablantes del idioma peninsular sigue creciendo en números absolutos, aun cuando constreñido en espacios, muchos campechanos —incluso habiendo perdido eficiencia en la lengua de sus padres— se siguen considerando

AÑO TRAS AÑO, EN LOS CEMENTERIOS DE POBLADOS A LA VERA DEL ANTIGUO CAMINO REAL QUE DESDE LA COLONIA UNE A MÉRIDA CON EL PUERTO DE CAMPECHE, SE ASEAN LOS RESTOS DE LOS PARIENTES FALLECIDOS PARA RENDIRLES VENERACIÓN EL DÍA DE LOS FIELES DIFUNTOS (POMUCH, 2011)

mayas: invocan sus apellidos, su pasado histórico, su sentimiento de autoadscrip-
ción y la factura de rituales que los vinculan con sus antepasados: desde las ceremonias agrícolas hasta ritos como el *hetzmek* que, como vimos, tiene por objeto facilitar
al nuevo miembro de la familia su posterior desempeño en la sociedad.[39]

Sea como fuere, es claro que en el Campeche de hoy, con independencia de que
existan individuos comprometidos en la creación de nuevos senderos donde tran-
site una identidad singular re-creada durante siglos, los espacios para el florecer del
ser maya se han ido constriñendo. Y esto incluye por supuesto la manera de aprehender el entorno, ya que la configuración de paisajes surge no sólo de la interacción
entre el medio y la sociedad, sino de las representaciones culturales que marcan
derroteros distintos a cada grupo para interpretar el entorno y vivir en él.

Con porfía e inteligencia, los mayas se han mostrado tradicionalmente modernos
desde la época prehispánica. Pero la velocidad y las proporciones del cambio se an-
tojan esta vez inusuales, el daño a los ecosistemas parecería en varios aspectos irreversible y, asunto en particular preocupante, las nuevas generaciones campechanas
muestran escaso interés por conocer, comprender y mantener el valioso conocimiento experto que sus antepasados desarrollaron para habitar el espacio de una manera
maya. De romperse la cadena de transmisión, la pérdida sería definitiva.

Sin la colaboración de los jóvenes, a quienes toca más de cerca, por simple cro-
nología, la apuesta por integrar el conocimiento proveniente de los saberes y prácticas productivas tradicionales con la ciencia y la tecnología contemporáneas, el
restablecimiento de patrones más respetuosos de convivencia con la naturaleza,
fincados en la reciprocidad y la memoria, se tornará casi imposible. De ocurrir tal
catástrofe, la pérdida sería para toda la humanidad; no sólo para la cultura maya.
Veríamos cumplirse, entonces, el trágico vaticinio del *Chilam Balam*: "Perdida será la
ciencia, perdida será la sabiduría verdadera".[40]

[39] *Poco importa que a ojos de algún purista
el rito se encuentre "adulterado" al no
ofrecerse al varón instrumentos agrícolas
ni a la niña utensilios domésticos. Para los
mayas, siempre insertos en la
modernidad, resulta obvio que tales
significantes han perdido eficacia: de allí
que pongan en manos de niños y niñas
útiles más acordes con la
contemporaneidad deseada. La ceremonia
busca facilitar al infante un mejor
desempeño en la sociedad; para
mantenerlo en las mismas condiciones de
desventaja no hace falta ritual alguno.*

[40] El libro de los libros del Chilam
Balam, *1974, p. 72.*

Tumén chan x-ch'up síijikech,
a na'e tu jiltaj jun tin u bek'ech súumil u puksík'al
ka tu julaj ta xikín a yáax tupintej

*Porque naciste hembra,
tu madre jaló un hilo de su corazón
y te lo enhebró en la oreja como tu primer arete...*
BRICEIDA CUEVAS COB, POETA CAMPECHANA

pp. 210-211
EL MATERIAL PARA EMBARCACIONES
Y ARTES DE PESCA HA CAMBIADO,
PERO LA RELACIÓN DE LOS
CAMPECHANOS CON EL MAR
PERMANECE INQUEBRANTABLE
(CHAMPOTÓN, 2011)

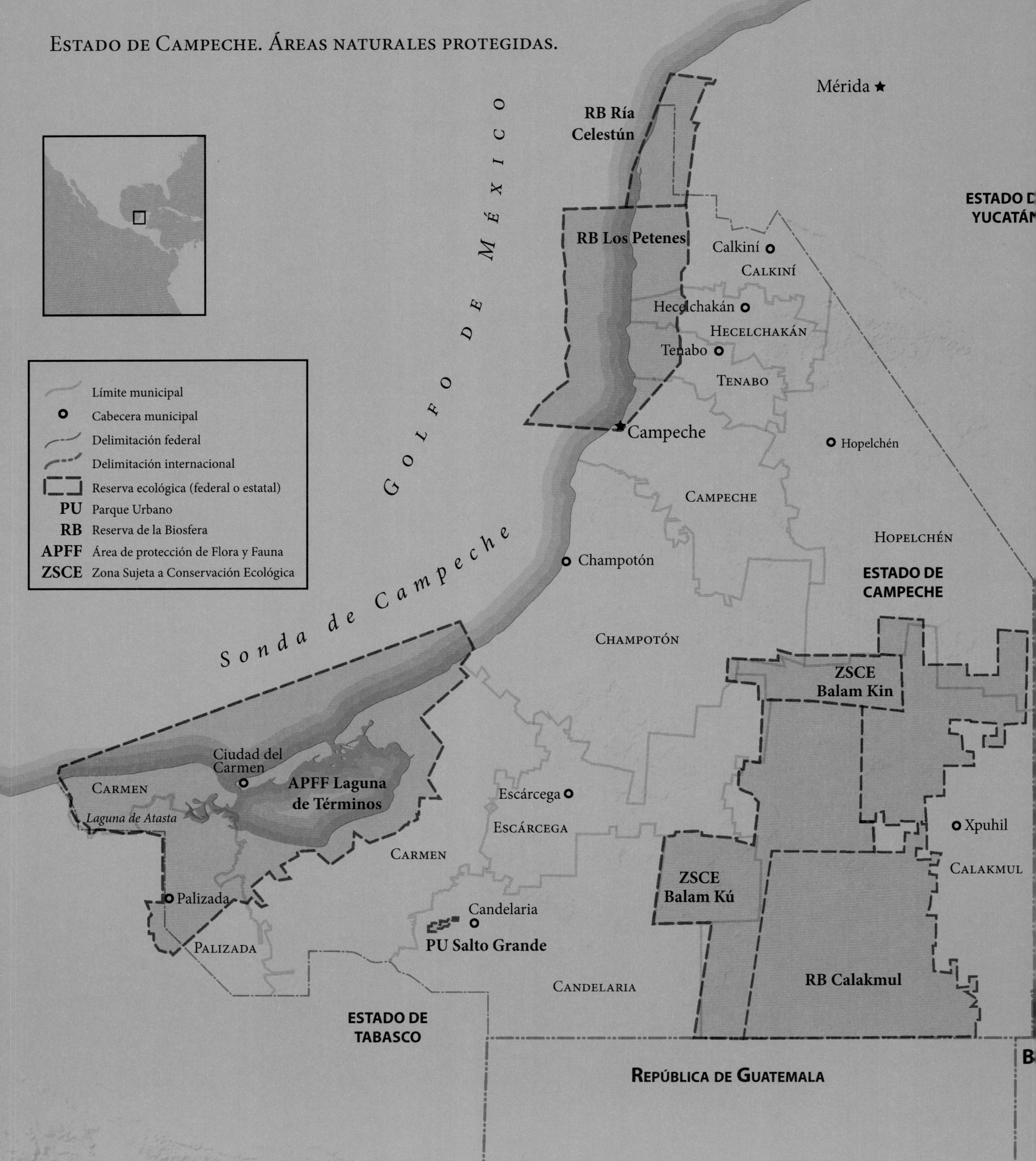

ESTADO DE CAMPECHE. ÁREAS NATURALES PROTEGIDAS.

GOLFO DE MÉXICO

Sonda de Campeche

RB Ría Celestún

Mérida ★

ESTADO DE YUCATÁN

RB Los Petenes

Calkiní ○
CALKINÍ

Hecelchakán ○
HECELCHAKÁN

Tenabo ○
TENABO

Campeche

○ Hopelchén

CAMPECHE

HOPELCHÉN

○ Champotón

CHAMPOTÓN

ESTADO DE CAMPECHE

ZSCE Balam Kin

Ciudad del Carmen

APFF Laguna de Términos

CARMEN

Laguna de Atasta

Escárcega ○

ESCÁRCEGA

CARMEN

ZSCE Balam Kú

○ Xpuhil

CALAKMUL

○ Palizada

Candelaria ○

PU Salto Grande

PALIZADA

CANDELARIA

RB Calakmul

ESTADO DE TABASCO

REPÚBLICA DE GUATEMALA

Legend:

〜	Límite municipal
○	Cabecera municipal
– · –	Delimitación federal
– ·· –	Delimitación internacional
⌐ ¬	Reserva ecológica (federal o estatal)
PU	Parque Urbano
RB	Reserva de la Biosfera
APFF	Área de protección de Flora y Fauna
ZSCE	Zona Sujeta a Conservación Ecológica

THE SKIN OF THE RAINFOREST. ECOSYSTEMS IN CAMPECHE

FOREWARDS

As it is well known, Mexico has the privilege of being one of the few countries in the world that are catalogued as mega-diverse, due to its natural richness. This fantastic heritage allowed, in the past, for the emergence of the great native civilizations of which we are proud today; in present times, these very natural resources are the support of a meaningful proportion of the national effort on the way to progress.

The significance of such a heritage gives way to serious reflections about the relevance of its preservation, its conservation, and, of course, its rational and balanced use, one that is sustainable in time and space.

Campeche, in turn, is one of the most bountiful States in terms of to natural heritage. Its importance can be noticed both in the existence of ecosystems that are as relevant as they are vulnerable (mangrove swamps and wetlands, humid rainforests), and in the presence of different endemic animal and vegetal species, and of other species that are registered as endangered or with a protected status.

These sorts of considerations have led the Government of the State of Campeche to design, implement, and conduct an environmental policy in which the maintenance and the conservation of our natural heritage are strategic aims of the highest priority, raising awareness of the mitigation and adaptation measures that societies and governments have to initiate urgently.

Thus, our State has one of the highest surface area proportions under an environmental protection regime of any kind in the country, as more than a third of the territory of Campeche is in this situation, to which the State's different natural reserves are a very especial contribution.

In Campeche, we are encouraged by the conviction that it is possible to balance the ever-growing needs of economic and social development, and the particular imperatives required by environmental protection. In the past, our native culture, the Maya, already did so, being capable of generating a productive way of life that at the same time was respectful to nature. This, the sustainable way, is the route we are determined to follow.

According to the notion that it is quite difficult to protect something that one doesn't love, and that it is virtually impossible to love something unknown, the Government of the State of Campeche offers this magnificent book, *The Skin of the Rainforest. Ecosystems in Campeche*, an effort to popularize the amazing variety of attractions and natural resources that make up our land. Thus, readers will be able to travel across the forest clumps of Calakmul, Balam Kú, and Balam Kin; to go deep into the wonderful depths of the Términos Lagoon; to perceive the splendor of the mangrove swamps of Ría Celestún, Chenkán, and Los Petenes; and to become dazzled by the striking beauty of orchids, bromelias, and the vegetation and the plants that inhabit our rainforests. It is a guided tour by means of the pen of specialists, and complemented with very high quality images.

It is my wish that its reading will stimulate both young and old, allowing them to cherish and enjoy this fabulous gift that nature generously granted us, and that it will encourage them to protect it and also to use it an intelligent and sensible way.

These natural treasures are located in Campeche, but they belong to all of us Mexicans, to the entire humankind. Therefore we proudly show them to the world in an open and generous way, the Campechean way...

Fernando Ortega Bernés
Gobernador Constitucional del Estado de Campeche

THE HUGE BLANKET OF GREEN forest in Campeche fits perfectly with the title of this work. It is indeed like a skin that, in spite of its natural fragility, we see today as a miracle. The surprise and admiration it awakes is comparable to the magnitude of its spatial scale and to the vast amount of species of its fauna and flora. Over a century ago, Euclides da Cunha wrote that Amazonia was an unfinished chapter of Genesis; the truth is that, today, we would be adding more non-Amazonian pages to his account because the rainforest corridor that runs through Central America and Mexico could never be omitted from the story of Eden.

Forests throughout the world have suffered forced population displacement, the challenges of climatic change, the devastating effects of natural disasters and the predatory nature of humans. All forests have witnessed societies and cultures' exhausting conflicts. In not too long, all the world's forests will have to face the crisis of human populations' localization. We are traversing a century of massive migration and in the next ten years, we can expect around a billion humans to change habitat. Places will be moving more quickly and history will be at a faster pace and the migrants will form new societies that will have to integrate themselves into others' native territories. This is a situation that Campeche is aware of and, at an international level, we can draw very valuable conclusions from this experience: cultural identity and social respect for protected natural and cultural places are safe-conducts for conservation and are as important as regulations. Cultural programmes in protected natural areas must be ready and prepared to take on the world challenge that migration will impose on conservation. The world is becoming smaller and the rainforests must remain the same size.

Forests are a means of life for two billion human beings throughout the globe and the need of reorienting the ways in which forests are used entails the ability of regulating the cycles of carbon, nutrients and the water on the Earth. 2011 was declared the International Year of Forest by the United Nations. As early as 2001, the World Heritage Committee adopted a specific policy for the conservation of forests. To date, 105 sites have been registered as forests in the World Heritage List, covering a total of 75 million hectares throughout the whole world. 50% of the registered forests are tropical and more than a half are located in Latin America and the Caribbean. In this vast area, it is crucial to start finding new forms of international cooperation as the challenges cannot only be taken on by the management capacity of national environmental ministries. Every year, 13 million hectares of forest are lost worldwide. Illegal logging, slashing-and-burning

practices and the advance of the agricultural and cattle herding frontiers, monopolize long parts of discussions on the agenda of each annual session of the World Heritage Committee. Forests are the most threatened natural spaces and therefore are the most represented environments in the List of World Heritage in Danger.

Both governments and civil society will have to increase their efforts to fulfill their responsibility of protecting forests to the international community. Recognizing the role of forests as carbon stocks is a field yet to be explored but something which is becoming a possible financial market, still to be organized. The reduction of carbon emissions and the halting of the degradation of vegetation cover act as two faces of the same coin and our task is to work together so that financial reasons do not guide our technical decision-making processes.

The role of our region in the definition of sub-regional preservation policies is fundamental. The Amazonia, Yucatan and the Mesoamerican Corridor have a universal responsibility on the amount of the Outstanding Universal Value their tropical rainforests preserve. Their quality and their magnitude are indisputable and the commitment must match the size of the challenge. The state of Campeche could become a territory of good practices for something that is always recommended but never attained: cooperation between International Conventions, such as the Convention on Biological Diversity, the Ramsar Convention on Wetlands, the Man and the Biosphere (MAB) Programme and the *World Heritage Convention*. Furthermore, the safeguard of forms of regional connectivity is an urgent and pending task and one that needs to find a space of dialogue in every summit and scenario of political cooperation, as well as technical platforms.

Furthermore, forests are the areas that most require efforts in terms of research applied to conservation. Above all, science must result in anthropological and sociological work with the communities inhabiting its core or its periphery. Forms of sustainable development are not designed without taking into account queries and permanent participatory work. In the last forty years, the anthropology of development or anthropology for development has not ceased to call out for a methodology that would start with the cultural understanding of the expectations. It is about time for the social and human disciplines to become the subject of research. Both social and natural scientists need to project a way of foreseeing the development of sustainable rural areas and their capability to adapt to changes. The world's forests are not motionless territories; in the last 20,000 years they have contained countless forms of cultural adaption throughout the planet's wooded latitudes. Our task is to be able to read, without wasting time or losing details, every social response and to be able to tell the cultural history of the forest.

The huge Campechean green patch instantly brings us back to a primeval world that we must face from the point of view of the advantages of preservation and not from nostalgia. The magnitude of this green spot compels us to think of other ways of living together. The perfection of the original, although unfinished, makes us understand that nature is what gives time a true meaning, if it is not pushed...

NURIA SANZ
Director of World Heritage for Latin Ameria and the Caribbean
World Heritage Center UNESCO *Paris*

✠

IN 1972, THE INTERNATIONAL community adopted the Convention for the Protection of the World Cuntural an Natural Heritage as an instrument to protect cultural and natural patrimony of an outstanding value, simultaneously acknowledging the indissoluble connection between man and nature in terms of landscape, culture, and territory. This event marked a before and an after in respect to to the way in which governments and citizens have taken on the pledge of developing actions towards guaranteeing the preservation, spreading, and promotion of human legacy in its environmental and social dimensions.

In this context, culture is a vital tool for sustainable development strategies, because of the way it contributes to expanding the abilities and freedoms of common people, both for the care of natural resources and for the way they appropriate the ecosystem services.

Around 45% of Campeche's surface area is under some kind of legal protection regime, and it is precisely in those territories where an important part of the State's economy is generated, due to the value with which they contribute in farming, livestock, fishing, apiarian, and tourist resources, a process where the commitment and the disposition of the communities stand out in order to make the most of the environment by means of practices based on joint responsibility and sustainability.

This is why the Government of the State of Campeche grants culture a significant place, acknowledging its binding nature as a transversal axis through the established synergies with the economy, education, health, public security, and, of course, natural environment.

The Skin of the Rainforest. Ecosystems in Campeche is a book that expects to unlock the intrinsic relationship between the human being and the territory for decoding the landscape, unveiling the subtle balance, and providing the required harmony for the social construction of nature. Quoting scholar Narciso Barrera Bassols: "The history of forests goes back to the history of human beings, and the history of human beings reflects their relationship with the forests. Both belong to the same world." If we know and treasure our cultural and natural heritage, if we make a moderate and sustainable use of our ecosystems, we will be better prepared to face in a more efficient way the challenges of today and the uncertainties of tomorrow.

CARLOS VIDAL ANGLES
Secretary of Culture
Government of the State of Campeche

CALAKMUL, A PARADISE FOR THE FAUNA AND THE FLORA

Gerardo Ceballos and Heliot Zarza

The dawn from the top of the pyramid called Structure II at the archaeological site in the heart of the region of Calakmul is eerie because of its indescribable beauty. Gradually, the sun beams uncover the nuances of innumerable colors covering the tropical forest that seems endless in every direction. Here is one of the last sites where one of the planet's vastest rainforest still endures. The carpet formed by the trees is continuous, seemingly uniform, with a monotony only broken by the presence of some trees protruding over the rest like solitary giants.

With the first rays of light the tropical forest comes to life, with countless chants of birds and the howling of howler monkeys. Toucans, parrots, orioles, scarlet tanagers, red fan parrots, red capped manakins, golden orioles, and other birds, many of them bright and colorful, move high on the tops of trees. On the ground, great curassows and great tinamous move discreetly. The top of the pyramid is a privileged spot to observe the fauna. In a nearby tree, two squirrels jump from branch to branch. A troop of spider monkeys moves slowly, commencing the day. On the main square of the archaeological site a group of coatis devastate all sorts of small prey and mixes with a herd of white-lipped peccaries. Calakmul is one of the last bastions where these peccaries and other endangered species in Mexico survive.

The region of Calakmul is located in the heart of the Mayan rainforest, in the south of the Yucatán Peninsula, immersed in one of the last large expanses of rainforests in the whole continent. It belongs to the Mayan Rainforest, which still covers almost three million hectares, from the north of the Yucatan Peninsula in the states of Quintana Roo and Yucatan in Mexico, to the Petén in Guatemala and Belize. This region has caught the attention of archaeologists and explorers since the early twentieth century. It is an extraordinary region for its scenic beauty, its countless archaeological remains, and its diversity of plants and animals. It is one of the most important resting areas for migrating birds in their annual journey coming from Canada and the United States, and one of the last natural shelters with the capability of sustaining populations of endangered plants and animals large enough as to warrant their survival.

The immense rainforest of Calakmul seems to only have had contact with human beings in the past few decades. However, this is only in appearance. The region was once one of the most important hubs where Mayan culture flourished. During the Classic Maya Period (322-925 A.D.), Calakmul was a city-state that became a military and economic power competing in grandness with Chichén Itzá, to the north, and Tikal to the south. During that period, it is estimated that the region was inhabited by over 50,000 Mayan people. After the collapse of Mayan culture, at least partly ascribed to the destruction of large extents of rainforest, the big metropolis were abandoned, falling into oblivion. The archaeological site of Calakmul, comprising over 6,000 structures, most of them not yet explored, includes the pyramid Structure II, over 55 meters height, which is the tallest pyramid of the Mayan world. With the disappearance of the Mayas, the rainforest and the animals claimed the region, and so it remained inaccessible, inhospitable, and isolated up until the 1970s.

Calakmul is one of the most important natural jewels that still endure in the planet. Nevertheless, its long-time preservation is one of the greatest challenges for the country. "The Earth is going through one of the most dangerous periods in its history. In normal times its tranquility is sporadically shuddered by the activity of some volcano or the presence of a hurricane; today, it faces a massive storm that has endangered its integrity and the continuity of life. The menace doesn't come from cataclysms generated by the hazardous and anarchic forces of nature—the impact of a meteorite, a new glaciation, or the collapse of the continents—that have shaped evolution along the eras. "What we now face as a collectivity is the result of the negative effects of the activities of human beings that have accumulated along generations, but that have been especially severe in the last century," wrote Dr. Gerardo Ceballos some time ago. In Calakmul, the advance of legal and illegal human settlements, farming fields, cattle grasslands, infrastructure like highways, are some of the strictest menaces for the region. That's why its preservation is of national priority.

Fortunately, for its biologic and cultural value, 723,000 hectare were appointed as Biosphere Reserve in 1989. The reserve is managed by the Comisión Nacional de Áreas Naturales Protegidas [National Commission for Protected National Areas]; it is divided into core zones covering 248,260 hectares, and 474,924 hectares of buffer zones. A decade later, the State Government of Campeche decreed Balan Kin and Balamku as State reserves, thus protecting other 520,000 hectares, becoming the largest protected rainforest in Mexico, and one of the 20 largest tropical reserves worldwide.

In recent years, the increment of human population in the periphery and the zone of influence of the Biosphere Reserve of Calakmul has turned into one of the biggest threats that endanger the preservation of these rainforests, as well as the conservation of biodiversity and the maintenance of environmental services supplying the region. The local population exerts pressure upon the buffer zone, with extensive furtive hunting and extraction of wood. The areas most affected by human pressure are located to the east of the reserve. The western and southern parts have no deforestation problems and are safe from any invasion or exploitation, thanks their inaccessibility.

THE IMPOSING VEGETATION

Calakmul is a region of biological superlatives. There is a register of 1,537 plant species, including from majestic trees like chicozapote (*Manílkara zapota*) [sapodilla], to small orchids. The inventory of the flora is still incomplete, although the estimated number of species is around 2,000. The local knowledge of the flora is quite interesting and impressive. The local inhabitants know which are the edible plants, the poisonous ones, the ones with healing properties, and those that are suitable for construction, being woods resistant to harsh weather, for instance. The chicozapote and the ramón (*Brosimum alicastrum*) [breadnut] deliver edible fruits; those of the latter are used for making coffee and to make a dough similar to bread; while its leaves provide cattle fodder, and its wood is very appreciated in construction. Mahogany (*Swietenia macrophylla*) used to be very abundant, but now is almost locally extinct, due to indiscriminate felling. Pepper and another useful plants are abundant. From another perspective, many rainforest plants contain chemical compounds that give them protection against possible predators. If one has the misfortune of touching the chechen (*Metopium brownei*) [black poisonwood], an intense reaction on the skin is produced, which may take as long as a month to heal. In the rainforest, the reaction to chechen can be offset with the bark of the chaká (*Bursera simaruba*) [gumbo-limbo].

Although from the top of Structure II the rainforest of Calakmul seems even, it is really a mosaic made of different types of rainforest, differing in their structure as much as in the height of their trees, their plant species, and their location, reacting to environmental factors like the kind of soil, the availability of water, and their history. Biological cycles in the rainforest are determined by the rainy and the dry seasons. Every year, rains occur on a regular basis from early July to late September. During this season, large expanses flood, thus becoming almost inaccessible.

The rainforests of Calakmul can be grouped according to their appearance, essentially the height of their trees, and their phenology, mainly referring to the amount of species that lose foliage in the dry season. Very broadly speaking, there are four different kinds of tropical forest: high forest, medium forest, low deciduous forest, and low floodable forest. The high rainforest is characterized by having dominant trees over 25 m height. Few shrubby species lose their leaves during the dry season, thus looking generally always green; it has scarce rattans [bejuco] and epiphytes, and there are practically no palm-trees in the lower part of the forest. It is mainly located in the southern region of Calakmul, along the Guatemalan border. The high forest takes up 15% of the region, representing almost 80% of all high forests in the Yucatán Peninsula. The most outstanding trees in this beautiful and endangered rainforest are chicozapote, mahogany, ramón, tzalam (*Lysíloma latisíliqua*) [wild tamarind], guaya (*Talisia olivaeformis*), kakaoché (*Alseis yucatanensis*) [wild mammee], sac-chacá (*Dendropanax arboreus*), amapola (*Pseudobombax ellipticum*) [shaving brush tree], red cedar (*Cedrela odorata*) and mamey sapote (*Pouteria sapota*).

The medium forest is characterized by having trees between 15 and 25 meters height and half of its plants losing their leaves during the dry season. This rainforest is represented in the whole region of Calakmul. The chaká, with its beautiful detachable bark like a sheet of paper, is quite common in these rainforests. Other interesting trees are machiche (*Lonchocarpus castilloi*), chicozapote, jobillo (*Astronium graveolens*) [glassywood], jabín (*Piscidia piscipula*) [dogwood or fishpoison tree], guayacán (*Guaiacum sanctum*) [holywood lignum vitae]. The low deciduous forest is the lowest forest of them all, with trees between 5 and 15 meters height. Most of the plants lose their leaves in order to survive during the dry season. Some typical trees are chaká, jabín, guayacán, yaité (*Gliricidia sepium*), and tzalam.

The low floodable forest is characterized by being flooded between 6 and 8 months per year. Due to the deficient drainage, the trees are low, between 8 and 12 meters height. Their distribution in Calakmul is fragmented. One of the dominant and typical trees of these forests is palo de tinte (*Haematoxylon campechianum*) [logwood], which is used to produce the red coloring employed to dye cloth in the Yucatán Peninsula.

FAUNA

One of the greatest attractions of Calakmul and other tropical regions is its abundance of life. A walk at dawn or at dusk in the rainforest reveals a plethora of animal species, from tiny ants measuring only millimeters, to immense parrot flocks, and even, with some luck, a majestic jaguar. Although the fauna of the region has been scarcely studied, it is estimated that there exist thousands, maybe tenths of thousands of fauna species. There are more than 200 species of daytime butterflies, like the blue morpho, dressing the forest with striking colors.

Seventy species of reptiles and amphibians have been registered, with numerous species of exotic frogs and more than 20 species of serpents, among them the nauyaca (*Bothrops asper*) [terciopelo-snake], the most poisonous of Mexico, the bite of which is usually fatal if not quickly attended. The region hosts more than 350 species of birds, representing 85% of the reported species for the State of Campeche; from these, 57% are resident and the rest migrating birds.

Eighty-six mammal species are known in the region, nine of which are endangered, like the jaguar (*Panthera onca*), ocelot (*Leopardus pardalis*), tapir (*Tapirus bairdii*), and white-lipped peccary (*Tayassu pecari*). These species confront severe conservation problems along its distribution area; however, there are still large populations of them at Calakmul.

The main threat for the conservation of the biological diversity in the region is deforestation, as well as illegal hunting. Among the most coveted species by hunters are the white-tailed deer (*Odocoileus virginianus*), the temazate deer (*Mazama*), white-lipped and collared peccaries, and the sereque (*Dasyprocta puntata*) [agouti].

THE JAGUAR: LORD OF THE RAINFOREST

For the Mayas and other pre-Hispanic cultures, the jaguar was a mythical animal, one that was both feared and adored. For us, it still is the most imposing of predators in the tropics of the Americas. More than 15 years ago we started a survey on the ecology and conservation of the jaguar in the region of Calakmul. Little was known then about this majestic feline. Thanks to that survey, we have a clear vision of its present situation, and an intimate vision of the region's rainforests. Some time ago, doctor Ceballos described the survey as follows (Ceballos, 2010):

> This is a daily annotation taken out of one of so many days that we have worked in this region; the noting belongs to the history of a majestic jaguar called Tony.

> *2:00 am*
> The neat winter nights in the rainforest of southeastern Mexico are incredibly cold. This early morning, the damp cold has awakened me at two o'clock. The darkness is intense, so it takes me some time to adapt and see—or guess—odd forms in the half-light. I'm so exhausted, that I have the feeling that this fieldwork season on ecology and the conservation of the jaguar... started months ago, instead of only last week. The noises of the rainforest share the same camp bed where I slept. I listen to a symphony of frogs and crickets. An owl hoots incessantly... Our camp is placed at the border of an *aguada*, that's how the locals call the small lakes that are so abundant in the area...

> *3:30 am*
> When I finally got to sleep, our aid steps in and wakes me up. I dress slowly. I get out of the camping tent and I gaze at the clear sky full of countless stars, as old as the universe itself. I load my backpack with the binoculars, the cameras, a bottle of water, and some candies... We take a fast and frugal breakfast of cookies and coffee. The vans are ready. The pack of hounds led by Sombra, a bitch of uncertain breed that seems anxious to start its difficult race, is ready. One of the dogs kept barking the whole night long, as if it had a feeling of the presence of the jaguar. A bit after four in the

morning we left the camp following a rough dirt track that goes deep into the rainforest to begin our search for the jaguar...

6:00 am

The first rays of sunshine announce the daybreak. As the day advances, the rainforest wakes up. We are surrounded by the singing of birds; among them stands out the noisy presence of chachalacas. Pancho stops. He has found a fresh trail that seems to be of a jaguar. We quickly release the hounds. Sombra runs in circles, trying to sniff out the trail. Suddenly, her howling tells us she has found it, and she starts to run mad into the rainforest, followed by the other dogs that incessantly howl. I feel my heart is beating out of my chest. Another guide runs after the dogs, trying to follow them as close as possible to assure they don't get lost, or that the feline won't harm them. We try to follow them, but soon we are left behind. Our only guide is their barking, which fades more and more; we advance slowly...

10:30 am

We have walked more than three exhausting hours. When everything seems to denote that we have lost the dogs, we hear their barking in the distance. They don't run anymore. They managed to force the jaguar to climb a tree! ... We have a huge jaguar! Cuauhtémoc prepares the rifle with the tranquilizing dart, he aims, and few minutes later the jaguar lies on the ground. We apply drops to its eyes to protect them and we cover its face with a clean cloth. We measure its body, we weight it and take blood samples, we establish its gender, and we evaluate its general physical condition. We baptize as Tony this imposing male weighing almost 70 kilograms. We constantly measure its heart rate to verify that the tranquilizer doesn't have negative effects. To end we set a collar-radio that will allow us to follow its wanderings during the next two

years... Now we know that the jaguars of Calakmul have mainly nocturnal habits and that they spend the most part of the day resting in the shadow of a tree or in caves. Their main prey are peccaries, temazate deer, coatis, armadillos, and tepezcuintles [agouti paca]. Tony's vast territory covers more than 60, 000 hectares, and it superposes the territories of several females. In one day he can cover up to 10 kilometers in search of water or food. His territory, which comprises a village, is scored by a series of rough dirt tracks that he frequently uses to move, as well as by a paved road, which he avoids as much as possible. Tony is constantly chased by poachers, so he has learnt to survive focusing his activities at dusk and during the night. The population in the reserves of Calakmul is of over 600 jaguars, thus being the most important region for the conservation of this species in Mexico and Central America...

12:10 pm

Under the shadow of an immense chicozapote, we contemplate, amazed and in silence, the imposing jaguar. His deep and mysterious yellow eyes observe us thoroughly. He has been slowly recovering from the effects of the tranquilizer. With great care he listens, sniffs, keeps watch. We may be the first human beings he has ever seen. He tries to understand what is happening. The dogs have been taken away, now their howling can only be heard from afar. Suddenly he rises completely recovered, and he jumps upon the trunk of a big fallen tree without making the slightest noise, even though the ground is covered with dry leaves. Immutable, he gives us the present of a gaze before majestically disappearing into the rainforest. The scene is hard to forget. At that very moment I wonder what will be his future, and I'm unable to figure out a world without this and many other endangered species. Their survival depends on us, and ours, contradictorily, will only be possible with theirs...

FAUNA OF THE RESERVA DE LA BIÓSFERA DE CALAKMUL

AMPHIBIOUS

ANURA ORDER
Toad (*Chaunus marinus*)
Toad (*Cranopsis valliceps*)
Frog (*Agalychnis callidryas*)
Frog (*Dendropsophus ebraccatus*)
   Dendropsophus microcephala
   Scinax staufferi
   Smilisca baudinii
   Tlalocohyla loquax
   Tlalocohyla picta
   Trachycephalus venulosa
   Triprion petasatus
  Leptodactylidae family
   Leptodactylus fragilis
   Leptodactylus melanonotus
  Mycrohylidae family
   Gastrophryne elegans
   Hypopachus variolosus
  Ranidae family
   Lithobates brownorum
   Lithobates vaillanti
  Rhinophrynidae family
   Rhinophrynus dorsalis

CAUDATA ORDER
  Plethodontidae family
   Bolitoglossa mexicana
   Bolitoglossa yucatana

REPTILE

SAURIAN ORDER
  Corytophanidae family
   Basiliscus vittatus
   Corytophanes cristatus
   Laemanctus serratus
  Eublepharidae family
   Coleonyx elegans
  Iguanidae family
   Ctenosura similis
   Iguana iguana
  Gekkonidae family
   Sphaerodactylus glaucus
  Phrynosomatidae family
   Sceloporus chrysostictus
  Polychridae family
   Anolis lemurinus
   Anolis rodriguezi
   Anolis sericeus
   Anolis tropidonotus
  Scincidae family
   Eumeces schwartzei
   Mabuya brachyopoda
  Teiidae family
   Ameiva undulata

LIZARDS ORDER
  Boidae family
   Boa constrictor
   Spilotes pullatus
  Corytophanidae family
   Corytophanes cristatus
  Colubridae family
   Coniophanes imperialis
   Coniophanes schmidti
   Dipsas brevifacies
   Drymarchon corais
   Drymobius margaritiferus
   Elaphe triaspis = Senticolis triaspis
   Ficima publia
   Leptodeira frenata

   Leptophis ahaetulla
   Leptophis mexicanus
   Ninia sebae
   Oxybelis fulgidus
   Pseustes poecilonotus
   Sibon fasciata
   Sibon sartorii
   Tantilla canula

  Elaphidae family
   Micrurus diastema
  Typhlopidae family
   Typhlops microstomus
  Viperidae family
   Bothrops asper
   Crotalus durissus

TESTUDINES ORDER
  Bataguridae family
   Rhinoclemmys areolata
  Emydidae family
   Trachemys scripta
  Kinosternidae family
   Claudius angustatus
   Kinosternon leucostomum
   Kinosternon scorpioides
  Staurotypidae family
   Staurotypus triporcatus

CROCODYLIA ORDER
  Crocodylidae family
   Crocodylus moreletii

BIRDS

TINAMIFORMES ORDER
  Tinamidae family
   Crypturellus boucardi
   Crypturellus cinnamomeus
   Crypturellus boucardi
   Crypturellus cinnamomeus

PELECANIFORMES ORDER
  Phalacrocoracidae family
   Phalacrocorax brasilianus
  Anhingidae family
   Anhinga anhinga

CICONIIFORMES ORDER
  Ardeidae family
   Tigrisoma mexicanum
   Familia Cochleariidae
   Cochlearius cochlearius
  Threskiornithidae family
   Eudocimus albus
  Cathartidae family
   Cathartes aura
   Coragyps atratus

ANSERIFORMES ORDER
  Anatidae family
   Anas discors

FALCONIFORMES ORDER
  Accipitridae family
   Leptodon cayanensis
   Rostrhamus sociabilis
   Geranospiza caerulescens
   Buteo magnirostris
   Spizaetus ornatus
  Falconidae family
   Micrastur ruficollis
   Micrastur semitorquatus
   Falco deiroleucus

GALLIFORMES ORDER
  Cracidae family
   Ortalis vetula
   Penelope purpurascens
   Crax rubra
  Phasianidae family
   Meleagris ocellata
  Odontophoridae family
   Dactylortyx thoracicus

COLUMBIFORMES ORDER
  Columbidae family
   Columba speciosa
   Columba flavirostris
   Zenaida asiatica
   Columbina talpacoti
   Claravis pretiosa
   Leptotila verreauxi
   Leptotila jamaicensis

PSITTACIFORMES ORDER
  Psittacidae family
   Aratinga nana
   Brotogeris jugularis
   Pionopsitta haematotis
   Pionus seniles
   Amazona albifrons
   Amazona xantholora
   Amazona autumnalis
   Amazona farinosa

CUCULIFORMES ORDER
  Cuculidae family
   Piaya cayana
   Dromococcyx phasianellus
   Crotophaga sulcirostris

STRIGIFORMES ORDER
  Strigidae family
   Glaucidium brasilianum

APODIFORMES ORDER
  Trochilidae family
   Campylopterus curvipennis
   Chlorostilbon canivetii
   Archilochus colubris
   Amazilia candida

TROGONIFORMES ORDER
  Trogonidae family
   Trogon melanocephalus
   Trogon violaceus

CORACIIFORMES ORDER
  Momotidae family
   Momotus momota

PICIFORMES ORDER
  Ramphastidae family
   Ramphastos sulfuratus
  Picidae family
   Melanerpes aurifrons
   Melanerpes pygmaeus
   Melanerpes rubricapillus
   Dryocopus lineatus
   Campephilus guatemalensis

PASSERIFORMES ORDER
  Dendrocolaptidae family
   Dendrocincla anabatina
   Dendrocincla homochroa
   Sittasomus griseicapillus
   Xiphorhynchus flavigaster

Thamnophilidae family
Thamnophilus doliatus
Tyrannidae family
Elaenia flavogaster
Mionectes oleagineus
Oncostoma cinereigulare
Rhynchocyclus brevirostris
Tolmomyias sulphurescens
Platyrinchus cancrominus
Onychorhynchus coronatus
Contopus cinereus
Contopus virens
Empidonax affinis
Pyrocephalus rubinus
Attila spadiceus
Myiarchus tuberculifer
Myiarchus yucatanensis
Pitangus sulphuratus
Megarynchus pitangua
Myiozetetes similis
Myiodynastes luteiventris
Tyrannus couchii
Tyrannus melancholicus
Cotingidae family
Tityra semifasciata
Vireonidae family
Vireo griseus
Vireo pallens
Vireo flavifrons
Vireo flavoviridis
Hylophilus decurtatus
Hylophilus ochraceiceps
Corvidae family
Cyanocorax yncas
Cyanocorax morio
Cyanocorax yucatanicus
Troglodytidae family
Thryothorus maculipectus
Thryothorus ludovicianus
Uropsila leucogastra
Sylviidae family
Ramphocaenus melanurus
Polioptila caerulea
Turdidae family
Catharus ustulatus
Hylocichla mustelina
Turdus grayi
Mimidae family
Dumetella carolinensis
Melanoptila glabrirostris
Mimus gilvus
Parulidae family
Dendroica magnolia
Mniotilta varia
Setophaga ruticilla
Seiurus noveboracensis
Wilsonia citrina
Wilsonia pusilla
Granatellus sallaei
Thraupidae family
Eucometis penicillata
Habia rubica
Habia fuscicauda
Piranga roseogularis
Piranga rubra
Euphonia hirundinacea
Emberizidae family
Arremonops rufivirgatus
Cardinalidae family
Saltator atriceps
Pheucticus ludovicianus
Cyanocompsa cyanoides
Cyanocompsa parellina
Passerina ciris
Icteridae family
Dives dives

Icterus auratus
Icterus gularis
Amblycercus holosericeus
Psarocolius decumanus
Psarocolius montezuma

MAMMALS

DIDELPHIMORPHIA ORDER
Marmosidae family
Marmosa mexicana
Tlacuatzin canescens
Caluromyidae family
Caluromys derbianus
Didelphidae family
Didelphis marsupialis
Didelphis virginiana
Philander opossum

XENARTHRA ORDER
Dasypodidae family
Dasypus novemcinctus
Myrmecophagidae family
Tamandua mexicana

INSECTIVORA ORDER
Soricidae family
Cryptotis mayensis

CHIROPTERA ORDER
Emballonuridae family
Peropteryx macrotis
Rhynchonycteris naso
Saccopteryx bilineata
Noctilionidae family
Noctilio leporinus
Mormoopidae family
Mormoops megalophylla
Pteronotus davyi
Pteronotus parnelli
Pteronotus personatus
Phyllostomidae family
Micronycteris megalotis
Micronycteris sylvestris
Diaemus youngi
Desmodus rotundus
Diphylla ecaudata
Chrotopterus auritus
Trachops cirrhosus
Vampyrum spectrum
Artibeus jamaicensis
Artibeus lituratus
Carollia perspicillata
Carollia brevicauda
Centurio senex
Chiroderma villosum
Dermanura phaeotis
Enchisthenes hartii
Glossophaga soricina
Hylonycteris underwoodi
Mimon bennettii
Mimon crenulatum
Sturnira lilium
Sturnira ludovici
Uroderma bilobatum
Vampyressa pusilla
Natalidae family
Natalus stramineus
Vespertilionidae family
Eptesicus furinalis
Lasiurus borealis
Lasiurus ega
Lasiurus intermedius
Myotis elegans
Myotis keaysi
Rhogeessa tumida

Molossidae family
Eumops auripendulus
Eumops glaucinus
Eumops nanus
Molossus rufus
Molossus sinaloae
Promops centralis
Nyctinomops laticaudata

PRIMATES ORDER
Cebidae family
Alouatta pigra
Ateles geoffroyi

CARNIVORA ORDER
Canidae family
Urocyon cinereoargenteus
Felidae family
Leopardus pardalis
Leopardus wiedii
Puma concolor
Puma yagouaroundi
Panthera onca
Mustelidae family
Lontra longicaudis
Eira babara
Galictis vittata
Mustela frenata
Conepatus semistriatus
Spilogale putorius
Potos flavus
Procyonidae family
Bassariscus sumichrasti
Nasua narica
Procyon lotor

PERISSODACTYLA ORDER
Tapiridae family
Tapirus bairdii

ARTIODACTYLA ORDER
Cervidae family
Mazama americana
Mazama pandora
Odocoileus virginianus
Tayassuidae family
Tayassu pecari
Tayassu tajacu

RODENTIA ORDER
Sciuridae family
Sciurus deppei
Sciurus yucatanensis
Geomyidae family
Orthogeomys hispidus
Heteromyidae family
Heteromys gaumeri
Muridae family
Oligoryzomys fulvescens
Oryzomys melanotis
Oryzomys palustris
Otonyctomys hatti
Ototylomys phyllotis
Peromyscus yucatanicus
Reithrodontomys gracilis
Sigmodon hispidus
Erethizontidae family
Coendou mexicanus
Cuniculidae family
Cuniculus paca
Dasyproctidae family
Dasyprocta punctata

LAGOMORPHA ORDER
Leporidae family
Sylvilagus brasiliensis

THE FORK AT TÉRMINOS

JUAN M. LABOUGLE AND CLAUDIA AGRAZ

The region of Términos is a junction between the floodplains formed by the rivers of the Gulf of Mexico, the karstic lands of the Yucatán Peninsula, and the submerged lands of the continental plateau that make up the Sound of Campeche. Términos covers a surface of over one million hectares, and its main physical feature is a massive lagoon (called Laguna de Términos). The area is delimited to the north by a barrier island (Isla del Carmen) that separates it almost completely from the Sound of Campeche; to the northeast it is contained by the limestone soils and the landscapes typical of the Yucatán Peninsula. To the south and the southeast stand out rivers and lagoons typical of the lowlands of the Gulf of Mexico, such as the Candelaria River flowing into the Panlau Lagoon, the Chumpan River that forms the Balchacah Lagoon, and the Este and the Palizada Rivers, that originate the Vapor, Este and Viento Lagoons. The southwest of the Términos region is delimited by the San Pedro y San Pablo River, an affluent of the Usumacinta, and by a group of interconnected lagoons, called Las Coloradas, Pom, Atasta, Los Negros, and Puerto Rico; the western end of the region is the Atasta Peninsula.

The prevailing element in the whole area is water. In spite of being almost a closed basin, there are two permanent mouths (Puerto Real and Carmen) communicating the lagoon with the sea and the Sound of Campeche. A number of rivers and drainages add aquatic landscapes to the region; the marsh of Sabancuy, the different coastal lagoons, the diverse waterbeds, and also the farming lands and natural vegetation areas are flooded most of the year, and they contribute to a water mirror that seems endless. Largely, the region of Términos was formed by discharges of the Usumacinta River, which in releasing alluvium slowly shifted westwards, until it merged with the Grijalva River at Pantanos de Centla (Tabasco). Today, the region is the right bank of the Usumacinta, which is still discharging water and sedimentation from Guatemala and Chiapas through the rivers Palizada and San Pedro y San Pablo.

The prevailing landscape is thus shaped by low relief lands that flood in the rainy season. The morphogenesis of the region has been a long and complex one. First of all stand out the lands that have been gained to the sea by means of sedimentation deposits resulting from the push of the different rivers, specially the Usumacinta, which gave rise to the present delta of the Palizada River, a large part of the Atasta Peninsula, and to the banks of the Pom-Atasta system. Also the coastal strands generated by sand deposits resulting from the push of the sea stand out; these form the beaches and dunes of the Atasta Peninsula and the Sabancuy coastline. Likewise a product of sea deposits are the barrier islands that form Isla del Carmen. The lowlands have been covered by vegetation typical of wetlands, such as four different sorts of mangrove, saline pasturelands that stand the flood several months a year, sea pasture that requires low depth sandbanks in shallow, tranquil and transparent waters, and low rainforest with palm trees adapted to flood lands.

The different kinds of soils, reliefs and vegetation types, altogether create a landscape known as river-marsh system, making up the different landscape units, which are:

- Isla del Carmen
- Sabancuy Estuary
- Delta of the Candelaria River
- The Rivers' Area and Delta of the Palizada River
- Pom-Atasta Lake System
- Atasta Peninsula
- Laguna de Términos

The total area of some units, as well as representative parts of the others, was included within the flora and fauna protection zone of Laguna de Términos. This is a protected natural zone managed by the Secretaría de Medio Ambiente y Recursos Naturales [Ministry of Ecology, SEMARNAT] of the Federal Government, and supported by the State Government, the governments of the municipalities, and the civil society, through an advisory council.

ISLA DEL CARMEN

Isla del Carmen is formed by three barrier islands that have merged by the development of narrow sand bars, dune strands, and mangrove swamps. Behind the dunes and the beach strands there is a low mangrove area and a marshland area 20 kilometers long and 5 kilometers wide, with grasslands of sea pasture (*Thalassia testudinum*) and tide channels flanked by mangrove individuals of great bearing. The barrier island is formed windward by several series of storm verges, almost completely formed by seashells and fragments of shells that have been accumulated by the ocean, especially during storms; there are no large dunes, as materials have been stabilized by the vegetation. Leeward there are vast areas of old mangroves with an obvious growth towards the lagoon. At the central part (Bahamitas) there is an ancient mouth that has been filled mostly by mangroves, leaving only channels as remnants of that system; there are evidences of another mouth near the eastern limit, but it is now completely blocked.

At the westernmost part of the island is the city of Carmen, principal settlement of the region, which came into being in the eighteenth century, when the Spanish authorities established the settlement of El Carmen (1717). The city's infrastructure is used as a base for oil operations and for the fishing activities at the Sound of Campeche.

SABANCUY ESTUARY

The estuary of Sabancuy is separated from the Gulf of Mexico (Sound of Campeche) by a firmly consolidated sandy barrier, and it joins the Laguna de Términos through a transportation channel that surrounds Aguada Island, connecting near the mouth of Puerto Real. On the other side, the estuary links to the northeast with the Sound of Campeche through the Noján estuary and also through an artificial mouth constructed near the town of Sabancuy. Part of the estuary is mangrove covered, and the rest is covered by remnants of low rainforest.

The surface of the estuary covers 32 square kilometers (3,200 hectares), with a longitudinal axis of 40 kilometers and a narrow geoform that runs parallel to the coastline. The estuary has an average depth of 1.5 meters and a scarcely developed superficial drainage as it is located on karstic lands where waters drip on carbonated rocks, which when dissolved by water promote fast infiltration and the formation of underground streams.

The type of soil is a karst, and in many zones surrounding the Sabancuy estuary there are lowlands that make up what is called an "Alkache," using the Mayan terminology for soils, meaning lands with few organic matter that remain flooded during the rainy season, with few exposed rocks almost always of a dark color. With an average height of seven meters, half the arboreous vegetation in these karstic lands sheds its leaves during the dry season. The trees that are higher, being more frequent and having a larger basal area, are: *Haematoxylon campechianum* (logwood or Campeche), *Bucida buceras* (Pukte), *Metopium brownei* (black Chechen), *Cameraria latifolia* (white Chechen), and *Pachira acuatica* (Apompo). These locations lack a varied herbaceous layer, possibly because their soils are flooded most of the year; however, there is an abundance of gramineous and cyperaceous plants, such as: *Scleria spp.*, and *Eleocharis sp.*; the epiphytes are made up by Orchidaceae (*Encyclia alata*), Piperaceae (*Peperomia sp.*), and Bromeliaceae, as well as by Sapindacea (*Dalbergia glabra*).

The area surrounding the estuary of Sabancuy is not too suitable for farming development; this has not hindered the development of cattle ranches that have falled the low rain forest and favor the use of exotic grasses, usually African ones, for the cattle's feeding. The influence area of the estuary of Sabancuy ends at the 41 kilometer-long Mamantel River, which forms the physical border of the limestone soils of the Yucatán Peninsula.

CANDELARIA RIVER AREA

The Candelaria is the physical limit of the alluvium soils of the Gulf of Mexico; in other words, it is the border between the Gulf and the Yucatán Peninsula. The Candelaria River is 120 kilometers long, and it carries water and terrigenous sediments from the Petén in Guatemala throughout the southern region of the State of Campeche to form the Laguna de Panlau, a coastal lagoon that communicates with Laguna de Términos through the mouth of Pargos. The river basin covers 9,623 square kilometers (962,300 hectares).

The river has a relevant history, as at the beginnings of the twentieth century it was the entrance route, along with the Usumacinta, to extract chicle gum, cedar, and mahogany typical of the Mexican tropic, especially of Campeche's south. During the 1960s and seventies, the river was a means for the colonization of the tropical lands of Campeche, with a population coming from the center and the north of Mexico.

In the region of Términos (west of federal highway 180), the landscape of the basin is formed by low and flat lands that can generally flood in the rainy season, covered by a vegetation of native grasses and exotic grasses located in paddocks for extensive cattle. In other words, the delta of the Candelaria River is a vast savanna with limestone alluvium covered bottoms; in this savanna the energy of the river dissipates, and the terrigenous sediments continually form new soil.

The Rivers' Area and Delta of the Palizada River

South of the Candelaria River's basin there is another vast and flat savanna, more humid than the one of the Candelaria, but also fully covered with grasses and floodable rainforest. This area is formed by Chumpan River, the source of which is in Tabasco, with a length of 91 kilometers and a —1,225 square-kilometer (122,500 hectares) basin; it flows into the Laguna de Balchacah (or Ancient Site), that represents the functional delta of the river. Likewise, the savanna is formed by the push of the Palizada River, which separates from the Usumacinta near Jonuta, in Tabasco, and has a length of 81 kilometers. The Palizada ends at the Laguna de Términos, in a narrow channel of less than a kilometer called Boca Chica.

The drainage of the extensive savanna is carried by a number of brooks, of which the most relevant ones are the Este, the Marentes, and the Piñas; all of them contribute to the formation of coastal lagoons, like the Vapor, Este, and Viento (San Francisco) lagoons. This wetlands system of at least 150 square kilometers (15,000 hectares) neighboring and complementing the savanna, is covered by a transition vegetation between marshy and mangrove. The river-marsh system of Chumpan and Palizada rivers lastly flows down to Boca Chica and the San Francisco mouth to communicate with the Laguna de Términos.

Pom-Atasta Lake System

This landscape unit may well be the emblematic part of the region; the banks of the lake system where once the coastal border or the ancient beaches of the delta of the Usumacinta River. The push of the river and the successive alluvium deposits gave way to land areas gained to the sea, which now appear as a group of emerged surfaces which rise just above the sea level, with extensive inserted lagoons and surrounded by vast marshy areas.

The formation of soil still continues with the deposit of terrigenous sediments from the Palizada and San Pedro y San Pablo rivers, both of which are forked rivers of the Usumacinta. The drainage flowing from west to east, this is from the San Pedro y San Pablo rivers to the Laguna de Términos, forms distinctive lagoons, like Las Coloradas, Laguna de Pom, Laguna de Atasta, Laguna de Palancares, Laguna del Corte, Laguna los Negros, Laguna las Palmas, Laguna de Puerto Rico, Laguna los Loros, until reaching the mouth of Atasta, that represents the main drainage of the system. The drainage flowing from south to north, this is from the left bank of the Palizada River to the Atasta Peninsula, nourishes an extensive marshy area spattered with small lagoons (Caño Grande, Alegre, Soledad, Cocalito, el Muerto, Sureste) and a sheet of water that partly discharges in Boca Vieja to enter the Laguna de Términos.

This river-marsh system has the largest mangrove extensions in the region, and is considered as one of the most important and extensive mangrove areas in the Gulf of Mexico. In the landscape's uniformity stands out the lack of streams; this means that the movement of water occurs by means of a laminar surface flow, and not through streams with well-defined beds. The amount of water and sediments moved by this laminar flow is considerable, in such a way that in both mouths that communicate with the Laguna de Términos (Atasta and Boca Vieja) there are vast oyster shoals.

Atasta Peninsula

This landscape unit neighboring the river-marsh system of Pom-Atasta is made up by new formed soils resulting from the dragging of rivers Usumacinta, Palizada, and San Pedro y San Pablo, along with sea processes that push sands and give shape to a constantly evolving coastline. Along the Atasta Peninsula there is a well-defined border between the salty and the alkaline soils; in technical terms, this division is known as a "clinal." The differences during the year in the pushing between salty and fresh water currents, the terrain reliefs and their differences in the seasons when the rain produces flood, and the type and morphology of the soil give way to a great diversity of vegetation, including the four species of mangrove in diverse percentages, intercalated with saline grasslands or halophyte (suitable for salty soils) vegetation of some kind. As a consequence, in spite of being attached to the Pom-Atasta system, the appearance of this unit is clearly different.

The geoforms of the Atasta Peninsula are coastline cords that once were beaches or sea coastline. These cords run from west to east, and they give shape to veins or constrictions intercalated between the highest points of the relief; the constrictions function as drainages in the rainy season and as transportation veins during the pushes due to high tides or extreme events (like hurricanes or heavy storms). In general, shrubby vegetation is found in the higher parts of the coastline cords, while the lower parts or constrictions are uncovered, keeping grasses of some sort or forming temporary water mirrors.

Laguna de Términos

The Laguna de Términos is the final reservoir of the four different sub-basins; first from the karstic area that drains through the Sabancuy estuary and the Mamantel River; secondly the one that starts in the Guatemalan Petén and drains the Candelaria River; the third is the one formed by the Chumpan River; and lastly the one that discharges through the Palizada River and the San Pedro y San Pablo that make up the right bank of the Usumacinta River. Likewise, the Laguna de Términos receives sea contribution through the mouth at Puerto Real, and occasionally through the mouth at Carmen. The water mirror has an oval shape, with a 70 kilometer-long a 30 kilometer-short axis, thus covering a surface of 1 450 square kilometers (145 000 hectares).

The flow and circulation patterns characteristic of the Laguna de Términos have important consequences on how the influx of fresh water from the rivers has an influence on the lagoon's ecology. The largest of the three rivers that flow into it, the Palizada, discharges approximately 75% of the fluvial fresh water. This river lies on the west section, and most of the year its water flows until reaching the Sound of Campeche. The other rivers, Chumpan and Candelaria, discharge small volumes of water, and although they may have some effect on the ecology of the coastal lagoons of Balchacah and Panlau, their role in the preservation of the ecologic structure in the whole of the Laguna de Términos is slight. The flow inside the Laguna de Términos is believed to occur due to the changes of the tide in both mouths (Puerto Real and Carmen), as well as seasonal wind patterns. During most of the year, in the dry and the rainy seasons, there is a net water flow from east to west; then during the season of "nortes" [heavy storms] the wind increases and changes direction, with the flow also inverting its direction.

Laguna de Términos is the most relevant landscape unit in the whole region, because of its dimensions, and for being the area where the different currents mix. Nevertheless, it is a hete-rogeneous water mirror both in space and time, with conditions of water quality, saltiness, soils, depth, and biologic diversity that change from one end to the other.

Conclusion

The complex territory that gives shape to the Términos region, as it is located between the environmental domains of a carbonated region and a terrigenous one, presents three physiographies with shared characteristics and ecotones of relative influences:

1) marshy plains characterized by presenting hydrophilic and halophilic vegetation, due to anaerobic conditions caused by semi-permanent or seasonal stagnation of river waters;
2) river-marsh plain, recorded at areas related to rivers that interconnect in the lower course of the Usumacinta in Campeche, like the San Pedro y San Pablo, Palizada, Candelaria, and Chumpan; and
3) proluvial conchiferous plain, established for transition zones between sea and river environments, characterized by forming marshland according to the inter-tidal regime, which is diurnal in the region, thus favoring colonization by mangrove.

These physiographic unities interact with diverse unities of soil, where formations resulting from river deposits predominate. Sediments are essentially fine sands, limy clays, and limy-clayey sands. As a consequence, six types of soils are formed: Eutric Gleysol and Molic Gleysol, Calcaric Feozem, Gleyicol Solonchack, Eutric Calcaric Regosol, and Pelic Vertisol. These soils support the development of diverse plant communities.

In other words, the region of Términos, was originated as a product of the dragging of terrigenous sediments from Guatemala and Chiapas, and also has a maritime origin resulting from the push of the sea. It is influenced by four sub-basins, three of them terrigenous and the fourth one karstic. With a massive lagoon at its center, the system receives the fresh water contributions of several rivers, as well as sea water from the Sound of Campeche. It is a complex mosaic of vegetation, where pastures, low rainforests and medium rainforests, palm groves, popal and tule vegetation, sea grasses, mangroves, and vegetation typical of coastal dunes can be found.

The set of the relief terrain (geoforms), soils, and types of vegetation gives origin to seven landscape units that are described and represented. Each landscape unit is relatively autonomous, as their flows of matter and energy are independent.

THE SINGING OF THE MANGROVE SWAMPS: CELESTÚN, CHENKÁN, LAGUNA DE TÉRMINOS AND LOS PETENES

Juan Núñez Farfán and Rosalinda Tapia López

Among Campeche's ecosystems, mangrove swamps play a leading role. They appear largely on the State's coast, which is almost 500 kilometers long. Along with tropical rainforests, mangrove swamps are exotic, intricate places that are hard to penetrate. The prototype mangrove tree, *Rhizophora mangle*, is the one species that lends its name to these ecosystems. Fernández de Oviedo[1] provides a description of the *mangle*, as this tree was called by the natives of Hipaniola Island (Santo Domingo and Haiti):

These trees grow in swamps and in the coasts of the sea and of rivers and in salty waters, and in marshes or in brooks flowing into the sea or nearby. They are very odd and admirable trees to the eye, because of their shape none other similar are known in what is here to be said. [...] innumerable they become altogether, and many of the branches turn into roots. Because, in spite of having many branches pointing upwards with their leaves, and these do not bend downwards, and are up high, and differ from each other (the very same as in any tree), these very branches grow many others, thick and thin and without leaves, which decline directly in search of the water, pending from the top or the midst of the tree, and they grow down to ground level penetrating the water, and when they reach the bottom they take root in the earth or sand, and they prosper, and they grow other branches, and they become as fixed as the main tree foot itself, making it look as if the tree had, and it indeed has, a lot of feet, all of them seized from each other.

Nowadays we know, however, that there are other species of mangrove swamp trees that, without being so spectacular, do possess biological features called *adaptations*, which enable them to live in a brakish environment.

Mangrove swamps develop in the intersection of the aquatic and terrestrial environments, in the junction of fresh water from rivers and springs, and sea water. This is, nevertheless, a salty environment, and few plant species can live under these conditions; the saltiness of coastal lagoons can sometimes surpass sea water salinity, which has an average of 35 parts per thousand (35g/l). Mangrove swamps thrive on the banks of rivers, on the shores of coastal lagoons, or in the marshes of river deltas, in the tropical zones of the world. In certain regions, however, like in the Baja California Peninsula in Mexico, or in New Zealand, mangrove swamps can be found in latitudes outside the tropical areas.

Mangrove swamps can cover vast expanses, forming thick forests like in the Pom and Atasta Lagoons in Campeche; or they can also develop only along rivers, with a width of only a few meters, where other types of vegetation abruptly start. In the Usumacinta system, mangrove can penetrate many kilometers upstream, being relicts today of areas that once were floodable. But in most mangrove communities, the trees belonging to that ecosystem gradually give way to terrestrial species as the floodable and salty area is left behind. In Campeche, mangrove swamps are usually surrounded by tropical forests of different kinds.

SPECIES IN MANGROVES

Mangrove forests consist of trees or bushes that live in the banks of salty water rivers, lagoons, and marshes, with their roots

---

[1] Gonzalo Fernández de Oviedo y Valdés, 1531, *Historia General y Natural de las Indias, Islas y Tierra-Firme del Mar Océano*, Book IX, Chap. VI. Ed. Real Academia de la Historia, Madrid, 1851.

partially or completely submerged. Due to the tides, there exist daily and seasonal variations in the extension and the level of water that create a gradient in the species distribution, with the species most resistant to salinity growing in the banks, while the less tolerant ones settle in the mainland. Therefore, it is considered that there are *associated species* to mangrove swamps, having a lesser tolerance to salinity and floods than *true mangroves*. This differential capability of species to establish in the mangrove produces a non-random spatial distribution of trees, and the species occupy particular areas in relationship with the border of the body of water. This phenomenon is known as *zonation*.

The zonation of mangrove species can be more easily appreciated in areas with a gradual and continuous change in the physical conditions; this includes the degree of the flood, changes in the availability of nutrients and of oxygen for the roots, and salinity. These gradients occur along with the changes of the mainland topography, which are also gradual. Upstream, where the salinity conditions decrease, a succession of vegetal species may exist too.

Nonetheless, the configuration of the landscape, as well as the distribution of the channels and the meanders, and the topography itself, may prevent the formation of "zones" occupied by different species, giving way to *dominance* or forests of a single species.

It is interesting to point out, however, that zonation can be the result of other biological processes. A hypothesis has been proposed claiming that zonation might be a consequence of the way propagules disperse, thus determining where adult trees will settle. Mangrove species with a small sized propagule could be more easily carried to places that are reached by the high tide, while larger and heavier propagules would settle in areas that are closer to the line of the low tide. There is evidence that the size of the propagule does determine its dispersion capability, with the smaller ones being the more mobile, but the larger ones have a greater chance of successful estabishment, since they possess a higher root growth rate.

However, another hypothesis establishes that even if all species had the same dispersion capability, it is possible that those that are able to grow in a wider range of salinities in the substrate (called *euryhalynes*) could have lower growth and survival rates than those growing in a narrow range (*estenohalynes*), thus getting displaced by these from high salinity areas. So to say, they would "pay a cost" in growth and survival for having a wider range of tolerance to salt. This phenomenon, called "ecological trade-off" among the adaptive traits of species, is common in nature. If this is true for mangrove trees, the zonation of species in the mangrove ecosystem would be the result of the interaction between competition and tolerance to salinity. The experimental evidence suggests that specialization is favored in drastic ecosystems such as the mangrove; this entails that they cannot easily be invaded by species lacking those adaptations.

ADAPTATIONS OF MANGROVE SPECIES

Just the same as cactuses have adaptations to live in environments of high irradiation and scarcity of water, mangrove species (as redundant as it may seem) are the ones that define the ecosystem. A mangrove forest is a well restricted habitat between the sea and the land, one that is common, narrow, fragile, and harsh: poor in oxygen, with an unstable substratum, and saline.

And precisely mangrove species possess the required features to confront that environment. Although with differences, they have adaptations to take the indispensable oxygen, for cellular respiration: aerial roots in *Rhizophora* provide oxygen to the submerged roots, which assimilate nutrients from the muddy ground, poor in oxygen; or extensive horizontal roots, which emerge sporadically from the ground, being the exposed parts the ones that take the oxygen; or the development of pneumatophores in *Avicennia* (black mangrove), which are literally "snorkels," vertical extensions of the roots by means of which they get oxygen.

Paradoxically, water acquisition needed for photosynthesis is costly to the plants in the brackish environment of the mangrove ecosystem. The exclusion of salt dissolved in water and the tolerance to it is an expensive process in energetic terms; it has been experimentally proved that the application of metabolic inhibitors to mangrove seedlings reduces the secretion of salt, revealing an energetic cost.

Even though the mechanisms of exclusion of and tolerance to salt dissolved in water are not known for all mangrove species, the largest salt proportion is excluded in the root's surface. However, some species possess specialized anatomic structures to excrete the salt, like glandules in the leaves; other species deposit the salt in the stem or in senescent tissues. The salt excretory glandules have a similar structure to nectar secreting glandules that other plants use for attracting animal pollinators (insects). Therefore it is believed that salt excreting glandules originally had a different function.

The development of physiological and structural adaptations in mangrove species to confront the salty environment of coastal lagoons is considered an example of *convergent evolution*, a result of natural selection.

VIVIPARITY

An unusual phenomenon in plants is viviparity: the saplings, which in mangroves are known as *propagules*, are born (germinate) while still bonded to the mother; this is, they continue growing at the expense of maternal tissues, and in most mangroves the size of the propagule is considerable. For instance, the propagules of red mangrove can reach over 30 cm, but some Asiatic mangrove species up to one meter.

This is an unusual phenomenon because in the majority of plants once the seed is formed it passes dormant through a variable period before germinating. This dormancy is more frequent in species that live in seasonal environments, where seeds thus "await" the propitious time or season of the year to germinate.

The reason of viviparity evolving in mangroves and other species in shallow marine tropical environments, like sea grasses, has been interpreted as an adaptation for the successful establishment in environments with a wide environmental variation, so that seed dormancy has no adaptive value, while the accumulation of resources for survival does. On the other hand, as has been mentioned, the size of the propagule and its capability of floating can be adaptive for long distance dispersal. This could explain the broad distribution of mangrove ecosystems in tropical coastal areas, and perhaps their low genetic differentiation among mangrove populations.

DIVERSITY IN MANGROVES

Although the 54 living mangrove species have evolved in 16 different families of vascular plants (tracheophytes), the "mangrove habit" has not speciated profusely, as most of the species belong to the families Rhizophoraceae (22), Avicenniaceae (8), and Sonneratiaceae (5), the latter restricted to Southeast Asia. In Mexico, three "true" mangrove species are known: red mangrove (*Rhizophora mangle*), "botoncillo" ["bud"] mangrove (*Laguncularia racemosa*), and black mangrove (*Avicennia germinans*). White mangrove (*Conocarpus erectus*) is a mangrove associated specie.

However, mangrove ecosystems are not only important for the plant species that make up their structure. These ecosystems are important because they carry out carbon sequestration drains, reducing carbon emissions into the atmosphere and contributing to climate stability. The biological diversity of mangrove forest ecosystems lies mainly in the water, being the reproduction area of fishes and invertebrates, encompass-

ing the reproduction and nesting sites of a great number of bird species, and giving shelter to other vertebrates.

The harshness of natural disasters such as hurricanes is tempered by mangroves; mangroves stabilize sediments that are rich in nutrients by means of their roots, providing sustenance to plants and animals. Mangrove forests offer a great amount of resources, from wood as a combustible or for construction or for the fishing trade, to hunting and fishing animals, and they doubtlessly possess a cultural value. Due to their productivity, coastal lagoons and marshes are used for farming invertebrates of an economic value; this is one of the threats menacing mangrove ecosystems. The area of Laguna de Términos is a prototype example of the complexity, the biological richness, and the beauty of mangroves.

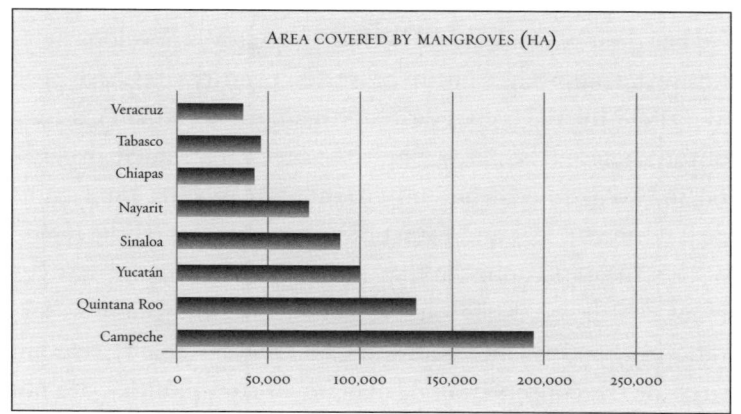

FIGURE 1. Area covered by mangroves in eight states of Mexico. Campeche ranks first, with almost 200,000 hectares.

THE MANGROVES OF CAMPECHE

Mexico is the fourth country worldwide for the extension of its mangrove forests, following Indonesia, Australia, and Brazil. From the 770 thousand mangrove swamp hectares that exist in our country, 92% lies in only eight states (Figure 1), and Campeche stands out for having the largest proportion (25%). This fact underlines the relevance of Campeche for the conservation of this ecosystem in Mexico. Thus, specialized scientists, under the coordination of CONABIO, have identified priority areas in the country for the conservation of mangroves, considering their biologic value, the disturbance agents and the threats involved, as well as the rehabilitation chances. Fortunately, Campeche has a high degree of conservation of its ecosystems, especially wetlands, keeping a vast proportion of its territory, larger than many countries in Western Europe, as protected natural areas. Almost all of its wetlands have been proclaimed RAMSAR sites.

TABLE 1. AREA COVERED BY MANGROVES OF SITES IDENTIFIED AS PRIORITY FOR CONSERVATION IN THE STATE OF CAMPECHE			
SITE	CODE[3]	AREA COVERED (HA)	% OF CAMPECHE'S MANGROVES
Ría Celestún[1]	PY 59	21,230	13.31
Los Petenes	PY 66	13,976	8.76
Río Champotón	PY 74	611	0.38
Sabancuy-Chenkán	PY 75	12,973	8.13
Isla Aguada-Boca de Pargos	PY 62	29,710	18.63
Isla del Carmen	PY 63	4,291	2.69
Boca del Río Chumpán	PY 58	1,987	1.25
Atasta Norte	PY 57	12,859	8.06
Pom-Atasta[2]	PY 67	59,299	37.18
San Pedro-Nuevo Campechito	PY 76	2,558	1.60
TOTAL		159,494	100.00

[1] Yucatán-Campeche; [2] Campeche-Tabasco; [3] CONABIO

For their relevance, and because mangroves develops practically in Campeche's entire coast, ten priority sites have been identified for the conservation of mangroves (table 1), a total of 160 thousand hectares. These ten sites are included, in general, in two distinctive and important State regions: the Laguna de Términos Flora and Fauna Protection Area, and the region of the Yucatán Peninsula that includes Celestún and Los Petenes, which was established as Los Petenes Biosphere Reservation. Sabancuy-Chen Kan and Champotón (table 1), relevant sites for the conservation of mangroves communities, are not included in these two regions.

CELESTÚN-LOS PETENES

Even though the mangrove ecosystem in the Yucatán Peninsula includes the types: riverine, fringe, basin, and dwarf forests, mangrove species are present in a special kind of vegetation known as *petén*, which is typical of the Peninsula and quite abundant in the region of Campeche comprised from its border with the State of Yucatán at Celestún (municipality of Calkiní), and in all the region they are given, precisely, this name: Los Petenes. "Petenes" are small "islands" of arboreal vegetation, usually forming irregular circles in vast floodable areas. The arboreal species that provide their physiognomy are inhabitants of the surrounding tropical forests and of mangroves. Here, mangroves acquire a large development, partly due to the upwelling of fresh or salty waters inside the *petén*. In the floodable areas that surround the *petenes*, there grow species of dwarf mangroves, poaceae (grain giving plants) and cyperaceae. Although there are also *petenes* in Florida and Cuba, they are abundant in Campeche, Yucatán, and Quintana Roo. *Petenes* shape the landscape in a beautiful and particular fashion. Instead of a continuous forest, it's a naturally fragmented landscape. *Petenes* can have an area as small as a half hectare, or even less, but they can also attain up to a thousand hectares, which suggests that sometimes the vegetation of several *petenes* blends into a large forest. However, in the region of Celestún-Los Petenes, an average *petén* has 20 hectares. It is estimated that the 755 *petenes* that are kept in this protected natural area comprise 12% of the forested vegetation.

The linear distance between *petenes* can be a hundred meters, but many are more than a kilometer away from the nearest *petén*. This natural fragmentation of the vegetal species, and consequently of the animal species inhabiting those *petenes*, can largely determine not only the system's global diversity, but also the genetic and the ecological structure of the species. These are aspects that should be studied in the future.

The area covered by mangroves in the region of Celestún-Los Petenes is of approximately 32 thousand hectares, equivalent to 22% of Campeche's mangroves area, and its degree of conservation is high. The plant diversity of *petenes* increases in as much these are further away from the coast; there are differences among *petenes* in what refers to their species diversity. The most important plant species, in a structural sense, are *Sabal yapa* (guano), *Bravaisia tubiflora*, *Laguncularia racemosa* (white mangrove), *Manilkara sapota*, *Ficus maxima*, *Swietenia macrophylla* (mahogany), *Ficus tecolutensis*, *Annona glabra* (corkwood), *Diospyros digyna*, *Tabebuia chrysantha* ("tronador"), *Bursera simarouba* ("chaka"), among others. However, there exists a great heterogeneity between *petenes* in what refers to their composition and their plant species richness. Some species are common and structurally important, like *Sabal yapa*, *Laguncularia racemosa*, and *Bravaisia tubiflora*, and others are rare, meaning their frequency is low. Such is the case of *Rhizophora mangle*, which, although being important in some *petenes*, it is absent in many of them. This is possibly due to the large distance of *petenes* with respect to the floodable areas.

In Campeche, 36 species of strict aquatic plants were found; in the water springs of the *petenes* there are submerged hydrophytes like *Egeria densa*, *Vallisneria americana*; floating ones like *Lemna* spp., *Eichhornia crassipes* (water iris), *Pistia stratiotes* (water lettuce), and *Nymphaea ampla* (water flower). Among the emergent aquatic plants there are *Typha dominguensis* ("poop"), and *Phragmites australis* (reed). In mangrove forests there is also *Ruppia maritima*.

Other vegetal communities develop in Los Petenes biosphere reserve, among which are the riverine mangroves (covering 21.6% of the area), dwarf mangrove (13.7%), floodable grasslands (12.8%), *petenes* (19.4%), floodable tropical forests (6.1%), deciduous and sub-deciduous tropical forests (1.6 and 11.3, respectively), and "blanquizales" [grounds with abundance of white clay] (13.25%). The mangrove is a thick community, with trees between three and five meters tall, although some may reach up to 25 meters; the prevailing species are *Rhizophora mangle*, *Avicennia germinans*, *Laguncularia racemosa* and *Conocarpus erectus*. In the *petenes*, *R. mangle* and *L. racemosa* prevail, with heights up to 20 meters or more; *Avicennia germinans* occupies the borders of places with high saltinity, while *Conocarpus* borders the *petenes* or establishes itself in low saltinity sites. In the flooded grasslands, or "grass marshes," reed related species *Thypa dominguensis* and *Elocharis cellulosa* prevail. Dominant species in low deciduous rainforests are *Bursera simaruba*, *Caesalpinia gaumeri* ("kitmche"), *Metopium brownei* ("chechen") *Gymnopodium floribundum*, *Bahunia divaricada*, *Caesalpinia yucatanensis* and *Ceiba aesculifolia* ("pochote"). The low floodable tropical forest, or "tintal," grows in depressions, and is dominated by the species that lends it its name (*Haematoxylum campechianum*), related to the gourd *Crescentia cujete*. For terrestrial flora 678 species have been reported, among which 34 are endemic, and seven are endangered, including the four species of mangrove (NOM-059-SEMARNAT-2010).

According to the *Plan de Manejo de la Reserva de la Biosfera Los Petenes* [*Management Plan for Los Petenes Biosphere Reserve*], the region is of great importance for a large number of migrating birds, both terrestrial and aquatic. Therefore, in February 2004 it was appointed as a RAMSAR site.[2] Although the data are not conclusive, it is esteemed that in the biosphere reserve of Los Petenes, at least 313 species of birds cohabit, of which 125 are known to be permanent residents, and 125 migrating species. Five species are considered to be endangered, among them *Jaribu mycteria* (Jabiru stork), *Cairina moschata* (Muscovy duck), and *Spizaetus tyrannus* (black hawk-eagle); eight of them are threatened, including the greater flamingo (*Phoenicopterus ruber*), *Bubo virginianus* (great horned owl), *Geranospiza caerulescens* (crane hawk), *Aramides axillaris* (rufous-necked wood-rail), and *Columbina passerina* (common ground-dove); 30 species are under special protection, among them the yellow-lored amazon (*Amazona xantholora*), the olive-throated conure (*Aratinga nana*), and the wood stork (*Mycteria americana*). The groove-billed ani (*Crotophaga sulcirostris*) is probably extinct in the wild environment.

Regarding to mammals, there are 47 species; also there are at least 47 species of sea fishes, and 21 reptile species. No precise data are available for amphibians. There exist two endemic species of rodents (*Otonyctomis hatti* and *Peromyscus yucatanicus*), as well as several endangered species of mammals, like the ocelot (*Leopardus pardalis*), the tree ocelot (*Leopardus wiedii*), the jaguar (*Panthera onca*), the tayra (*Eira barbata*), the northern tamandua (*Tamandua mexicana*), the tapir (*Tapirus bairdeii*), and the spider monkey (*Ateles geoffroyi*).

The animal species that stand out in this region are, among others, the Atlantic horseshoe crab (*Limulus polyphemus*), the ocellated turkey (*Meleagris ocellata*), the great curassow (*Crax rubra*), the greater flamingo (*Phoenicopterus ruber*), the American white pelican (*Pelecanus erythrorhynchus*), the spider monkey (*Ateles geoffroyi*), the jaguar (*Pantera onca*), the ocelot (*Leopardus pardalis*), the tree ocelot (*Leopardus wiedii*), the jaguarondi (*Herpailurus yagouaroundi*), the northern tamandua (*Tamandua mexicana*), the kinkajou (*Potos flavus*), and the cacomixtle (*Bassariscus sumichstri*).

The hunting of animals for human meat consumption of the communities next to the biosphere reserve takes place mainly from January to April. From interviews with randomly chosen families it has been possible to establish which species and in what proportions are hunted for consumption in the region of Los Petenes. The white-tailed deer (*Odocoileus virginianus*) comes in the first place, followed by the iguana (*Ctenosaura similis*), the paca (*Agouti paca*), the white-nosed coati (*Nasua narica*), the collared peccary (*Tayassu tajacu*), and the ocellated turkey (*Agriocharis ocellata*) (table 2). The first five species alone represented 75% of the prey. This practice, however, doesn't seem to affect the populations of these species, because it is undertaken when the region is not flooded (dry season), and because they follow certain practices of the Mayan culture, such as to hunt only what is indispensable for covering the needs, and not to hunt pregnant nor nesting females.

2 International convention referring to wetlands of worldly relevance, especially as habitat of aquatic birds. Convention of Ramsar, Iran, September 2nd, 1971. Signed by Mexico, it confers the country international duties.

TABLE 2. HUNTED ANIMAL SPECIES FOR HUMAN MEAT CONSUMPTION AT LOS PETENES[1]		
SPECIES	NUM. INDIVIDUALS	% TOTAL
Odocoileus virginianus	96	37.94
Ctenosaura similis	53	20.95
Agouti paca	23	9.09
Nasua narica	19	7.51
Tayassu tajacu	17	6.72
Agriocharis ocellata	17	6.72
Sylvilagus floridanus	13	5.14
Dasypus novemcintus	6	2.37
Sciurus yucatanensis	3	1.19
Procyon lotor	3	1.19
Ortalis vetula	2	0.79
Leopardus pardalis	1	0.40
	253	100

[1] Information from León and Montiel (2008).

The region of Laguna de Términos belongs to the municipalities of Carmen and partly to Palizada and to Champotón, covering an area of 705 thousand hectares. The zones where mangrove communities develop surround the Laguna de Términos. The borders of this protected area are marked by the mouth of the San Pedro y San Pablo rivers and the estuary of Sabancuy. This region of Campeche is a part of the deltaic processes of the Grijalva-Usumacinta Rivers, thus being the region with the largest fresh water discharge in Mexico. Along with the Pantanos de Centla, it is the most important swamps and wetlands region in all Mesoamerica.

This region develops practically around the Laguna de Términos, penetrating upstream in the several rivers that flow into the Laguna de Términos, like the Candelaria, Chumpan, and Palizada; it also includes the lagoon complexes Pom-Atasta-Puerto Rico, where mangroves attain a larger development covering a large expanse, as well as the Palizada-Del Este-San Francisco-El Vapor system, Balchacah, Chacahito, and the Laguna de Panlao (table 3).

In order to understand the relevance of Laguna de Términos as a natural area, we have to consider that it includes 70% of Campeche's mangroves, covering 110 thousand hectares. It is an area of a great biologic relevance because of the diversity of the ecosystems and the diversity of animal and plant species (along with many other species that have not been quantified yet); it is also an important region for the economy, and has been for many centuries. And precisely because of its natural resources and its geography, a number of factors are threatening the preservation of its diversity and of the processes that generate and support it.

The area of the Términos Lagoon has different ecosystems, including mangroves, coastal freshwater wetland ("popal"), savanna, low thorny sub-deciduous tropical forest, medium sub-deciduous tropical forest, "tular" swamp, coastal dunes, as well as secondary vegetation derived from anthropogenic perturbation. There are also communities of sea grasses. As far as it is known, the region hosts 374 plant species. Recently, the four mangrove species (*Avicennia germinans, Conocarpus erectus, Laguncularia racemosa*, and *Rhizophora mangle*) have been declared under the risk category *threatened* (formerly they were labeled as *subjected to special protection*), which means a recognition of the risk faced by mangroves and by wetlands in general; this fact will doubtlessly have a positive effect for the conservation of biodiversity (NOM-059-SEMARNAT-2010). Mangrove species, as has been said, are essential in these

TABLE 3. PLANT COMMUNITIES IN THE RIVER-LAKE-DELTAIC SYSTEM OF THE PALIZADA RIVER, CAMPECHE[1]			
COMMUNITY	FEATURES	TYPE OF COMMUNITY/ DOMINANT SPECIES	REPRESENTATIVE SPECIES
1. Emergent rooted hydrophytes	Plants rooted to the substrate, the vegetative body on the water's surface. These plants colonize shallow banks of rivers and marshes.	"Tular" swamp (5,032.73 ha)	*Typha dominguensis, Eleocharis cellulosa, Leersia Alexandra, Sagitaria lancifolia*
		Reed patch (Carrizal) (12,078.64 ha)	*Phragmites australis, Mimosa pigra*
		Thypa-Phragmites	*Typha dominguensis, Phragmites Australis, Echinochloa holciformis, Echinochloa polystachya*
		Coastal freshwater wetland ("popal")	*Thalia geniculata, Pontederia sagittata, Sagittaria lancifolia*
		Nelumbo lutea	*Nelumbo lutea, Vallisneria americana*
2. Rooted hydrophytes, floating leaves	Perennial herbs deep-rooted to the substrate with floating leaves, flexible petioles	*Nymphaea ampla*	*Nymphaea ampla*
3. Submerged rooted hydrophytes	Annual or perennial herbaceous plants that live underneath the water's surface and are rooted to the substrate	*Vallisneria americana* (3155.94 ha). With the largest number of exclusive species	*Vallisneria americana, Cabomba palaeformis, Najas marina*
4. Freely floating hydrophytes	Herbaceous, perennial plants, that float freely upon the surface or slightly underneath	*Eichhornia crassipes*	*Eichhornia crassipes*
		Ceratophyllum demersum Utricularia	*Ceratophyllum demersum Utricularia foliosa, Utricularia gibba*
5. Thorny floodable scrubland	Shrubby, woody plants, with plenty of thorns in stems, branches, and leaves	Bramble patch	*Mimosa pigra*
6. Riparian evergreen tropical forest	Trees of variable heights, established along riverbanks, from high altitudes to the sea level.		*Salix chilensis, Echinocloa polystachya*
7. Riparian Sub-deciduous topical forest	The trees remain flooded most of the year		*Inga vera, Lonchocarpus luteomaculatus, Machaerium falciforme, Combretum laxum*
8. Floodable deciduous tropical forest	Trees growing on soils with deficient drainage, flooded most of the year.	*Annona glabra*	*Annona glabra, Machaerium falciforme, Salvinia auriculata, Salvinia minima Acoelarraphe wrightii*
9. Floodable palm forest	"Tasistal", palms with fan-shaped leaves, that tolerate flooding for over six months	*Acoelarraphe wrightii*	
10. Mangrove forest (9889.08 ha)	Trees with anatomic and physiologic adaptations; they colonize habitats of changing and extreme conditions, like coastal lagoons, estuaries, mounding of rivers, and sheltered bays.	a. Mangrove forest at Canal Boca Chica (7984.03 ha), canopy 20 m tall, high salinity b. Mangrove forest at Punta Cochinitos. (150.37 ha), canopy up to 25 m. High floristic richness c. Mangrove forest of Rhizophora mangle on the banks of the Rivers Palizada, Marentes, Las Piñas, Las Cruces, and on the banks of the lagoons Del Vapor and Del Este. (1754.69 ha); canopy from 12 to 20m. The highest floristic richness. Low salinity.	*Avicennia germinans* (on a and b) *Rizophora mangle* (on a and b) *Laguncularia racemosa* (olny on b)

ecosystems; therefore, to protect them implies "sheltering" other organisms and the preservation of the environmental services. The threatened plants include *Bletia purpurea* (Orchidaceae), *Bravaisia integerrima*, *B. tubiflora* (Acanthaceae), while *Habenaria bractescens* (Orchidaceae) is considered to be in risk of extinction.

At the river-lagoon-deltaic system of the Palizada River, 18 types of plant communities including herbaceous (10), shrubby (1), and arboreal have been identified (table 3). This system is an example of the diversity and the complexity of the area: the communities of aquatic herbaceous plants comprise an area of almost 22 thousand hectares, while mangroves, second in importance, cover almost 10 thousand hectares. 133 plant species have been registered; the system is especially rich in families of strict aquatic plants.

In what refers to animals, even though some groups have not been fully studied yet, 1,480 species have been reported, of which 30 are endemic species and almost 90 are under a risk category or threatened. Among these stand out the Jabiru stork (*Jabiru mycteria*), the manatee (*Trichechus manatus*), the crocodile (*Crocodylus moreletii*), the ocelot, the jaguar (*Pantehra onca*), and the hawksbill and white turtles (*Eretmochelys imbricata* and *Chelonia midas*).

In the wetlands of the region, 279 bird species have been registered, 77 of which inhabit mangroves and the coastal zone. This area is a reproduction site for a great number of birds, therefore it was declared in 2004 as a RAMSAR site.

RISK FACTORS AND THREATS TO BIODIVERSITY

There is an intensive exploitation of the region's natural resources (fisheries, oil, woods, farming, mining, etc.) since the last half of the twentieth century, that endangers the integrity of the ecosystems, their biodiversity, and, as a consequence, the sustainability of human development.

The threats to the mangrove ecosystems and the flora and fauna in the Laguna de Términos region include destruction for irregular human settlements, farming of shrimp, perforation and exploitation of oil wells, pollution of lagoons and rivers; construction of roads altering the natural flows of water, discharge of solid disposals into the lagoon, river transportation, over-exploitation of commercial species in the Laguna de Términos, population growth, and unplanned urban development, among the most evident problems.

TURTLE-BEACH CHENKÁN

Due to its importance for the wetlands' ecosystemic processes, this site was declared a RAMSAR site in February 2004. This area of Campeche comprises 121 hectares, relevant for being the main spawning sites for the hawksbill turtle (*Eretmochelys imbricata*) and the white turtle (*Chelonia midas*) [Turtle-Beach Chenkán]. This zone ranges from Los Cocos (19° 04' 52 N 91° 03' 31W), to next to Punta Xen (19 ° 10' 14.3N, 90° 55'1.43W).

CAMPECHE IN VEGETATION AND IN BLOOM VEGETATION

CELSO GUTIÉRREZ BÁEZ

The vegetation of Campeche has been described by Rzedowski (1978), Miranda (1958), and Flores and Espejel (1994). The largest part of Campeche's surface area is covered by sub-evergreen medium rainforest and sub-deciduous medium rainforest; but in lesser proportions there are other relevant sorts of vegetation. North of the State, near the coastline and the border with Yucatán there are deciduous low rainforest, mangrove swamps, and *petenes*. In the central and the southern parts of the State there are sub-deciduous medium rainforest and sub-evergreen medium rainforest, with some patches of floodable low rainforest, savannas, and hydrophytes; southwest of the State there are evergreen high rainforest, sub-evergreen high rainforest, floodable low rainforest, and mangrove swamp.

Close to the coast halophile vegetation develops, which is typical of the coastline, the coastal dune, and the coastal dune thicket, which due to their particular edaphic characteristics are the habitat of several specialized species that are restricted to those environments, as well as of the *seibadal* (turtle grass), which is a strict marine aquatic vegetation; in this area, several kinds of mangrove swamp are also frequent, furthermore including the *petén* and damp savannas. *Petenes* are places near the coast (usually next to coastal lagoons or mangrove swamps) where underground drainage (water springs) rises, creating a freshwater oasis within a matrix of halophyte soils and vegetation.

On the other hand, more permanent enclaves of damp vegetation, like *cenotes*, *petenes*, and waterholes, also make up the habitats of many species that in the region only grow in those environments. Therefore, all those sorts of vegetation, even if they only take up relatively restricted areas of the State, substantially contribute to the richness of species, and they must be taken into account in the design of conservation plans. Another sort of vege-

tation that is rather frequent is the floodable low rainforest, forming large patches in many parts of the State. The floodable low rainforests are of different sorts, according to the kind of vegetation dominating in biomass and structure: pucteal, dominated by *pucté* (*Terminalia buceras*); mucal, dominating by *Dalbergia glabra*; tinctals, dominated by logwood (*Haematoxylum campechianum*); tular, dominated by "poop" (*Typha domingensis*); reeds, dominated by *jalal* (*Phragmites australis*); and tasistal, dominated by *tasiste* (*Acoelorraphe wrightii*). Likewise, in places with slight differences in the ground level, waterholes form in the lowest points of the micro-relief.

Sub-evergreen high and evergreen high rainforests occupy the dampest areas in the State, showing important floristic differences that reflect in a number of bio-geographical schemes based on climate, physiography, and plants (Lundell, 1934).

Last but not least, due to their contribution to the State's diversity of species there are the so-called savannas; in southwest Campeche there are some with a possible anthropogenic origin, and in the southeast we have the so-called *Sabana del Jaguactal*, a very damp natural savanna or thicket settled upon acid organic soils, where there are communities of the *jujuub* pine (*Pinus caribaea* var. *Hondurensis*) (Carnevali *et al.*, 2003).

The main sorts of vegetation are:

SUB-EVERGREEN MEDIUM RAINFOREST

This sort of vegetation represents between 30 and 45% of the State's vegetation; it covers a surface area of 26,726 square-kilometers. It lies to the southeast. The precipitation ranges between 1,200 and 1,400 millimeters, with a sub-damp hot climate, soils are limy with a good permeability; 25% of the trees in this rainforest lose its leaves in the dry season. The average height of the trees oscillates between 15 and 25 meters tall.

The most common species of the arboreal stratum are: "navideño" (*Alvaradoa amorphoides* ssp. *Amorphoides*), "ramón" (*Brosimum alicatrum* ssp. *Alicastrum*), "chacaj" (*Bursera simaruba*), "viga" (*Caesalpinia mollis*), "k'an xu'ul" (*Lonchocarpus xuul*), "éelemuy" (*Mosannona depressa*), "sapodilla" (*Manílkara zapota*), and "mountain guaya" (*Melicoccus oliviformis* ssp. *olivaeformis*) (Martínez *et al.*, 2001, and Martínez and Galindo-Leal, 2002).

Zamora *et al.* (2012) report for Oxpemul, Calakmul, the following most important species: "ramón" (*Brosimum alicatrum* ssp. *alicastrum*, *Eugenia* sp.), "huesillo" (*Drypetes lateriflora*), "mountain guaya" (*Melicoccus oliviformis* ssp. *olivaeformis*), "tamk'as che" (*Pilocarpus racemosus* var. *racemosus*), "chacaj" (*Bursera simaruba*), "guayacán" (*Guaiacum sanctum*), "sen k'ook" (*Croton oerstedianus*), "madera dura" (*Thouinia paucidentata*), and "chuchuk che" (*Capparis flexuosa*).

SUB-DECIDUOUS MEDIUM RAINFOREST

This sort of vegetation covers 5,915 square-kilometers, and is represented by a stripe in the northern-central part of the State. Annual precipitation ranges between 1,078 and 1,229 millimeters, with a sub-damp hot climate with rains in the summer; soils result from dark-dun calcareous rocks with a clayey texture, enriched with organic matter; 50 to 75% of the trees in this rainforest loses its leaves in the dry season. The average height of the trees ranges between 10 and 20 meters.

Gutiérrez *et al.* (2012) report for Mucuychakán, Campeche, where the most important species are: "tsalam" (*Lysiloma latisiquum*), "ya'ax xu'u"l (*Lonchocarpus yucatanensis*), "k'uch eel" (*Machaonia lindeniana*), "ya'axnik" (*Vitex gaumeri*), "boob" (*Coccoloba cozumelensis*), "toj yuub" (*Coccoloba acapulcensis*), "chacaj" (*Bursera simaruba*), "nance" (*Malpighia glabra*), "já'abín" (*Piscidia piscipula*), "k'anasín" (*Lonchocarpus rugosus*), "pisit che" (*Diospyros yucatanensis* ssp. *Yucatanensis*), etc.

DECIDUOUS LOW RAINFOREST

This sort of vegetation is scarcely represented, covering 2,068 square-kilometers, and it is found in the northern part of the state. Precipitation ranges between 700 and 1,200 millimeters, with a sub-damp very hot climate; soils are shallow and stony, well drained and with little humidity retention; 75% or more of the trees loose its leaves in the dry season. The average height of the trees swings between 8 and 12 meters tall, presenting an arboreal, a shrubby and an herbaceous stratum.

Zamora *et al.* (2011) report following species for Tepakán, Calkiní: "bojum" (*Cordia alliodora*), "já'abín" (*Piscidia piscipula*), "box káatsim" (*Senegalia gaumeri*), "ya'ax xu'ul" (*Lonchocarpus yucatanensis*), "tsalam" (*Lysiloma latisiquum*), "baalche' kéej" (*Sideroxylon obtusifolium*), "kitim che" (*Caealpinia gaumeri*, *Havardia albicans*), "chacaj" (*Bursera simaruba*), etc.

EVERGREEN HIGH RAINFOREST

This sort of vegetation is found on the southwest part of the State under the form of small patches in alluvial flatlands, covering an area of 9,920 square-kilometers. Annual precipitation ranges between 1,300 and 2,000 millimeters, with sub-damp hot climate and rains in the summer. Soils are shallow, with abundant organic matter and with a good drainage; this rainforest is always green because trees keep their foliage the year long. The average heights of the trees are between 30 and 35 meters, presenting and arboreal stratum, a shrubby one, and another herbaceous, where woody climbing bejucos [rattans] are common, thus making this rainforest a complex one where the prevailing microclimatic conditions of shady and dampness favor the settlement of epiphyte species of orchids, ferns, and bromeliads.

The most common species in the arboreal stratum are: "papelillo" (*Alseis yucatanensis*), "ya'abo'ob" (*Andira inermis* ssp. *inermis*), "pucté" (*Terminalia buceras*), "ramón" (*Brosimum alicatrum* ssp. *Alicastrum*), "bari" (*Calophyllum brasiliense*, *Dialium guianense*), mahogany (*Swietenia macrophylla*), "volador" (*Zuelania guidonia*), ceiba (*Ceiba pentandra*), oak (*Tabebuia rosea*), sapodilla (*Manílkara zapota*), poplar (*Ficus cotinifolia*), among others.

FLOODABLE LOW RAINFOREST

This sort of vegetation distributes as isolated patches, occasionally with deciduous medium and low rainforests in the north, the center, and the south of the State, with a sub-damp hot climate and rains in the summer; it develops in soils called *akalchés* with a high content of clays, with slight depressions on the ground and deficient drainage; the grounds remain flooded longer. It is made up by few woody species, with very twisted trunks, many of them presenting thorns; in this rainforest, 50% of the trees lose their leaves in the dry season. The average heights of the trees vary between 8 and 12 meters.

Palacio *et al.* (2002) report for the central part of the State, among others, following species: "Juan de noche" (*Asemnantha pubescens*), logwood (*Haematoxylon campechianum*), white "cheechen"

(*Cameraria latifolia*), "chak mo'ol che" (*Erythrina standleyana*), "majaua" (*Hampea trilobata*), "boob" (*Coccoloba cozumelensis*), "naranjillo" (*Hyperbaena winzerlingii*), "lu'um che" (*Guettarda elliptica*), "k'anasín" (*Lonchocarpus rugosus*), "lengua de gallo" (*Bonellia macrocarpa* ssp. *macrocarpa*), "sak iitsa" (*Neomillspaughia emarginata*), and "pucté" (*Terminalia buceras, Dalbergia glabra*).

FLOODABLE GRASSLANDS OR SAVANNAS

They are distributed in the north and the south of the State, having floodable soils of alluvial origin that get cracked in the dry season. They are made up of grain-giving grasses and cyperaceous plants, with or without scattered stunted trees.

In the arboreal stratum there are following species: "sour nance" (*Byrsonima bucidifolia*), "nance" (*Byrsonima crassifolia*), "guiro, jícara" (*Crescentia cujete, Curatella americana*). Martínez and Galindo (2002) registered this kind of community in Calakmul as damp savanna of cyperaceous plants; these are characterized by remaining flooded between six and eight months a year, and are dominated by cyperaceous species "navajuela" (*Cladium jamaicensis*), and some "tules" (*Cyperus articulatus* and *Fuirena stephani*).

MANGROVE SWAMP

This sort of vegetation is represented by a strip of approximately 150 meters wide; they lie in the southwestern and the northeastern parts of the State, having a damp hot climate and soils that are always flooded; the trees are characterized by having aerial roots in the form of stilts and an evergreen foliage, and there are few herbaceous or epiphyte species growing inside the mangrove swamp.

In the arboreal stratum there are the following species: red mangrove (*Rhizophora mangle*), white mangrove (*Avicennia germinans*), white mangrove (*Laguncularia racemosa*), "botoncillo" (*Conocarpus erectus*), and others.

PETÉN

This sort of association is made up by different kinds of vegetation; its arboreal stratum is considered as an island surrounded by an herbaceous structure; it has a sub-damp hot climate, with black slightly stony soils with a shallowness ranging between 0 and 20 centimeters. The average tree heights lie between 15 and 20 meters; some of the species are following; "chechem"

(*Metopium brownei*), sapodilla (*Manilkara zapota*), white mangrove (*Laguncularia racemosa*), "ya' ay tiik" (*Gymnanthes lucida*), male guano (*Sabal yapa*), red mangrove (*Rhizophora mangle*), "chacaj" (*Bursera simaruba*), "tsalam" (*Lysiloma latisiquum*), "já'abín" (*Piscidia piscipula*), and "juluub" (*Bravaisia berlanderiana*), among others.

"TULARS" AND "POPALS"

They are communities made up by "poop" (*Typha domingensis*), emergent hydrophytes, and *Thalia geniculate* that are found at the borders of petenes, in the periphery of the Laguna de Términos, and in floodable low rainforests ("akalché"). In these communities there are also other species, like "flor de agua" ["water-flower"] (*Echinodorus andrieuxii, E. nymphaeifolius, Sagittaria guayanensis* ssp. *guayanensis*), and iris (*S. lancifolia* ssp. *lancifolia, Nymphoides indica, Isoetes pallida* and *Nymphaea jamesoniana*).

VEGETATION OF COASTAL DUNES

This vegetation develops in calcareous sandy soils with few clay particles and a high content of salts; in general, grasses and crass-leaved squat bushes prevail, making up the coastal vegetation of all the state's coastline. The characteristic species are: "haba de mar" ["sea broad-bean"] (*Canavalia rosea*), "claudiosa" (*Capraria biflora*), "hierba de jabalí" ["wild-boar grass"] (*Croton punctatus*), "siis já" (*Euphorbia mesembryanthemifolia*), "cola de alacrán" ["scorpion's tail"] (*Heliotropium angiospermum*), "cola de gato" ["cat's tail"] (*Heliotropium curassavicum, Ipomoea imperati*), "riñonina" ["kidney-plant"] (*Ipomoea pes-caprae*), "pica pica" (*Macroptilium atropurpureum*), "tajonal" (*Melampodium gracile*), "Levisa xiiw" (*Melanthera nivea, Okenia hypogaea*), "poch" (*Passiflora foetida*), purslane (*Portulaca oleracea*), beach purslane (*Sesuvium portulacastrum*), "Johnson hay" (*Sorghum halepense*), "chunup" (*Scaevola plumieri, Suaeda linearis*), "cola de mico" ["monkey's tail"] (*Stachytarpheta jamaicensis*), "tabaquillo" (*Suriana maritima*), "tabaquillo" (*Tournefortia gnaphaaloides*), purslane (*Trianthema portulacastrum*), etc.

SEA GRASSLANDS

These submerged marine communities can be found next to the benthic seaweed along the coasts. Three species are representative: *Halodule wrightii*, "pasto de manatí" ["manatee grass"] (*Syringodium filiforme*), and "pasto de tortuga" ["turtle grass"] (*Thalasia testudinum*).

VASCULAR PLANTS

RODRIGO DUNO DE STEFANO

Vascular plants are multicellular organisms that develop from an embryo. They are capable of elaborating their own food by means of photosynthesis that they carry out in organelles called chloroplasts. They store carbohydrates in the form of starch, and they possess a vascular conduction system with cells called tracheid. The presence of tracheid cells distinguishes them from bryophytes (mosses, hepatics, and hornworts). Vascular or tracheophyte plants include ferns (with soro-shaped sporangia), gymnosperms (with bare ovules subtended by sporophylls organized in cones, just like in pines), and angiosperms (with ovules locked in ovaries, and with flowers to attract pollinizers). Angiosperms are the most important plants in terms of diversity, frequency, and biomass in terrestrial ecosystems almost everywhere in the world. Likewise, some vascular plants have invaded marine ecosystems, as for instance the famous turtle grass (*Thalassia testudinum* K.D. Koenig, Hydrocharitaceae), and freshwater ecosystems, like *Ceratophyllum demersum* L. and *C. submersum* L. (Ceratophyllaceae).

Vascular plants offer an immeasurable service to human beings and to the natural environment itself. It is impossible to conceive our planet without them; they constitute the base of the nutritional chain and a habitat for terrestrial diversity. They provide human beings with carbohydrates and vegetal protein, for which its economic and cultural value is out of the question. There are many native or introduced plants being grown in Campeche: gourd, chili beans, corn, papaya, pineapple, tomato, among others. There also exist many wild species that belong to the cultural and economic life of the Maya countrymen that are exploited for different ends: for their wood (cedar and mahogany), for their fibers (ch'it), for obtaining latex (sapodilla), for its use as fodder (ramón), or as food ("chaya" and "siricote", among others). Likewise, multiple species are used because of their medical, ornamental, and magic-religious properties.

Campeche, on the west side of the Peninsula bearing the same name, forms entirely part of a biologic or bio-geographic unit called Provincia Biótica Península de Yucatán [Biotic Province Yucatán Peninsula]. It also includes the states of Quintana Roo and Yucatán, along with the northern Belize departments (Belize, Corozal, and Orange Walk) and Guatemala's Petén department. The Yucatán Peninsula is characterized by a combination of geo-morphologic, climatic, and edaphic factors, and by a typical structure of the kinds of vegetation, animal biota and vegetal biota related to them.

In the first place, the Yucatán Peninsula can be conceived as an area of basically limestone rocks, with heights below 350 meters (usually below 250 meters and below 200 meters), a scarce superficial hydrography (few rivers), and annual average temperatures between 25° and 28° C and precipitations not exceeding 2,200 millimeters per year. The Yucatán Peninsula was originated by tectonic movements of uplifting that took place in the Miocene and Plio-Pleistocene, and is made up by a great limestone platform of sea origin. These rocks are older southwards (Cretic); and they are more exposed and more recent northwards, where they date from the Pleistocene-Holocene. One of the most important aspects of the physical environment of the Peninsula is the existence of a precipitation gradient that progressively diminishes from the southeast to the northwest, and that evidently reflects important changes in vegetal coverage and flower diversity. Carstic geology associated to limestone substrates imposes underground drainage systems, with the typical formations of caves and cenotes. If there is something we have to outline about Campeche that distinguishes it especially from the state of Yucatán, that would be its rivers (completely absent) and lagoons (small ones). Campeche has five important rivers: Candelaria, Chumpán, Mamantel, Palizada, and San Pedro, and most of them converge in the Laguna de Términos. These rivers and lagoons are responsible of a remarkably wet landscape within a relatively dry matrix that characterizes the Yucatán Peninsula. This difference has a great influence in the flower composition, as plants of humid environments that are present in Chiapas, Tabasco and Veracruz penetrate to the north of the Peninsula through the lagoons, rivers, and riverside forests, and they serve furthermore as a barrier for the migration of the typical elements of dry vegetation from the north of the Peninsula southwards.

There exist at least four checklist of vascular plants for the Mexican portion of the Yucatán Peninsula (Sosa *et al.*, 1985; Durán *et al.*, 2000; Arellano-Rodríguez *et al.*, 2003; Carnevali *et al.*, 2010), along with one exclusive for Campeche (Gutiérrez-Báez, 2003).

Up to date, 1,814 species have been registered for Campeche, distributed in 814 genera and 147 families (Carnevali *et al.*, 2010), which approximately represents 79% of the entire flora in the Yucatán Peninsula (table 1). There are several estimates in relationship with Mexico's flower diversity; here we have used an intermediate value between the extreme values (18-30,000) for a national comparison. Campeche, with a surface area of around 57,507 square-kilometer (2.9% of the national territory), includes 7.56 % of all Mexican flora (table 2).

Some general comparisons are useful in order to understand the causes of vascular plant diversity in a given area, in this case Campeche. Table 2 shows the richness in species of vascular plants for some states of Mexico, allowing a panoramic view of the relationship between abiotic and biotic elements. Without a doubt, an immediate explanation of the richness or poorness of a given area is the surface. With few exceptions, if the climatic conditions are more or less similar, diversity increases are directly proportional to the surface; Campeche's high diversity compared to Quintana Roo (*c.* 1,600 species) and Yucatán (*c.* 1,400) should be related to a larger area. The annual precipitation plays also an important role; more precipitation, more diversity. The presence of an important body of fresh water like the Laguna de Términos and of a system of rivers allows the entrance of species that are typical of high evergreen rainforests and of other vegetal communities, including wet savannas and aquatic vegetation, which increase the flower richness of Campeche. Another important element is the orography; a state as small as Tabasco, with only 24,737 square-kilometers (1.3% of the national territory, and less than a half of the territory of Campeche), registers almost 25% of the plants. Tabasco's orographic system includes Mounts Las Flores and Madrigal, 800 meters and 900 meters high respectively, where up to 4,000 millimeters of annual precipitation have been registered (Pérez *et al.*, 2005). In the highest hillsides, with much lower temperatures, there is mountain mesophyll forest, which is completely absent in Campeche and the rest of the Yucatán Peninsula. In these forests there appear typical extra-tropical elements, like *Quercus skinneri* Benth. ("chicharro") and *Liquidambar styraciflua* L. ("liquidambar" or sweetgum) (Pérez *et al.*, 2005). Also the presence of hills and mountains, with valleys, ravines and hillsides exposed to winds leeward and windward, generates meso- and microclimatic conditions that expand the ecological niches, and with them the richness of species. Oaxaca and Veracruz offer extreme cases of mega-phytodiversity. Both regions present a larger surface area than the territory of Campeche, as well as complex orography and different ecological environments, having around 8,405 and 10,444 species, respectively.

As it is natural, the states to which Campeche is more related to in flower terms are its neighbors Quintana Roo and Yucatán, with which it defines a bio-geographic unit (Morrone, 2005). The flora of the Yucatán Peninsula is made up by different floristic elements (Estrada-Loera, 1991). Among these, an endemic element stands out. Endemic species are those organisms that exclusively grow in a given area, usually a biotic province, a country, or in this case a state. In the Yucatán Peninsula there

exist 203 endemic taxa at the level of species or lesser categories. From them, 131 (almost 66.5 %) grow within the borders of Campeche, but only three species and one variety grow exclusively in Campeche: *Echeandia campechiana* (Anthericacaceae), *Fuirena stephani* (Cyperaceae), *Piper cordoncillo* var. *apazoteanum* (Piperaceae), and *Lantana dwyeriana* (Verbenaceae).

The list of the vascular plants in the State, and by extension in the whole Peninsula, also includes Mesoamerican elements –which are predominant–; Mexican elements, and elements with a broad distribution in the Neotropic. An important group of species is represented by those plants that are present in Campeche but not in Quintana Roo and/or Yucatán. These species have an extensive spreading in humid environments in Southeast Mexico and Central America (Mesoamerican, Mexican, and Neotropical), but they only reach the region of the Peninsula through riverside rainforests and other sorts of vegetation associated to the rivers and lagoons of southern Campeche. This group of plants can represent up to 10% of all the flora in the Peninsula; some examples are: *Aeschynomene rudis* Benth., *Andira inermis* (W. Wright) DC, *Pithecellobium winzerlingii* Britton & Rose, *Rhynchosia americana* (Mill.) Metz (Fabaceae), and *Schultesia guianensis* (Aubl.) Malme (Gentianaceae). Furthermore, some of the families that are present in the Peninsula's flora can only be found in Campeche: Alstroemeriaceae (*Bomarea edulis* (Tussac) Herb.), Isoëteaceae (*Isoétes pallida* Hickey), and Margraviaceae (*Souroubea loczyi* [V.A. Richt] de Roon), among others. A very interesting group of plants in the entire Yucatán Peninsula is made up by plants that are known only in the Yucatán Peninsula and the Antilles; in other words, they belong to Antillean genera. Examples of this last connection are *Ernodea littoralis* Sw., *Exostema caribaeum* (Jacq.) Roem. & Schult., and *E. mexicanum* A. Gray (Rubiaceae) and *Samyda yucatanensis* (Salicaceae, endemic to the Peninsula, and belonging to a genus that is mainly Antillean).

Table 3 summarizes the information of the ten families with the largest richness (number of species) in Yucatán. Among them, we could outline leguminous plants with 188 species, Poaceae with 172, Asteraceae with 120, Cyperaceae with 91, and Euphorbiaceae with 88. These ten families (6.8%) represent 53% of the total richness of vascular plants in the State. These families are not only the ones with the largest richness in terms of species, but also in frequency and biomass (save for exceptions, like orchids, that are rich in species but poor in individuals and biomass). In almost all the sorts of vegetation in the State we will find that these families are ecologically very important elements. This list of the ten most important families is typical of the lowlands of the tropics in the American

Continent. There are some 20 species bearing the specific epithet *campechianum* or *campechiana*. Doubtlessly, the most emblematic one is *Haematoxylum campechianum* L. (Fabaceae), the famous logwood, a dyeing plant that became a part of the history and the economy of both Campeche and Quintana Roo in the seventeenth and the eighteenth centuries. More than one visit of pirates to our coasts had the aim of extracting logwood.

To sum up, Campeche has a richer flora than that of Quintana Roo and Yucatán, but poorer than the one of other states in the Mexican Southeast. This condition, however, does not diminish the general intrinsic value of the State's flora, as it hosts an interesting number of unique (endemic) species, and other species that in Mexico only grow in Campeche, assembled in very particular vegetal communities (where they are plants registered as odd species that in other parts are common).

TABLE 1. SYNOPSIS OF CAMPECHE'S FLORA			
LARGE GROUPS	FAMILIES	GENERA	SPECIES
Ferns and related	23	23	38
Gymnosperms	1	1	1
Angiosperms	123	790	1,775
TOTAL	147	814	1,814

TABLE 2. RICHNESS OF VASCULAR PLANTS IN SOME STATES OF MEXICO'S TROPICAL REGION, INCLUDING CAMPECHE AND THE MEXICAN YUCATÁN PENINSULA		
STATE (OR COUNTRY OR REGION)	SURFACE AREA (KM²)	NUMBER OF SPECIES
Chiapas	73,887	8,248
Guerrero	63,794	7,000
Oaxaca	95,364	8,405
Tabasco	24,737	2,479
Veracruz	72,815	7,490
México	1,964,375	24,000
Yucatán Península	171,138	2,300
Campeche	57,507	1,814

TABLE 3. FAMILIES OF VASCULAR PLANTS WITH THE LARGEST RICHNESS OF SPECIES IN CAMPECHE		
FAMILY	NUMBER OF GENERA	NUMBER OF SPECIES
Fabaceae	69	188
Poaceae	56	172
Asteraceae	72	120
Cyperaceae	13	91
Euphorbiaceae	19	88
Orchidaceae	52	87
Malvaceae	32	60
Rubiaceae	26	57
Convolvulaceae	11	53
Apocynaceae	27	45

BROMELIACEAE

IVÓN M. RAMÍREZ MORILLO

Bromeliads are native of the tropical zone of the American Continent; occasionally some of them grow in subtropical zones. Their distribution goes from the United States (North Carolina), to the Tierra de Fuego in Argentina; only one species is native of West Africa, found in Gabon and Guinea. With more than three thousand species, it is the largest family of plants with flowers that is endemic to the American Continent. Bromeliads are herbaceous plants (they do not have woody structures), without a developed stem save for some exceptions, and with the leaves displayed in the form of a rosette, although occasionally the plants are filamentous, as in the case of Spanish moss (*Tillandsia usneoides*, used for Christmas decorations). Bromeliads are terrestrial as well as lithophytes (growing on stones), and also epiphytes, meaning those that grow on trees, and occasionally on roofs too, or even on electricity cables. Some of them are solitary rosettes, but they generally form tillers of several individuals. They have very colorful flowers, produced in general on an erect, central axis with eye-catching bracts, usually accompanied by leaves on the rosettes that acquire many different colors, creating a spectacle for pollinators or for ourselves; therefore, apart from the value of some species as edible plants (*Ananas comosus* (L.) Merr., pineapple), they are plants of a high ornamental value, with a noteworthy relevance in the horticultural market worldwide.

DIVERSITY

The Bromeliaceae family is formed by around 3,086 species, organized into 58 genera (Luther, 2008). For Mexico, 19 genera and *c.* 380 species have been reported (modified from Espejo *et al.*, 2004). Mexico is a center of diversity for some groups of bromeliads, being the most diversified genera *Hechtia* (*c.* 65 species), *Pitcairnia* L'Hér. (*c.* 45 species), and *Tillandsia* (with slightly over 195 species), especially of the subgenus *Tillandsia*. There are two endemic genera in Mexico: *Ursulaea* R. W. Read and Baensch (with two species), and *Viridantha* Espejo (formerly part of genus *Tillandsia* L., with six species). In the Yucatán Península, to date 32 described species of Bromeliaceae have been registered (modified by Ramírez and Carnevali, 1999, Espejo *et al.*, 2004, Ramírez *et al.*, 2004), and two more species that have not been described yet, of which around 84% are epiphytes and about 16% are terrestrial or lithophytes. Mexico, specifically Quintana Roo, is home to the one single species of

Hohenbergia Schult. f. native of Mesoamerica, *H. mesoamericana* I. Ramírez, Carnevali and Cetzal (Ramírez *et al.*, 2010), a genus with *c.* 61 species, mainly in the Antilles and Brazil.

BROMELIACEAE IN THE YUCATÁN PENINSULA

The 32 described species that are present in the Yucatán Peninsula are distributed into different sorts of vegetation, like deciduous low rainforests, subdeciduous medium rainforests, evergreen medium rainforests, evergreen high rainforests, floodable low rainforests ("tintales" and "pucteales"), coastal thickets, xerophitic thickets, and mangrove swamps.

Of the three states of the Yucatán Peninsula, Quintana Roo is slightly more diverse in species of bromeliads compared to Campeche; Yucatán is the least diverse of them (table 1). Of the three states, Campeche is the only, up till now, without endemic species of bromeliads, while the others have two each, being the four endemic species of the Yucatán Peninsula that have been registered up to date: *T. maya* I. Ramírez and Carnevali (Yucatán), *T. yucatana* (Campeche and Yucatán), *T. maypatii* I. Ramírez and Carnevali (Quintana Roo), *Hohenbergia mesoamericana* (Quintana Roo) y *Hechtia schottii* (Yucatán), the latter also registered for Campeche.

BROMELIACEAE IN CAMPECHE

344 collections of Bromeliaceae have been carried out for the eleven municipalities of the state of Campeche (modified by Espejo *et al.*, 2004), representing six genera and 25 bromeliad species (Carnevali *et al.*, 2010; modified from Ramírez, 2010) (tables 1 and 2). The largest diversity of Bromeliaceae in Campeche has been registered in the floodable low rainforest or "tintales," followed by the subevergreen medium rainforest, and the least diversity at the petenes, high rainforests, deciduous low rainforests, and mangrove swamps.

The Yucatán Peninsula has a poor epiphyte flora compared to the large diversity worldwide, in the Neotropic and in Mexico. This flora is mainly represented by members of the Orchidaceae, Bromeliaceae, Piperaceae, and Cactaceae, and some families of ferns (Olmsted and Gómez-Juárez, 1996, Andrews and Gutiérrez, 1988, Carnevali *et al.*, 2001), a common pattern that had been previously reported for other locations in the dry tropic (Gentry and Dodson, 1987). The scarce diversity of the epiphytic component in the Yucatán Peninsula is due to different historical, physical, and biotical

TABLE 1. COMPARISON OF THE NUMBER OF GENERA, SPECIES, AND ENDEMIC SPECIES (IN PARENTHESIS) FOR THE THREE STATES OF THE YUCATÁN PENINSULA.

GÉNERO	CAMPECHE	QUINTANA ROO	YUCATÁN
Aechmea Ruiz & Pav.	3	3	1
Bromelia L.	1	1	3
Catopsis Griseb.	3	2	0
Hechtia Klotzsch	1	0	1
Hohenbergia Schult.f.	0	1	0
Tillandsia L.	16	19	13
Vriesea Lindl.	1	1	0
Número total de especies	25	27	18
Número total de géneros	6	6	4
Número de especies endémicas	0	2	2

TABLE 2. SPECIES OF BROMELIADS REPORTED FOR CAMPECHE: SCIENTIFIC NAME, COMMON NAME (S: SPANISH; M: MAYA), STATE OF CONSERVATION AND REPORTED USES.

SCIENTIFIC NAME	COMMON NAME	CONSERVATION	USES
Aechmea bracteata (Sw.) Griseb.	(E) gallito; (M) nej ku'uk (cola de ardilla [squirrel tail])		Not known
Aechmea bromeliifolia (Rudge) Baker	(E) gallito; (M) nej ku'uk (cola de ardilla [squirrel tail])		Not known
Aechmea tillandsioides (Mart. ex Schult. & Schult. f.) Baker	Not known		Not known
Bromelia karatas L.	(E)piñuela; (M) chak ch'oom (zopilote rojo [red buzzard])		Edible fruit; the fruit's trichomes are used to heal wounds
Catopsis berteroniana (Schult. ex Schult. f.) Mez	Not known	Pr	Not known
Catopsis nutans (Sw.) Griseb.	Not known		Not known
Catopsis sessiliflora (Ruiz & Pav.) Mez	Not known		Not known
Hechtia schottii Baker	(M) pool boox (cabeza negra [black head])		Not known
Tillandsia balbisiana Schult. ex Schult f.	(M)ch'u (maya: colgado [hanging])		Treatment of bronchitis in children
Tillandsia brachycaulos Schltdl.	(E)gallito; (M) me'ex nuk xiib (barba de hombre [man's beard])		Treatment of asthma, bronchitis and cough
Tillandsia bulbosa Hook.	(M)ch'u che'(madera colgante [hanging wood])		Treatment of bronchitis
Tillandsia dasyliriifolia Baker	(M) ch'u (colgado [hanging])		Treatment of bronchitis
Tillandsia elongata Kunth var. *subimbricata* (Baker) L. B. Sm.	(M) ch'u (colgado [hanging])	A	Treatment of asthma and bronchitis
Tillandsia fasciculata Sw.	(M) ch'u (colgado [hanging])	Pr	Treatment of bronchitis
Tillandsia festucoides Brong. ex Mez	(M) ch'u (colgado [hanging])	Pr	Treatment of bronchitis
Tillandsia flexuosa Sw. vel. sp. aff.	(M) ch'u (colgado [hanging])		Not known
Tillandsia juncea (Ruiz & Pav.) Poir. vel. sp. aff.	Not known		Not known
Tillandsia polystachia (L.) L.	Not known		Not known
Tillandsia pseudobaileyi C. S. Gardner ssp. *yucatanensis* I. Ramírez, Carnevali & Olmsted	Not known		Not known
Tillandsia schiedeana Steud.	(E) gallito; (M) chan téel (gallito [rosterlet])		Treatment of asthma and bronchitis
Tillandsia streptophylla Scheidw. ex C. Morren	(M) mulix (ondulado [undulated])		Treatment of cold and headache
Tillandsia usneoides (L.) L.	(E) heno; (M)sooskil chaak (fibra de lluvia [rain fiber])		Not known
Tillandsia variabilis Schltdl.	Not known		Not known
Tillandsia yucatana Baker	Not known		Not known
Vriesea heliconioides (Kunth) Hook ex Walp.	Not known		

(Pr) subjected to special protection; (A)) threatened, in accordance with (NOM-059-Ecol-2010).

factors, but it is fundamentally explained by the combination of being an essentially flat region and with few rivers, and therefore with few chances of differentiation of niches and of specialized communities, and for being a relatively large area of recent origin.

Ecologic importance

There exists the belief that epiphyte bromeliads kill their hosts (or as these are scientifically called, phorophytes), and therefore they have been called parasites. However, there is no evidence that supports the hypothesis of epiphytes feeding on their phorophyte; actually, their roots only function as supporting elements. Nevertheless, the effect of the populations of *Tillandsia recurvata* (L.) L. in some hosts has been researched, and some of the results indicate that epiphytes can affect the phorophyte vascular system, possibly allowing the entrance of pathogens, like for instance in *Prosopis laevigata* (Humb. & Bonpl. ex Willd.) M. C. Johnst., also known as "mesquite," a member of the Leguminosae (Aguilar-Rodríguez *et al.*, 2007). Likewise, there is evidence suggesting that epiphytes act as a modeling factor of the reproductive success of some trees (Castellanos-Vargas *et al.*, 2009), or possibly causing only mechanic damages (their weight causes breakings of the phorophyte's branches), but not in photosynthesis of trees with photosynthetic barks, like in *Parkinsonia praecox* (Ruiz & Pav. ex Hook.) Hawkins (Páez-Gerardo *et al.*, 2005), another member of the legume family known as "palo verde" or "palo brea."

Terrestrial bromeliads absorb through their functional roots; epiphytes and lithophytes carry out their water and nutrient absorption functions through foliar trichomes or hairs on the leaves, which are highly specialized structures that capture water and nutrient from the rain, the air's humidity, or water draining from the phorophyte. Other epiphytes form a water reservoir with the base of their leaves, or with the leaves themselves, which is kept full of water; there, vegetal or animal material decomposes providing nutrients to the plants, for which they have been sometimes erroneously called carnivores. The truth is that many of these epiphyte bromeliads with large water tanks (called phytotelmata) are the habitat of some small vertebrates (amphibians and reptiles), many invertebrates and micro-invertebrates; bromeliads thus contribute to increase the biodiversity of the biota in particular ecosystems, especially in rainforests where the rain surpasses 1,000 millimeters of annual precipitation.

Uses

Most of bromeliads have a high ornamental value, but quite few have been exploited for that purpose in Mexico. Pineapple (*Ananas comosus*) is cultivated due to its fruits in thirteen Mexican states, including Campeche, although Veracruz, Oaxaca, and Tabasco are the ones with the largest farming area (23,461, 1,985 and 1,081 hectares, respectively). Also "ixtle" or "pita" (*Aechmea magdalenae* [André] André ex Baker), is grown in Veracruz; its fiber is used for the making of the elements in the Mexican culture of horsemanship, *Charrería*. Furthermore, there are reports of medical uses for several species that are native of Campeche (table 2), as well as the use of fruits of species of the genus *Bromelia* for the production of refreshing drinks.

It is important to stress that there is a lack of a better inventory of this family in the eleven municipalities of Campeche and in all the sorts of vegetation, especially in the Área de Protección de Flora y Fauna Laguna de Términos [Flora and Fauna Protection Area], the flora of which is virtually unknown. Likewise, it is necessary to study the cultivation potential of *Ananas comosus* for alimentary ends, of *Aechmea magdalenae* for the fiber market, and of several species for their ornamental value.

Situation, Threats, and Actions for Its Conservation

The biggest threat for species is the destruction of their habitats, and to a lesser extent their over-collection for selling. At present, 21 species of Mexican bromeliads are in the Norma Oficial Mexicana [Mexican Official Regulation] (NOM-059-Ecol-2010), ten of which are endemic to the country, three are Subject to Special Protection risk category (Pr), and the rest under the risk category Threatened (A). Of those bromeliads native of Campeche, only *Tillandsia elongata* var. *subimbricata* is in the Threatened risk category, while *Catopsis berteroniana*, *Tillandsia flexuosa*, and *Tillandsia festucoides* are categorized as Subjected to Protection. Of the 25 native species of Campeche, 20 grow in the Reserva de la Biosfera de Calakmul [Biosphere Reserve] and in the adjacent regions (Martínez *et al.*, 2001); the rest of the species are common in several states of the country, and are not undergoing any extraction.

ORCHIDACEAE FAMILY

Germán Carnevali Fernández-Concha

Diversity

The Orchidaceae family in Campeche has 95 species (see table I, which includes species authorships). This is equivalent to about 5.95% of the total of species of plants with flowers known for the State (around 1,580 species, Carnevali *et al.*, 2010, Carnevali, 2010). Of these, only *Lophiaris tapiae* can be considered endemic to Campeche, even if we are expecting it to be present in Tabasco. There are 55 genera of orchids in Campeche, among which stand out *Epidendrum* (nine species), *Habenaria* (six), *Lophiaris* and *Encyclis* (five), and *Prosthechea* (four species). Other genera with more than two taxa in the state are *Cohniella*, *Campylocentrum*, *Myrmecophila*, and *Vanilla*, all of them with three species.

Campeche's orchids are a part of the flora of the Provincia Biótica Península de Yucatán [Yucatán Peninsula Biotic Province: PBPY], and just the same as the rest of the included flora, they consist of species and genera that are typical of the north of Mesoamerica (Carnevali *et al.*, 2001; Carnevali, 2010a), which approximates the southern part of which Rzedowski (1991) called Megamexico 2. Here we will present a comparison of Campeche's orchids with those of the PBPY, of Mexico, and of the rest of tropical America.

The 95 orchid species growing in Campeche make up 72.5% of the 131 that are known in the Mexican part of the PBPY, and 7.3-7.6% of the 1250-1300 orchid species that grow naturally in Mexico. The information of the species in Mexico was taken from Hágsater *et al.* (2005), and corrected in order to reflect the multiple new species and reports for the whole country.

Of the 95 species of orchids known for Campeche, four are novelties with respect to the last listing for Campeche (Carnevali, 2010): *Camaridium pulchrum*, *Chysis sp.*, *Encyclia dickinsoniana*, and *Maxillariella variabilis*. There are 10 (10.52%) species out of the 95 that are only known in the State and nowhere else within the PBPY (see table I), and some of them (e.g. *Myrmecophila tibicinis* and *Camaridium pulchrum*) seem to be part of a restricted flora, located on the coastal plains of the Gulf of Mexico and the dampest areas of the Guatemalan Petén and the northeast of Chiapas. The rest of the orchid species of Campeche are mostly shared with the other two states in the Peninsula, especially with Quintana Roo. In the last floristic listing of the Mexican Yucatán Peninsula, Carnevali *et al.* (2010) reported 17 species of orchids as endemic to the PBPY. Of them, six grow in Campeche; this means, most of the orchids that are endemic to the PBPY grow in Quintana Roo. Six of them also grow in Yucatán.

Just the same as it happens in other areas of the Mexican portion of the PBPY and in places with a low elevation and seasonal climate in the American tropic, the majority of orchids in Campeche are epiphyte. Of the 95 orchid species in Campeche, 22 (23.2%) are exclusively terrestrial, including the six species of *Habenaria*. With the exception of *Cyrtopodium macrobulbon*, these terrestrial orchids are all inhabitants of the moister undergrowth. The three species of *Vanilla* qualify as succulent climbers or climbing hemi-epiphytes.

Among epiphytes, the ones commonly known as "epiphytes with twigs" (five known species in Campeche) are interesting, as this is an ecologic group of epiphytes restricted to Orchidaceae, which is characterized by having gone through important changes in its history, like vegetative reduction, condensation of vegetative structures, and acceleration of the life cycle to attain the reproductive phase upon an individual that remains vegetatively immature, which usually happens in less than a year. Two epiphyte species, *Campylocentrum pachyrrhizum* and *Dendrophylax porrectus*, are examples of extreme vegetative reduction, because the plants consist only of a bundle of relatively thick, green, photosynthetic roots that emerge from a meristematic point (a region of undifferentiated tissue that can produce diverse kinds of vegetal organs), and with short inflorescences that are originated there.

Distribution

In general, orchids (the same as other groups that are predominantly epiphyte) reach their largest diversities and richness of species in perennially moist environments. The regions with the largest family diversity in the world are perhumid rainforests at heights between 300 and 2,000 m above the sea level in the slopes of the Andes, the western Amazonia, and other places of Brazil, the south of Mesoamerica, and the Asian southeast. In Mexico, these optimal conditions for the development of epiphytes are located in some places in Chiapas and Oaxaca. There is where the largest diversity of these plants in the country is located; when moving away from these areas, the orchids' diversity gradually diminishes as the line of the Tropic of Cancer is approached. Thus, Campeche is characterized by an orchid-flora that increases its diversity southeastwards. In the northern part of the state, dominated by low deciduous rainforest, and in the driest portions of sub-deciduous medium rainforests, few species of this family grow, and all of them are characterized by adaptations to the extreme drought of the dry season; examples of this are *Cyrtopodium macrobulbon* and

Catasetum integerrimum, which present large pseudo-bulbs that store water and deciduous leaves that allow the plants to enter a resting period during the climax of the dry season. Other species growing in these environments, like *Encyclia alata* and *Cohniella yucatanensis*, have coriaceous or succulent leaves and pseudo-bulbs where enough water is stored to survive the dry season. Lastly, terrestrial species like *Sacoila lanceolata* are provided with tuberous roots emerging from a short underground stem, which are the only parts of the plant that survive the drought from December to May. In the more humid sections of the State grow orchids featuring less conspicuous storage organs, as the conditions are less extreme. However, all of them have a part of the vegetative body a bit swelled, as even in the moister climates epiphyte plants pass through variably long periods of a limited hydric availability, due to the scarce water retention of tree barks, even when these are covered with moss and detritus. In the dampest rainforests of southeast Campeche we find species like *Stelis ciliaris*, *Stelis gracilis*, *Trichosalpinx ciliaris*, *Anathallis yucatanensis*, and other tiny epiphytes lacking of pseudo-bulbs or swelled roots, which only retain water in their coriaceus-fleshy leaves.

Ecologic distribution: Table I shows the kinds of ecosystems where Campeche's orchid species preferably grow. Here we should stress that the large majority of species (69-72%) can be found in the seasonally inundated low rainforests (SBI), which even if they don't occupy the large extensions that there are in Quintana Roo, they are the preferred habitat of Campeche's orchid-flora. Evergreen high rainforests (SAP) also take up a relatively reduced portion of the State, but they host 48 species, or 51% of the species in the State. On the other hand, the driest ecosystems, like the deciduous low rainforest (SBC), are the habitat of only 12 (12.6%) of the State's orchid species.

IMPORTANCE

The main economic value of this family in Campeche is as ornamental plants. Several of the orchid species are subject to moderate extraction for its cultivation because of their beautiful flowers, among which the following stand out: *Encyclia alata*, *Myrmecophila christinae*, *Rhyncholaelia digbyana*, *Cohniella yucatanensis*, *Laelia rubescens*, and *Maxillariella tenuifolia*, but in general the entire species of the family are subjected to restricted collection and cultivation by a great number of orchid fans.

However, the product with the greatest economic importance that is extracted from an orchid is, doubtlessly, the vanilla, which is obtained from the fruits of *Vanilla planifolia*. This species is native of the moister portions of southeastern Mexico, including Campeche. However, there is no evidence of this species being commercially exploited in the State. Vanilla is industrially grown in some regions of Veracruz, and mainly in Madagascar. Another orchid species of which uses have been reported is *Cyrtopodium macrobulbon*, of which a substance of the large pseudobulbs is extracted for using it as glue. Some other species have local uses as medicines or in rituals (magic plants), but those uses require a larger documentation.

SITUATION, THREATS, AND ACTIONS FOR ITS CONSERVATION

The orchid-flora of the Mexican portion of the Yucatán Peninsula in general and of Campeche in particular has been studied by several scholars. A number of publications have emerged from these studies (Andrews and Gutiérrez, 1988, Olmsted and Gómez-Juárez, 1996, Carnevali *et al.*, 2001, Sánchez-Martínez *et al.*, 2002). A good review of some of the most distinctive habitats and their species of typical orchids has been recently published in Hágsater *et al.* (2005). In general, it can be affirmed that the State's orchid-flora is quite well known and documented in botanic collections. Nevertheless, there are vast expanses, like the region of Los Chenes, the southeastern part of the State, and the basins of Candelaria and Palizada rivers that require a more complete sampling. These areas could still reveal orchideological novelties for the State, especially of species that have been reported of Quintana Roo, Belize, Chiapas, and the Guatemalan Petén.

Three orchid species are included in the Mexican NOM. These are *Oncidium ensatum*, *Ponthieva parviflora*, and *Vanilla planifolia* (table 1). Even when no particular strategy has been instrumented in the state for their protection, the three of them are known in the Biosphere Reserve of Calakmul, and therefore their state of conservation in Campeche is relatively good. The three species are locally odd, and are made up by populations formed by few individuals. However, there are other species that should be considered for their inclusion in the NOM, because they have restricted distributions (e.g. *Eulophia alta*, *Lophiaris tapiae*, *Myrmecophila tibicinis*, and *M. brysiana*), and they are only known in areas disrupted by anthropogenic activities.

Other species are candidates to be considered for protection, as they are subjected to moderate extraction for their commercial exploitation. These include species of very beautiful flowers, like *Rhyncholaelia digbyana*, *Encyclia alata*, *Encyclia bractescens*, *Epidendrum stamfordianum*, *Laelia rubescens*, and *Myrmecophila christinae*.

The first one of the list is an interesting one, as it is restricted to the PBPY in Mexico and is very important in horticultural terms. It consists, however, of large and dense populations, many of which are in protected areas (e.g. Calakmul). The other desirable ornamental species that have been mentioned are relatively common and healthy populations are in protected areas.

The main threat for the State's orchids is the disruption of the habitats. Among the locally endangered species are: *Cohniella cebolleta* and *Laelia rubescens*, both with beautiful flowers, that grow in low deciduous rainforest, a sort of vegetation restricted to a narrow strip parallel to the coastline in the north of the Peninsula, which marginally penetrates Campeche's northwestern region. This sort or vegetation is in serious trouble for the reduction of its area and its disruption by anthropogenic activities. However, in general terms, most of the orchids that grow in Campeche have extensive distributions within the State and outside.

TABLE I. SPECIES OF ORCHIDACEAE NATIVE OF CAMPECHE

SHORTENINGS: CAM= Campeche; PYM= Mexican Yucatán Peninsula; PBPY= Yucatán Peninsula Biotic Province; AG= "Aguadas" and other permanently flooded sites; BR= Riparian forest; DC= Coastal dune; MG= Mangrove swamp; SAP= Evergreen high rainforest; SBI= Inundated low rainforest; SM= Medium rainforests.

TAXÓN CON AUTORÍA DE NOMBRES	COMENTARIOS	ECOSISTEMAS
Acianthera tikalensis (Correll & C. Schweinf.) Pridgeon & M. Chase		SBI
Anathallis yucatanensis (Ames & C. Schweinf.) Pridgeon & M. Chase		SBI
Bletia purpurea (Lam.) DC	Terrestrial	SBI, SAP, SM
Brassavola appendiculata A. Rich. & Galeotti		SBC, SBI,
Brassavola grandiflora Lindl.		MG SBI,
Brassia caudata (L.) Lindl.		SAP
Brassia maculata R. Br.		SAP, SBI
Camaridium pulchrum Schltr.	Restricted to Cam. in PYM	SAP, BR
Campylocentrum micranthum (Lindley) Rolfe		SAP, SBI
Campylocentrum pachyrrhizum (Rchb. f.) Rolfe		SBI
Campylocentrum poeppigii (Rchb. f.) Rolfe		SBI
Catasetum integerrimum Hook.		SBI
Chysis sp.	Restricted to Cam. in PYM	BR, SAP
Cohniella ascendens (Lindl.) E. Christenson		SBI, SM
Cohniella yucatanensis Cetzal & Carnevali	Endemic to PBPY	SBC
Coryanthes picturata Schltr.		SBI
Cyclopogon prasophyllum (Rchb. f.) Schltr	Restricted to Cam. in PYM	SAP
Cyrtopodium macrobulbon (Llave & Lex.) G. Romero & Carnevali		DC, SBC
Dendrophylax porrectus (Rchb. f.) Carlsward & Whitten		SBC, SBI
Dimerandra emarginata (G. Mey.) Hoehne		SAP
Encyclia alata (Bateman) Schltr		MG, SAP, SBI,
Encyclia bractescens (Lindl.) Hoehne		SBI
Encyclia dickinsoniana Withner) Hamer	Restricted to Cam. in PYM	BR, SAP
Encyclia guatemalensis (Klotzsch.) Schltr.		DC, SBI, SM
Encyclia nematocaulon (A. Rich.) Acuña		SBC, SBI
Epidendrum cardiophorum Schltr.		SAP, SBI, SM
Epidendrum chlorocorymbos Schltr.		SM
Epidendrum ciliare L.	Restricted to Cam. in PYM	SAP
Epidendrum cristatum Ruiz & Pavón		SAP, SBI
Epidendrum flexuosum G. Mey.		SBI
Epidendrum galeottianum A. Rich. & Galeotti		SBI
Epidendrum martinezii L. Sánchez & Carnevali	Endemic to PBPY	SAP, SBI
Epidendrum nocturnum Jacq.		SAP, SBI
Epidendrum stamfordianum Bateman		SBI, SM
Eulophia alta (L.) Fawc. & Rendle	Terrestrial	SBI
Gongora unicolor Schltr.		SAP, SBI
Habenaria distans Griseb.	Terrestrial	SBI
Habenaria floribunda Lindl.	Terrestrial	SBI
Habenaria mesodactyla Griseb.	Terrestrial	SBI
Habenaria pringlei Robinson	Terrestrial	AG
Habenaria quinqueseta (Michx.) Sw	Terrestrial	SBC
Habenaria repens Nutt.	Terrestrial	AG, SBI
Heterotaxis sessilis (Lindl.) F. Barros		SAP, SBI
Ionopsis utricularioides (Sw.) Lindl.	Twig Epiphyte	SAP, SBI
Isochilus carnosiflorus Lindl		SBI, SM
Laelia rubescens Lindl.		SBC, SBI, SM
Leochilus scriptus (Scheidw.) Rchb. f.	Twig Epiphyte	SAP
Lophiaris andrewsiae R. Jiménez & Carnevali	Endemic to PYM	SBC, SM
Lophiaris lindenii (Brongn.) Braem		SBI
Lophiaris lurida (Lindl.) Braem	Restricted to Cam. in PYM	SAP
Lophiaris oerstedii (Rchb. f.) R. Jiménez, Carnevali & Dressler		SBI, SM
Lophiaris tapiae Balam & Carnevali	Endemic to Cam.	BR
Malaxis histionantha (Link, Klotzsch & Otto) Garay & Dunst.	Terrestrial	SBI
Maxillariella tenuifolia (Lindl.) M.A. Blanco & Carnevali		SAP, SBI
Maxillariella variabilis (Bateman ex Lindl.) M. Blanco & Carnevali		SR
Mesadenella petenensis (L.O. Williams) Garay	Terrestrial	SAP
Mormolyca ringens (Lindl.) Schltr		SAP, SBI
Myrmecophila brysiana (Lem.) Rolfe		SAP, SM
Myrmecophila christinae Carnevali & Gómez-Juárez	Endemic to PYM	BR, DC, SBC, SBI

Taxón con autoría de nombres	Comentarios	Ecosistemas
Myrmecophila tibicinis (Batem.) Rolfe	Restricted to Cam. in PYM	BR
Nemaconia striata (Lindl.) van den Berg, Salazar & Soto Arenas		SBI
Nidema boothii (Lindl) Schltr.		SBI, SM
Notylia barkeri Lindl	Twig Epiphyte	SAP, SBI, SM
Notylia orbicularis A.Rich. & Galeotti	Twig Epiphyte	SBI, SM
Oeceoclades maculata (Lindl.) Lindl.	Terrestrial	SAP, SBC, SM
Oncidium ensatum Lindl.	Terrestrial (Pr)	SBI
Oncidium sphacelatum Lindl.		SAP, SBI, SM
Ornithocephalus inflexus Lindl.		SAP, SBI
Pelexia gutturosa (Rchb. f.) Garay	Terrestrial	SAP, SBI
Platythelys vaginata (Hook) Garay	Terrestrial	SAP, SBI
Polystachya clavata Lindl.	Endemic to PBPY	SBI
Polystachya foliosa (Hook.) Rchb. f.		SAP, SBI
Ponthieva parviflora Ames & C. Schweinf	Terrestrial (Pr)	SAP, SBI
Prescottia stachyodes (Sw.) Lindl.	Terrestrial	SAP, SBI
Prosthechea boothiana (Lindl.) W. E. Higgins		SAP, SBI, SM
Prosthechea cochleata (L.) W. E. Higgins		SAP, SBI, SM
Prosthechea livida (Lindl.) W. E. Higgins	Restricted to Cam. in PYM	BR
Prosthechea radiata (Lindl.) W. E. Higgins		SAP, SBI
Psygmorchis pusilla (L.) Dodson & Dressler	Twig Epiphyte	SBI, SM
Rhetinantha friedrichsthalii (Rchb. f.) M.A. Blanco		SAP, SBI
Rhyncholaelia digbyana (Lindl.) Schltr		SBI, SM
Sacoila lanceolata (Aubl.) Garay	Terrestrial	SBC
Sarcoglottis assurgens (Rchb. f.) Schltr.	Terrestrial	SBC, SM
Sarcoglottis sceptrodes (Rchb. f.) Schltr.	Terrestrial	SBI, SM
Scaphyglottis behrii (Rchb. f.) Benth. & Hook. f. ex Hemsl.		SBI, SM
Scaphyglottis leucantha Rchb. f.		SAP, SBI
Specklinia brighamiae (S. Watson) A. Pridgeon & M. W. Chase	Restricted to Cam. in PYM	SAP, SBI
Specklinia grobyii (Bateman ex Lindl) F. Barros		SAP, SBI
Stelis ciliaris Lindl.		SBI
Stelis gracilis Ames	Restricted to Cam. in PYM	SBI
Trichosalpinx ciliaris (Lindl.) Luer		SAP, SBI
Trigonidium egertonianum Bateman ex Lindl		SAP, SBI, SM
Triphora gentianoides (Spreng.) Ames & Schltr	Terrestrial	SM
Tropidia polystachya (Sw.) Ames	Terrestrial	SAP
Vanilla insignis Ames	Climbing Hemi-Epiphyte	SBI, SM
Vanilla odorata Presl.	Climbing Hemi-Epiphyte	SM
Vanilla planifolia Andrews	Climbing Hemi-Epiphyte (Pr)	SAP

CAMPECHE: WHERE NATURE IS THOUGHT OF AND DECLINED IN MAYA

Mario Humberto Ruz

Doubtlessly a dazzling civilization, the Mayan has been a hostage to the preferences of its scholars, who have emphasized the description and analysis of the progress in Pre-Hispanic studies in fields related either with material culture and artistic expressions (architecture, sculpture, ceramics, painting), or else with the achievements in certain fields of knowledge (astronomy, mathematics, writing systems). More recently, archaeologists and historians have shown an interest in the everyday life of Mayan folks, but almost always focusing in agriculture related matters or in some aspects of social organization and religiosity. Other kinds of activities have failed to get a mention; these are the ones displayed by the Mayan "common people", who in spite of not having left a clearly identifiable tangible mark, formed the large economic base that enabled the times of leisure, study, and recreations of the elites that orchestrated the pre-Columbian achievements.

If all of this, including the shadowy areas, has allowed us to approach the gestation and development of the Mayan culture before the arrival of the Spaniards, what has happened ever since is quite less known, not only because there are less scholars dedicated to the subject, but also due to the social and political vicissitudes; the pre-Hispanic Maya is canonized, while at the same time, with pitiful frequency, the living Maya is discredited, branded as indolent, backward, and ignorant, if not as a hindrance to progress. Such a mistaken perception is based upon our own ignorance, which is unaware, among so many other things, of the deep knowledge that the Maya, as well as so many other peoples native of Mexico, have of their natural environment—to mention only a single issue—, and the inventiveness they have displayed over millennia to interact with it—doubtlessly finding more harmonic and sustainable ways than ours, and from which we have a lot to learn.

In this sense, approaching the experience of Campeche is particularly interesting, as it is a multilingual and multiethnic region where in spite of mestizo inhabitants making up the majority nowadays, the presence of inhabitants of Mesoamerican filiation significantly contributes in numbers[1] and, above all, culturally, something that is quite apparent upstate, where the municipalities with a higher proportional density of Mayan people are located (Calkiní, Hecelchakán, Hopelchén, Tenabo), while only an expert eye can notice them underneath the epidermis of the central regions, like Campeche and Champotón. Whoever adventures to explore deeper can discover the contribution of Mesoamerican elements to the local mestizo culture in Palizada, Escárcega, Calakmul, and El Carmen, all of which are southern areas. In all of them, the Mayan seal permeates all forms of conceiving, naming, and living the space.

This doesn't at all mean an improving upon the stereotype of the "good savage," turned nowadays into the "good ecologist," nor to postulate some pedestrian "Campechean identity," necessarily anchored in what is Maya. Apart from the fact that some native forms of interaction with the environment may have become inadequate today, in the different regions of contemporary Campeche it is possible to observe nuances derived from long-term historical processes, as well as from recent immigration of other ethnic groups descending from the original Mesoamerican folks (from Mexico and Guatemala) and the

---

[1] The 2010 census reported 91,094 speakers over five years old who stated to speak one of the 44 Mesoamerican languages that have been recorded in the State (compared to 93,765 speakers a decade before). Maya language stood out with 71,852 (4,000 less than in 2000), followed by Ch'ol, 10,412 (1,568 more than in 2000); Tzeltal (1,900) and Kanjobal (1,557), all of them from the Mayan linguistic family. Altogether, 12.3 % of the state's population spoke one native language (INEGI, 2011).

presence of mestizo people who have already become Campechean, but who arrived from all over the country. All of them have had an influence to a greater or a lesser extent in the cultural reconfiguration of the entity, laying out different strategies, not all of them successful ones, to interact with the environment.

The attempt of accounting in such a short space for the immense richness and variety that characterizes the interaction of Campechean dwellers, be them Maya or not, with the environment is not only an impossible task, but would neither contribute to a knowledge that was coined and has been proven along the centuries. Even the carrying out of a brief sketch on the topic would require whole volumes. So I rather choose to offer very brief brushstrokes about three aspects—the forest or bush, fishing, hunting—, which I trust will allow the reader to take a gaze at the fascinating conceptual universe that the Mayas forged to interact with their environment, and at some of the ways in which it keeps coming up. For today's Campechean citizens, inserted in globalization processes and development models that occasionally threaten their long-term sustainability, reflecting about the past and the local experiences can well signify an excellent stake for choosing how the future shall be. To preserve the memory of days gone is a contribution, in multiple senses, to the rescue of cultural diversity and thus to the preservation of respect for biological diversity.

THE "ZONING" OF THE LAND

Let us begin by remembering that the relationship of the Mayas (both of yesterday and today) with nature is anchored to a worldview that conceives the universe in a peculiar way (which is not always coincident with the Western view of the world), one that is effective to harmoniously integrate not only the natural facts, but also the cultural ones, and that in spite of having the human being as its center (which explains their continuous anthropomorphization of nature), it takes it as just another one of the elements of the chain that indissolubly threads the natural, the human, and the divine.

The act of threading assumes, obviously, that things have to be known in order to be named and given a place within their own cultural universe; a task that was the responsibility of men, as states the *Chilam Balam de Chumayel*:

The "zoning" of the land, that's how they called this. Our Lord God was the one that zoned the land. He created all of the things in the world and set them a place. And they [the ancient men]

gave a name to the land and the towns, and they gave a name to the wells where they settled, and they gave a name to the highlands they inhabited, and they gave a name to the high fields where they built their dwellings; because nobody had ever arrived here, to the "pearl in the earth's throat," when we did so (1980: 223).

Defining spaces and designing territories is a task that goes beyond earthly matters; it necessarily has to include everything there is both upon and below the surface, that's why the ancient Mayas bothered to imagine and name not only the face of the Earth (*Yóok'olkab*), but also the extensions and contents of the Sky (*Ka'an*) and the Underworld (*Yáanal lu'um*), all of which possess flats, levels or layers, sides, courses or corners. The *axis mundi*, axis of the cosmos, is the *kuxa'an suum*, a sort of living string that, just as if it were an umbilical cord, pierces and connects all three levels by the center, allowing the passage of spiritual entities, dead people included, thus enabling a continuous renewal cycle.

The complex and motley conception of the cosmos includes the belief in numerous entities that keep and protect such spaces, but at the same time are their "owners" (*yumtsílo'ob*[2]), thus being the ones that allow or not men to make use of their resources, for which men would procure their approval by means of offerings and a respectful attitude, under the risk of attempts on their own lives. There are guardians of lands, mountains, corn-fields, *cenotes* (deep pools), caves, roads, entrances of towns; spirits that have control of rains, winds, clouds; protectors of plants and animals; spirits of death, lords of the stars…, a multiple and multiform conglomeration that was to be attended and worshiped, without neglecting for that reason more worldly tasks, like to continue "naming" the universe.

Agriculture being a core activity to the inhabitants of a calcareous peninsula that is scarce of fertile soils in many areas ("the land with less soil that ever I have seen, because all of it is a real slab," Landa would write; "The natives [of the Peninsula] cannot say that this is their land; most truly they would rather say that this is their stone," would write Joseph de Paredes[3]), the distinction between the different type of grounds was a most important matter, and since the territory lacked moreover sources of flowing water in most of its surface, it was vital to also know the features of the deposits' contents, be they natural or artificial, and to perfectly know the seasons and

---

[2] The particle *'ob* has a collectivization function in the Mayan language. About the supernatural entities in the Mayan view of the world at the arrival of the Spanish see Sotelo Santos (1998).

[3] A reflection on the interesting considerations of this cleric (1727) can be consulted in Okoshi and García, 2003: 113ss.

TABLE I. MAYA CLASSIFICATION OF SOILS (FRAGMENTARY)	
PHYSIOGNOMIC FEATURE	MAYA NAME
DEPTH very deep soils deep soils shallow soils very shallow soils	*hach taan lu'um* *taan lu'um* *tsek'el lu'um* *chaltún*
FLOOD floodable, difficult draining quick draining	*ko'om lu'um* *pus lu'um*
HUMIDITY CONSISTENCY hard soils friable soils (can be pulverized by finger pressure) doughy soils sticky soils	*chich ha'aan lu'um* *luk'ha'aan lu'um* *tsaay lu'um* *tak luk' lu'um*
COLORS red soils black soils brown soils yellowish brown soils grey soils	*chac lu'um* *box lu'um* *eek lu'um* *k'áankab* *aak'alché*
FEATURES OF RELATED ROCKS white porous stone hard stone, very difficult to break extremely labile stone	*sactunich* *toctunich* *sahcatunich*

the characteristics of the rains that made that underground richness possible, all of which was essential for a folk with an agriculture mostly depending on rainfalls.

A testimony of this is given by the multiple voices in Mayan vocabularies that illustrate the meticulous knowledge that the Mayas came to achieve about the types of soils (*lu'um*), taking into account such aspects as color, consistency (hard, doughy, sticky...), depth, water retention capability, and even the features of the related rocks (hard, porous, labile...), that are important in order to evaluate the chances of breaking it and sowing. The conjunction of these elements produce terms like *ca cab lu'um*: "soil that is good for sowing"; *ek lu'um* and *dzu lu'um*, meaning both are suited "for corn-bread"; *ut lu'um*: "fertile soil"; *cul ek lu'um*: "black soil for corn fields;" *zíz lu'um*: "soil with much humor and juice, and fertile"; *kan cab che*: "area of flat ground with trees, good for corn fields." In the places that didn't have with such coveted soils, it even became necessary to detect the useful strips, like the so called *apatun kax*: "stony ground with fertile and deep soil in between," with the aim of distinguishing them from soils that were flatly inadequate for agriculture.

Just as abundant are the voices that designate features of rain water, or that go through every single feature of a *cenote*, a well, a watering hole, a spring, or a *chulub*. Thus we have terms for sluiced or stagnant water; thick or shallow; fresh, clean, healthy, and thin drinking water; salty, dark, black, harmful to

consume... This preciosity gets to the point of distinguishing between water that is distilled in pits or caverns, from water that drips in those places; water that is found in the depth or on the surface of them; and even virgin water—"water that comes out of the spring for the first time"—, which was, and still is, the one preferred for rituals.

THE FRUITS OF THE EARTH[4]

Apart from the products that the Mayas could obtain as a result of their agriculture activities, mainly focused on corn fields that provided them with dozens of elements,[5] the diversity of ecosystems in the Peninsula allowed for the gathering of a huge diversity of products suitable for use as food or food seasoning (starting with salt, of which there was an intense commerce), to construct accommodations and working tools, or for therapeutic purposes, rituals, and even adornment.

The abundance and great variety of trees and bushes that grew in the Mayab [Land of the Mayas] was utilized as wood and for the construction of houses, bridges, canoes, and numerous daily-life utensils, from shafts for land-working instruments, dishes and spoons, to shields ("bucklers"), components for pulley systems, ladders, locks, and keys. Branches were used to make brooms; resistant barks (as well as guacos) served as cords or ropes, and even to make buckets, while others were fermented to obtain intoxicating drinks, not to mention branches that were used to obtain paper. Flowers, a symbol of joy (and of sensuality), appear adorning garlands, hats, houses, and tombs, along with the ones that were particularly scented, which were added to food and beverages, including chocolate. Apart from the edible fruits, there were also some dry very coveted berries known as "cascabeles" ("rattles"). Resins were used as ink, incense, and glue; and also some thorns, just as did some bones, served as needles, nails, hooks, pins, instruments for self-sacrifices or for minor surgery. Some barks, tree pulps, leaves, seeds, and roots—like those of the *pixoy*, the "ramón," the "bonete," and the *ac ché*—,[6] were consumed in times of famine, eventually grinding them and mixing them with corn.

---

[4] Most of the labors of the ancient Mayas were doubtlessly focused on agriculture, but these being the most known ones I decided to concentrate my attention on other tasks. An exemplary work about the Mayan cornfield is the book by Terán and Rasmussen (2010).

[5] Although it is usually conceived as a space for producing corn, bean, chili, and gourd, the produce diversity they obtained was vastly larger, as it still is nowadays (Terán and Rasmussen, *ibid.*).

[6] Respectively, *Guazuma ulmifolia*, *Brosimum alicastrum*, and *Jacaratia mexicana*. I haven't been able to identify the *ac ché*; nevertheless, because of the voice *ac*, we could be talking about some sort of rattan.

While reeds and other plants were used to build hedgerows, walls—sometimes adding clay—, mats, beds (hammocks, on the other hand, where made of "cords"), baskets, hats, sandals, and even as stuffing for pillows, palm-trees provided fruits, "tender palm hearts," and above all leaves. These were used for knitting fans, sandals, capes to protect from the rain, wickerwork, pads to support loads on the head or pots on the table, and also to make ceilings. Other leaves were used to protect salt or to wrap foodstuffs, either to carry them or to cook them providing them a particular scent, not to mention those to make "petates," mattings, not only for sleeping, but also, with beautiful "checkered" patterns, to offer seats to distinguished guests, to ornate the rattles and thrones of dignitaries, and even to wrap and transport sacred items.

Especially valuable aids were—and still are—calabashes (*Crescentia* sp.). With them water was carried, as well as honey, liquors, tortillas, or even maize corns to sow the fields. Stuffed with "tiny seeds and pebbles" and properly provided with a "stem," they served as maracas for dances or as rattles for children.[7] When cut, they could be used as spoons, and if pierced as strainers. While the medium-sized ones could function to rinse out the mouth, the bigger ones, cut into halves, served as dishes, and the very small ones as scale pans to measure salt, *chián*, and other tiny seeds. There is a mention of their use even as potties!

There were plants, like indigo (*chhooh*), annatto (*ciui*), and logwood (*ek*), that supplied dyes for mural painting, blankets, calabashes, the hair or the skin, and not only for ornament purposes (including intimidating ornament, as happened in battles), but also for protection against some insects and for ritual ends. For instance, individuals who were to be sacrificed by arrows were dyed in indigo. Ritual purposes were also the main uses of "copal," perfuming tree resins, although it also served for therapeutic aims (either chewed or dissolved in water), as well as of the different sorts of tobacco, that could be smoked or chewed; equally "enrapturing" were some mushrooms, and, above all, the liquor that was obtained from the bark of the *balche'* tree (*Lonchocarpus longistylus*).

In what refers to earths, minerals, and metals, the sources enumerate their use as working tools for lapidary and agriculture; knives for multiple purposes (for shaving, for hunting and fishing, for warfare, or to carry out bleedings); colorings, clays, and grease removing agents; with ceramic or constructive purposes, and even to make children toys, which could also

have been made out of a wooden stick or cloth. Quite more intricate were doubtlessly the metal jewels, a privilege of the lords if they were made of gold, in the shape of necklaces, earrings, bracelets, rings, nose rings, and lip rings, although due to the scarcity of metals in the area it was more common that jewels were made with stones that were considered precious, like jade, or with animal products. Stone materials were generally used to elaborate cutting instruments, different types of mills, and even mirrors.

With an environment that offered so manifold possibilities, it is easy to imagine the very rich therapeutic arsenal with which they counted, including animals as well as plants and minerals: the texts record from analgesics to abortion inducing substances, not to mention those for improving sexual activities. Even more striking is the deep knowledge they possessed (and still do) about the features and habits of endemic bees, both wild and tamed, like *xuna'an kab*, *kolel kab* (*Melipona beecheii*), *ts'ets'* (*Melipona yucatanica*), and *mu'ul-Kab* (*Trigona fulviventris*), all of them suppliers of honey and wax, two especially coveted produces because of their quality and fineness, and which the Maya traded with other regions of Mesoamerica. Thus, there is nothing odd in their detailed distinctions of the features of these insects (including their "fierceness"), their habitats and habits, their life cycles (starting with the *u pah-al cab*: "distillation that bees produce denoting they have started to breed another generation"), the tasks they used to perform in the beehive (mother, doorkeeper, master, those who would "patch" or "coat" the clefts, drones...), the plants from which they obtained pollen and water, the features of the obtained honey (virgin, raw, curdled, done) and wax, as well as the tools employed in its collecting; the illnesses the animals could suffer, and their predators: ants, birds, mammals, not to forget human beings, who would steal the honey, and even entire beehives...

TO EAT AND TO PROVIDE NOURISHMENT TO THE GODS: THE HUNTING ACTIVITIES

Practiced since ancient times, hunting was a much recurred activity among the Mayas settled in what is now the state of Campeche, where medium and high rainforests were abundant, and it has prevailed up to today, although with alterations, both for the introduction of especially aggressive and predating techniques and weapons, and for the tremendous damage to the environment, all of which has had a bearing in the decrease of fauna. We know that in pre-Hispanic and Colonial eras hunting pieces were derived from very large felines,

7 In Nunkiní people still use the *tuch'*, "gourd that is left to dry so that its seeds produce sound" (David de Ángel, pers. comm.).

like the jaguar, to the tiny hummingbird, including pumas, cougars, wild boars, tapirs, armadillos, squirrels, rabbits, gophers, mountain turkeys, pheasants, macaws, hawks, quails... Judging by their mention in the documents, they had a particular fancy for deer, iguanas, and birds, which apart from providing tasty meat and valuable plumage and skins, were used as exchange values.

Terms refering to hunting that were common to the Mayas are varied and suggestive. We find, for instance, four terms that are used as generic voices: *tah ceh-il* ("*venadear*": to chase somebody in order to shoot him), that dictionaries translate as "to pursue a game to a place where hunters can kill it"; *ah zut kax*, that stands for "hunter hunting in the hills"; *y-ahau bolay* (his excellence the tiger-hunter) and *y-ahau ah ceh* (his excellence the deer-hunter), that refer to a "great and dexterous" hunter in hunting activities (*bolay*: feline; *ceh*: deer).

Arrows doubtlessly played a relevant role in the hunting of deer, felines, and wild turkeys, but more frequent was the use of lassos,[8] which were hidden under the earth or in the trees, or tied to a "stake, branch, or small, bent tree"; these were useful to catch deer, birds, iguanas, and even fish. Traps were used too for smaller animals, like stone- or slab-traps (*peedz*), which Spaniards called "ratoneras" ["mousetraps"] or "barbacoas" ["grills"], commonly used to catch pacas and opossums. Holes and lassos were combined to capture gophers. Some traps were dug, serving to catch from "small little animals", like hares, to felines and deer. In this last case, and perhaps also with felines, the interior of the trap seems to have been provided with flint spears (*u lom tok-il ceh*, literally "[his] deer-hunting flint spear"),[9] and there also appears a "clamp-trap for catching deer or tigers," in the term *mac*: "to lock up in traps, barns." Dogs, apart from their use as food and as offerings to the gods (RHGGY, II: 39, 217), could be valuable aids to carry home a cervid, as suggested by the voice *ah che-al pek* (*pek*: dog; *ceh*: deer). Landa annotates that the dogs in the area "do not know how to bark and are completely harmless to men; but not to hunting pieces, as they can catch quails and other birds, and they follow deer a lot, and some of them are great trackers" (*op. cit.*: 135).

Buzzards were also efficient aids to the Mayas, who used the watchtower of a tree to follow them when a wounded deer escaped, watching "where buzzards are ... flying around; that is the sign that below them is dead deer". It is not unwitting then the continuous association of buzzards and deer in pre-Hispanic ceramic pieces or in the *Madrid Codex*. Vocabularies from the Colonial era refer to them in different entries, from which I recover just a single one for being funny: *tuu cax*, "stinky searching." To these techniques Spaniards added firearms, although they were the only ones that could use them; let's remember that their use by native people was forbidden throughout the Colonial era.

According to the *Relaciones histórico geográficas* [*Historical-Geographical Accounts*] (I: 305) and to Diego de Landa, the hunting of iguanas was quite common ("There are so many of them"), and it can be assumed that it increased during the Colonial era, especially during Lent: conveniently, Spaniards assimilated it to "aquatic animals" so as not to break their fasting, "and they find it a very peculiar and healthy food" (Landa, *op. cit.*: 123). The favorite site for their hunting seems to have been the low hills, because these parts are named *pac che* or *pac ché*: "to go through the hills those that are in the hunt of iguanas, gazing at the branches of the trees. And it should be taken as going out to hunt iguanas". In words of Landa: "The natives capture them using lassos when they are perched in trees, or in tree's cavities" (*ibid.*). Methods to capture birds were much more sophisticated, because while some of them were sought for their meat (either as food, or for therapeutic purposes),[10] others were captured for their feathers, and still others were coveted alive, to keep them at home as singing or ornamentals birds, or to trade them, or to use them as offerings or as an element for tribute or as a gift (*matan*), and in certain Mayan groups even to pay debts. Some of the techniques employed were: 1) cages, made of wood or fibers, similar to "ball shaped baskets"; 2) blowpipes; 3) lassos; 4) "some sticks [*u nazak che il, p'in che*] the natives put in the lassos to catch birds"; sticks that were related to the use of baits; 5) arrows, used for instance for the night hunting of turkeys (*hul cutz*: to arrow turkeys); 6) viscous materials placed in branches and lassos (*tab al*: "to get something knotted"),[11] such as a "very

---

8 According to Landa, in their beginnings the Mayas "didn't use weapons nor bows, not even for hunting, being now outstanding arrow shooters, they only used lassos and traps, with which they took plenty of game"; it wouldn't be until the arrival of Mexican mercenaries to the Mayapán [the land of the Mayan folks (*n.t.*)] that they would learn from them "the art of weaponry, and thus they became masters of the bow and the arrow, the spear and the hatchet..." (*op. cit.* 16). Archaeological data confirm that bows and arrows only appear in the area from the Postclassical Horizon on.

9 Unless we figure that animals were speared after they were caught.

10 Spaniards considered that buzzards (*ahch'om*), apart from being of great aid for getting rid of wastes and carrion, were "useful to cure the sores due to pustules or French Illness, boiling them in water and washing the parts with the resulting broth" (*Relaciones histórico-geográficas de Yucatán* [*Historical-Geographical Accounts of Yucatán*], from here on RHGGY, I: 81).

11 The presence of the voice *tab* (lasso) in the term for hunting with sticky substances suggests that these were not only placed in branches (and maybe in watering holes, like in Guatemala), but also in lassos placed for that purpose.

sticky wax," *lococ* (which, by the way, they also used to get rid of ticks);[12] 7) whistles or "reclamos" ["decoys"], which are referred to by three terms: *dzu-dzu chí*, that stands for "whistling" (suck-suck mouth), *paz-al*, which suits to "imitate" birds and deer, and *tu-tuy*, specific for fowl hunting ("to call pheasants and birds"); 8) dogs, to set them on the birds; 9) fine nets; and 10) capture by hand from the nests.

As it can be observed, several of these techniques caught the birds alive, an important matter, as what they were often interested in was collecting their feathers, a luxury item that was a part of the active trade that linked the Mayan Zone with the Central Highland. The required feathers were torn out, and then the birds were set free so that they could grow new feathers, a technique that demanded a deep ornithological knowledge, as it has been proved that performing this action too frequently leads to the death of the bird (Reina and Pressman, 1991: 112). With such an esteem for feathers, it is not surprising that feather-adorned attires would be inherited from father to son as a precious good.[13]

Precious, expensive, and a mark of status, as dressing with feathers was a privilege of the uppermost classes of Campeche and Yucatán, which, as brother Tomás de la Torre would point out around 1545: "Everything they wear including their footwear... is beautifully worked with feathers of different colors and red and yellow cotton" (*apud* Ximénez, 1999, I: 326-27). In the famous *Relaciones* [*Accounts*] sent to Philip II towards 1579, it was stated that while the clothing of the poor and the slaves was limited to a cotton truss and "sleeveless shirts," the lords wore "mantles with a lot of feather-work..., cotton *xícoles* with feathers, woven in the guise of a very colorful two-winged jacket," and trusses that had "a lot of feather-work" on their ends, and to protect them from the sun, their servants would cover them "with large fans made of colorful feather-work." And while warriors used to present to battle "naked, with plumages, and very painted," merchants made themselves sure they were seen with beautiful fans made with feathers as an emblem.

HUNTING, NUTRIENT OF HUMAN AND DIVINE RELATIONSHIPS

Apart from the supply of food and other goods, hunting enabled the consolidation of ties of kinship and bonds of good neighborhood as it promoted social collaboration, particularly when hunting groups were organized, as was the case of beating an area to catch deer, which involved "notifying the people to go to the hunt"; summoning the ritual specialist (the *ah pay cu*); performing the spell to attract the animals (these were also specific to tigers, birds, etc.); bewitching or enchanting them to facilitate capture (*ah cun-al ceh*)[14]; repelling hazards like snakes; all aside from consulting the omens to find out if a given day was propitious for hunting.

If the omens were favorable, an *ah mek nak p'uh* ("captain of the people that go out hunting") was appointed, who distributed the different tasks among the 50 to up to 100 participants, including: stalkers, who sometimes would hide at night beneath the plum trees or some other trees in order "to spy the game," including the *ah ch'uc be*, *ah ch'uuc be* (spy-road) or *ah p'icít te* (distance-road), who took up position in wooden watchtowers that were built "on top of the biggest trees to await the game," and the "venaderos" [deer-men], who would wait for the prey positioned next to the dug trap or the skillfully hidden lasso, or prepared with their nets, bows, and arrows. The prey would be shared amongst all of them, without forgetting the authorities and other fellows: "Once they returned to town they would offer their presents to the lord of the village and distribute [the rest] like friends, and the same they do when they go out fishing" (Landa, *op. cit.*: 40-41).

In the case of the deer, apart from the meat they shared out other parts that could be used to make pieces of their apparel (like the skin, treasured for making sandals), for subsistence activities (the antlers were used to castrate beehives, and also to remove and pull the leaves off corncobs), or to become part of musical instruments (leather was used to cover drums,[15] pieces of the antlers served to strike turtle shells, and from the longer bones whistles were made, which, along with the snails and cane flutes, served to make "music for the brave," when they danced dances like the *colomché*, that included a sacrifice by means of arrows). A particular value was given to mineral concretions located in the bowels of the earth, which were

---

[12] In present-day Nunkiní, *lokok* is the name of a wax produced by a wild sort of "wasp" (*xtaká*) that lives under the earth. It is used as glue and to make much adorned candles to offer the patron saint. Just as coveted is their honey, which is considered as "very fine" (David de Ángel, pers. comm.).

[13] In areas like La Verapaz, Guatemala, where quetzal-birds are abundant, not only the trees where quetzals nested were transmitted from one generation to the next, but also even the places where they used to drink water. In some groups, according to the chroniclers, people who killed one of those birds would receive capital punishment (cf. Arévalo Sedeño, 1982: 201).

[14] *Ah cun-al balam*, *ah cun-al can* and *ah cun-al ch'ich* were the terms to designate, respectively, the charmers of jaguars, snakes, and birds.

[15] Other much appreciated skins for the same purpose included those of peccaries and rabbits.

deemed as hunting amulets; they were called "bezoar stones" by the Hispanics, who considered them "of great virtue against poisoning... and everybody has one and with a high esteem" (RHGGY, I: 81).

Whenever a fawn was caught, the women benefited. They were so fond of them that they used to breastfeed them as if they had been children of their own: "...they give breast to the roe deer, and thus they grow so tame that they wouldn't ever escape into the mounts, even if they were taken and carried through the hills and nursed there" (Landa, op. cit., ch. XXXII).

Ritual activities related to hunting included offerings to those deities that were in charge of animals, like the god of deer.[16] It is interesting to recall that among the "cehaches" [Deer People] (from ceh, deer) that used to dwell in the south of Campeche, according to Bernal, the deer was deemed as a tutelary deity, the hunting of deer was forbidden, and these didn't flee from human presence (Díaz del Castillo, 1982: 526). The specific patroness of hunters was Tabay, a goddess whose name appears in the term for rope (tab), for which it is not surprising that her domains also covered suicides by hanging.

The intriguing and suggesting Canción de la danza del arquero flechador [Song of the Dance of the Arrow Shooting Archer], originated in Dzitbalché, Campeche, is an especially vivid testimony of the association between hunting activities and the ludic and holy. There, as if he were a hunter, the character is invited to prepare to shoot a captive with arrows before his ritual sacrifice: "X-pacum, x-pacum ché / ti-hum ppel, ti-caappel / coox- zuut tut halché / t-alca-okoot, tac-oxppel...": "O spy, spy of the trees, / alone, two-some, / let us go hunting by the edge of the grove /in a soft dance up to three ..."

This "hunting" of men for offering up to the gods was a deeply justified action for the inhabitants of the pre-Hispanic Mayab; therefore, if specific sacrificial dances required the buying of slaves, there might even be somebody who "out of devotion would give in their own little children." After many days of celebrating from town to town the victim to be, they would gather at the temple's patio, then undress him, tie him to a pole, paint him blue, a ritual color, and then shoot arrows at him, leaving "his chest like a hedgehog, out of arrows" (Landa, op. cit.: 50).

Hunting thus covered a wide range from the search of food to the ritual sacrifice. If, as tells the Popol Vuh, when the first beings of Creation revealed themselves incapable of nourishing the gods they were condemned to be eaten by those succeeding them,[17] it is not odd that these, in turn, would become the food of the gods. Eating and in feeding the gods was the only way to warrant the maintenance of the Universe.

THE TAMING OF THE WATERS

A clear example of the interest that the Peninsular Mayas had in fishing—areas—in spite of the absence of rivers beyond the start of the continent, these Mayas settled in lands next to the sea or adjacent to lake systems—is the great diversity of voices that enlighten us about how those areas had been culturally tamed, naming their variations and the way in which men adapted to them, including terms to refer to boats, canoes, oars and paddles, rowers, and many more, giving faith of the use of waterways also as a means of communication, as well as voices to designate seawaters when they are calm, altered, crossed by winds, or enraged by storms; shallows, gulfs, inlets, islands, capes, reefs, swamps, saline estuaries; high or dying rivers, roaring brooks during the rainy seasons[18]... a thousand and one geographical features and seasonal peculiarities that a good seaman or fisherman should know in depth.

But it wasn't enough to know which water source was abundant in fish; furthermore they had to know the sites where fish "ran", "bubbled", or spawned; those where crabs and lizards hid, the places where they could easily find elements for bait, or where the climbing no-nok plant would grow, the fruit of which was coveted by women for cleaning their hair, while turtles went after their leaves.

The Spanish documents of the time register the existence in the Peninsula of a variety of fish, pointing out that the coasts of Campeche were especially rich in sharks, "very good octopuses," and manatees that provided plenty of meat and excellent fat, and were caught with harpoons; that the Champotón River supplied "very gentle oysters," while at the Laguna de Términos "the sea enters through those mouths so fiercely, that it forms a large lagoon with plenty of all fish and... full of islets..., and that these islands and their beaches and strands are full of such a diversity of sea birds that it is a matter of

---

[16] The Relación de Tekit [Account of Tekit] annotates: "...For each thing they had a god. There was one in particular, a god from which they said he was a deer. Whenever an Indian killed a deer, he would immediately go to his god, and with the animal's heart he would spread the god's face with blood. And if he couldn't kill any prey that day, that Indian would go back home and break the image of the god and give it kicks telling the god his performance hadn't been at all that of a good god." (RHGGY, I: 286)

[17] "We shall create other [beings]... So all of you obey your fate: those fleshes of yours will be crushed. So shall it be: that shall be your fate" (1984: 89).

[18] Some Tzeltal dictionary, also a Mayan language, includes the preciosity of providing us with the voice for describing "the sound of noiseless running waters" (Ara, 1986).

admiration and beauty" (Landa, *op. cit.*: 198, 201-3). The colonial dictionaries, in turn, show us that the way in which Western culture groups aquatic animals (the *taxa* of the biologists) did not always match up with the one employed by the Mayas, who classified them according to other features (i.e. the shape and color of the animals, the fact that they moved upon the water, close to it, inside it, etc.).

We thus know that *cay* is a generic word for fish, apt to be modified with adjectives (big, small, fresh, salty ...), and that there are many specific names of which the literal translation provides information about some characteristics of their shapes or habits. I enlist only a few in the next table,[19] where as a sample of the diversity of the semantic field I deliberately included animals that we do not consider as fishes, but that the Mayas included as a part of the same group (e.g. octopus, oyster, eel, and shrimp).[20] And it is well to remember that our appreciations differ even from those of the Spaniards of the Colonial era, who deemed manatees and crabs as fish.[21]

Another interesting group is the one that comprises the term *ac o ac-il*, generically translated as "turtle," "giant turtle (galapago)," "icotea," clarifying if it's the case of a turtle "from the seas" (*y-ac-il kaknab*); the green ones, also sea turtles, "small, tasty to eat" (*yax ac*: green turtle); a freshwater white one (*zac ac*: white turtle), and two species the shells of which were used in dances (*ah tza-tza ac*: stout turtle and *tzul-in ac*: trapped turtle). There also appear references to a kind of "galapago," giant turtle, that received the name *mac* ("to cover," alluding to its shell), and *vavu*, a term apparently related to the term for "to swim" which translates as "some Galapagos or freshwater turtles."

THE ARTS OF FISHING

According to the animal, different tools could be employed: several kinds of nets; core drills; hooks made of bones, thorns, or wood; arrows; wooden harpoons, sometimes provided with ropes and buoys to track the wounded fish, as was customary in the coasts of Campeche (Landa, *op. cit.*: 201-3); net traps made of sticks, straw, or "grasses." Crabs hidden underneath

TABLE 2. AQUATIC FAUNA		
COMMON NAME (COLONIAL SPANISH) [*]	MAYA NAME	LITERAL TRANSLATION
Anguila [eel]	*Can cay*	fish snake
Bagre de agua dulce [freshwater catfish]	*Ah lúu*	[**]
Bagre de cenote [cenote catfish]	*Ah lúu dzonot*	fish peel
Bagre de la mar [sea catfish]	*Box cay*	calabash-submerged
Ballena [whale]	*Buluc luch*	
Bolines, pescadillos chicos [bolines, little fish]	*Ib cay*	fish bean
Camarón [shrimp]	*Xex cay*	fish semen
Corbina, trimielga, corbineta [weakfish]	*Iz cay*	fish sweet-potato
Jurel o lobo marino [scad or mackerel]	*Cooh ha*	fierce water
Langosta [lobster]	*Cha cay*	to release (?) fish
Macabí [bonefish]	*Tzootzim*	skinny
Mero [grouper]	*Huun cay*	fish leave
Ostión [scallop]	*Booc, booc cay*	stink[y] fish
Ostra [oyster]	*u-box-el booc*	oyster in a box
Peje araña (pulpo) [spider fish (octopus)]	*Mex cay*	fish beard
Peje iguano [green turtle]	*Huh cay*	fish iguana
Pez volador [flying fish]	*Tulix cay*	fish dragonfly
Pez aguja [needle fish]	*Ah can-che cay*	branching fish
Picuda [barracuda]	*Chii cay*	fish mouth
Pulpo [octopus]	*Maax cay*	fish monkey
Robalo [sea bass]	*Ch'ib cay*	stick-fish
Sardina pequeña [small sardine]	*Chech bac*	little bone (minor-bone)
Tonina [dolphin]	*Zib cay*	pouring fish
"un pez que se infla de aire" ["a fish that inflates with air"]	*P'u*	

[*]. A precise identification is sometimes problematic, as the novelty of many species of the American continent forced the chroniclers to merely indicate on occasions that an animal was "similar to ...", or at the very best to briefly describe them.
[**]. The RHGGY reiterate the existence of freshwater "catfish". Thus, the Account of Dziszantún points out that "... in some parts there are caves with pretty good water, where there breed catfishes and small fishes, which are very tasty to eat" (1: 415).

TABLE 3. FISHING ARTS IN MAYA COLONIAL DICTIONARIES			
	MAYA NAME	TRANSLATION	OBSERVATIONS
Generics	*Cay*	Fish	*Ah cay-bal*, fisherman
	Zab be	"to catch shellfish"	
Hooks	*Lutz*	Hook	*Ah lutz* stood for "hooker-man," with *ah* functioning as an agentive
Spears and harpoons	*Lom che*	Spear or harpoon	Presumably made of wood (*che*)
Nets	*Oc tun, ch'ay tun Dzicib kaan, pay kaan*	Net attached with "sinkers or weights" Chinchorro or net for "sweep" fishing	
Intoxicating means	*Dzac cay*	Intoxicating agent taken from the bark of certain trees	According to other sources, they were usually obtained from roots, grasses, or rattans
Baskets, fish-traps		Baskets	"For fishing turtles or catfish and mojarras"
	Çihib	Fish-traps	
Manual capture	*chuc cay*	"Atrapador"" [catcher]	"that they make out of sticks, like a funnel," to catch shrimp and fish.

[19] There is a register of two, three, or even more names for practically all the species. I provide here only examples. Among others, Álvarez (*op. cit.*, 1: 67, and 2: 254-64).
[20] A classification of its own deserves the crab (*bab, baab*: "leg," maybe alluding to the tastiest of its parts), and the animal that vocabularies indistinctly mention as lizard, alligator, or caiman, called *ain* or *pox*, meaning "scaly".
[21] The *Relación de Santiago Atitlán* [*Accounts of Santiago Atitlan*] (1585) points out: "the fishes that commonly thrive in this lagoon are crabs and some tiny fishes that they call *olomina*" (Acuña, 1982: 92).

stones in rivers could be sometimes caught by hand too, or else with some bait of tiny fish on long leaves placed like cords on the water surface. Another recurred technique was to "poison" or "kill" the waters, with the aim of "intoxicating" the fish in order to make their capture easier, as once the (river or sea) waters were murky the preys were trapped by means of "*atajadizos*" or barriers made of water resistant woods in the guise of "fences"; the remains of some of them have been found at Bahía del Espíritu Santo, in Chetumal.

USES OF THE AQUATIC HARVEST

The most common destination of fish was the family table; they would be washed "putting them to soak," the scales scraped off with sharp-edged instruments, and hung on wooden hooks. But the produce of the waters were also the core of an active trading activity: both fresh and prepared (salted, roasted, half-roasted, smoked), they were offered house-to-house by humble peddlers or offered at the tianguis[22] [markets], while there were always traders in prepared fish, often in remote places as far as twenty to thirty leagues away (Landa, *op. cit.*: 201-3).

Apart from their meat, some aquatic animals supplied the Mayas with other elements. Thus, the eggs of certain varieties of turtles and those of the fish called *mex* were trated; the teeth of the shark named *xooc* were employed for the making of arrows, and the ritual specialists used as self-sacrifice instruments the "little saws" of the fish called *ba*, "[which are] very pretty, because they are a very white and peculiar bone... that cuts like a knife [...] And the priest was the person in charge of them, and thus he had many," assures Landa (*op. cit.*: 201-2). Snails, shells, winkles, were shown off in pendants, earrings, anklets, necklaces (in Calakmul these were frequently made from *Sponylus*). Certain snails were halved and adapted as inkwells; others (e.g. *Pachychilus, Pomacea, Unio*) served as gravel for floors, and even in the nineteenth century as lime for cooked maize dough, while some sea snails (*Turbinella angulate, Strombus gigas*), apart from being used to make working tools—awls, picks, hands of mortar, farming equipment—served as musical instruments, while the shells of some small and red turtles (*ah tza-tza ac* and *tzul-in ac*) were used as drumsticks, with festive ends. Many species served for offerings to the gods, and others to accompany the dead in their journeys to the afterworld; these were sometimes quite delicately worked, as can be appreciated in tombs like those of Calakmul.[23] With so many uses and such a high demand, it is no wonder that some Mayan groups had taken the abundance of aquatic animals into account whenever they tried to express a concept for prosperity.[24]

In this prosperity, as in practically everything, the divine favor also intervened, therefore it is not surprising that the fishermen would throw their nets to holiness; aquatic deities also demanded acknowledgment to grant good fishing, and even fortune or health to their devotees. Bernal Díaz del Castillo states that in the place that was to be called Puerto de Términos they found "some shrines made of lime-and-stone, and a lot of clay idols, and also wooden ones, being some [of them] figures of their gods, and others were figures of women, and there were many others like serpents," before which the Maya, arriving there in their canoes, would perform sacrifices (*op. cit.*: 23). And something similar probably occurred in river currents and in lake bodies, which even today are supposedly kept by "guardians" or "owners."

We should also remember that water could be conceived as something provided with sacred features that were useful not only for religious ceremonies—"virgin" water obtained at wells and *cenotes*—, but also even in rituals related to love and sensuality (represented by a flower). An example of this was the *Kay nicté* ceremony, performed by secluded naked women commanded by an elderly woman during nights of the full moon and at the edge of a *haltun* (natural well), "to make him come back, if he's gone, or to assure he'll keep close, her lover," of which there is a splendid description in the *Cantares de Dzíbalché*, from a Campechean village.

There is nothing odd in an element like water, a fertility generator, serving as a vehicle both to bond a lover and to please the deities. After all, procreation guaranted the survival of mankind's workship of the gods, thus keeping the universe working. A world of forests, rivers, and lagoons that suffered profound changes after the arrival of of Europeans on, and mainly during the nineteenth century and in more recent times; changes that, along with the ecological disruption, threaten its continuity.

---

[22] In Tzeltal language (Chiapas) a locative has been reported, *chonob chay*, which refers to the specific place where fish were sold, so it wouldn't be strange that this were also customary in Campeche, where there is a greater abundance of fish as in Tzeltal territories.

[23] Regarding the diverse use of fish and mollusks, see the works edited by Velázquez Castro and Lowe, 2007.

[24] Thus, in the Cakchiquel dictionary of Coto (1983) the voice for richness, *3inomal*, appears to qualify both the "river that is abundant in fishes" and the "hill that contains a lot of animals and birds for hunting."

THE CONTEMPORARY KNOWLEDGE:
AN ENDANGERED LEGACY

Along with the Spanish colonization, the local way of seizing the environment and the forms of bondage with it began to modify, starting with the very concept of "land," taking priority over the one of "mount," which up until then had been primordial for Peninsular Mayas, who, as their pledges of the Colonial era demonstrate, still thought of their territoriality as based on the vegetation that enabled fertility (what was the point in possessing barren lands?).[25] In practice, the ancient agro-ecological systems that privileged multi-farming, the obligatory use of simple tools due to the lack of metals, the absence of draught animals and beasts of burden, and a number of other characteristics that had allowed the Mayas to profit from the local flora and fauna species taking benefit of the tropic's rich biodiversity without altering it irremediably, gave way to other forms of articulating with the environment, new desires of certain products (e.g. cacao, dyes, woods), the effort for introducing others (sugar cane, citrus fruits, new cereals, vegetables, and fruits), the use of much more devastating tools as well as more efficient, and, an especially shocking matter in the case of Campeche's south, the introduction of herds of cattle, which, with the abundance of grassland and the scarcity of natural predators, ended up taking over the landscape; cattle advanced merciless over the grasslands, and later on, with man's help, over the rainforests. Then the savannization of the environment began.

The growth of livestock was so accelerated, that in 1579 the authorities of Tabasco (who at that time were still in control of a large part of the territory adjacent to the Laguna de Términos),[26] reported that the massive cattle herds could be seen from the ships: "Those herds graze apart from the savannas they have inside the mountains and sandbanks, the coast and the beach, in such a fashion that from the sea the aforementioned cattle can be seen sauntering about the beach" (RHGGY, *op. cit.*, II: 421). Thirty years later, the mayor principal calculated around 30,000 mares and over 300,000 heads of cattle in the province. Each year, only around 20,000 animals were sacrificed, from which only the leather was taken; the meat being left in the fields for the buzzards.[27] Over time, the buzzards

found competition from the English: both those who cut logwood and those who pirated the runaway cattle (often hunted from canoes) that offered an attract source of meat[28] and, along with lizard skins, a ready source of cash through the sale of leather and fat. They also consumed the meat of the abundant manatees (Dampier, 1987: 252ss).

If the gains from the stealing of cattle and cacao and the pillage of native towns, and even of the port of Campeche, encouraged the presence of English, French, and Dutch pirates and privateers by the end of the sixteenth century, a local produce began to stand out: logwood (*Hematoxylum campechianum*), the commercial success of which stimulated their permanent settling in what now is Belize, parts of the coast of Honduras, and the Laguna de Términos. By 1596 they had completely taken over Isla Tris (now Isla del Carmen) and its surroundings, and from there they sent the logwood in Jamaican ships to ports in northern Europe. Known as *ek* by the Mayas, logwood, that used to grow alongside rivers and in the proximity of mangrove swamps, was abundant in the lower basin of the Usumacinta, the so called Atasta-Xicalango Peninsula, and the south of the Laguna de Términos (West *et al.*, 1985: 112). Used mainly to obtain black and blue dyes, it also offered yellowish reddish tones, as well as violets, silver greys, and purple, depending on whether they were mixed with water, lime carbonate, or bicarbonates. The quality wasa such that, along with other dyes from the American Continent (cochineal, indigo, and redwood), it ended up displacing the European, Asian, and African dyes that supplied the European market, which by then was largely focused on the textile industry. To get an idea of the impact on the natural environment implied in the exploitation of *ek*, we should remember that by the seventeenth century, the annual production was estimated at 100,000 quintals, each weighing 46 kg.

In 1716, pirates finally were expelled from the island, but that didn't mean at all that nature could take a break; it merely signified a change of exploiters. First, the Spanish Crown, who took the felling of dyeing woods to such high levels, that, in 1768, 163 fully loaded ships were recorded (to which smugglers ought to be added). After Independence commerce continued, but the felling had been so excessive that production declined significantly. When naturalist Arthur Morelet visited Campeche in 1847 and saw the mountains of

---

[25] See the revealing text of Okoshi and Quintanilla, *op. cit.*

[26] During a good part of the Colonial era the frontier of Tabasco with the provincial government of Yucatán was set at the half of the "Isla de Términos" [today Isla del Carmen], at the so called Boca Nueva.

[27] Archivo General de Indias (Seville), Audiencia de Guatemala, bundle 61, "Captain Juan de Miranda, major principal of the province of Tabasco, gives account, with

several testimonies, of important things to H.M. the King and in benefit of that country," 1608.

[28] They cooked it in a sort of wattles called *boucan*, which is the root of the term with which they were known, "buccaneers."

logwood piled up at El Carmen on hold to be exported to Europe, he got terrified at the massacre of trees, because, as he wrote, "the forest richness that is not protected by any regulations decreases rapidly, and the moment can be foreseen when the greed of the landlords, whose sole desire is to obtain present and immediate profit, will have exhausted the source that now feeds them" (1990: 54). He wasn't wrong, and by the end of that century logwood was nothing but a memory of a rich and colorful past. The small gains it continued to generate finally collapsed with the discovery of synthetic anilines (Ruz, 1979: 126). Later came the rise and fall of precious woods and of chewing gum [*chicle*] obtained from the *chicozapote* (sapodilla) tree, which were extracted with equal voracity and the same lack of planning.[29] Today, the extraction of crude oil and the *cattleization* of Campeche's south seem to be following the same path.

An infinity of putrefying cattle carcasses, mountains of logwood stumps, meadows and inlands brutally deforested, rivers blocked by sawn cedar and mahogany logs, endless chicozapte trunks ruthlessly hacked, exuberant rainforests replaced by meager grasslands, seas polluted with oil... In under five centuries since the Mayan lost dominion over their lands, the landscapes they knew and with which their forebears learnt to live in harmony for millennia, seem to be for the most part lost forever.

Tyrannized by the spreading of Western production and consumption patterns, which are increasing with the world globalization processes, the great loser, has been the tradition of Maya origins. And the loss reaches even the smallest Campechean communities, only apparently isolated, because the airs of modernity are quickly invading them, especially since the opening of more efficient communications and the arrival of mass media like radio, television, cellphones, and to a lesser extent journals, inevitably introducing new ideas and perspectives to a people whose daily lives once revolved only around the landscape.

The latter is not a surprise, as any culture pretending to stay alive has to make concessions and opt for modifications. For centuries, what has characterized the Mayan civilization is its capability to insert again and again its "tradition" in modernity. It is always willing to grant new meanings to centuries-old, if not millennia-old knowledge and ways of living, and to employ them as a quarry from which they are able to re-create other forms of organizing and understanding daily life, with the goal of adapting to economic changes, social dynamics, political eagerness, religious tendencies, technological innovations, and even fashion.

Thus, what we observe today can well be taken as loose threads of an ancient and complex classificatory brocade. Farmers from one or the other regions of the State, for instance, still use Maya elements to designate the types of soils.[30] Although the coherence of the system has diluted, as part of that knowledge became obsolete with the increasing flow of chemical fertilizers that have become indispensable thanks to an efficient propaganda, the norm in Calkiní and Bacabchén is to call *tzequel* the rocky surfaces, while the people of Tenabo classify as *tzequel cankab* the landslide grounds. Farmers—both Mayan and mestizos—of Hecelchakán identify without any problem the areas of *cankab*, red earth located among calcareous outcrops, which they consider of high fertility but only during the first years of farming, while farmers of Cumpich refer to it as *chak-cankab*, a name that defines it more precisely as it includes the marker for red color (*chak*). Those from of Pixoyal, a southern village, many of whom are native to the northern village Tenabo, promptly recognize the meager black soils of *yaxhom* (rendzines with organic earth on limestone rock), which they know are not suitable for farming, due to their saline concentration and low humidity retention, and even farmers from Champotón, who apparently are quite cross-cultural, keep a careful distinction of the soils in their municipality and their uses: *yaxhom*: black soil containing rich *humus*; *akalché*: formed of sand, clay, and humiferous substances—those that geologists classify as salic gleysols—, they retain humidity and become waterlogged easily; *cankab*: yellowish red, apt for the growing of citrus fruits, radish, coriander, sweet-potato, cabbage, cucumber, melon, and other garden produce; *tzequel*: good for the cultivation of papaya, and above all grasses and *jaragua* (scouder); *puslu'um*: mounds of black soil.

Although the deep command of the features that are specific to ancient varieties of maize loses more and more ground before an indiscriminate and undermining propagation of hybrids, their farming techniques are still maintained with few alterations in those communities that lack mechanized surfaces or irrigated areas.[31] These being the majority, the system

---

[29] The industry of extracting chewing gum, which would bring renown to the State since the end of the nineteenth century (Molina, 1995), and that was so important in the region of Los Chenes, is of little impact nowadays; it hardly stands out in some settlements south of Champotón and in the area of Xpujil (now in the municipality of Calakmul).

[30] For greater detail, see Ruz *et al.*, 2007, from where part of the data has been taken.

[31] Those who do possess irrigated lands, like the community of Tinum, have experimented large-scale changes, as the mechanization of agriculture forced the cultivations to with lower parts, instead of continuing to farm on the hills, where the sowing was preferred to avoid flooding in the rainy season.

of slashing-and-burning, as well as the use of sowing sticks, *coas*, and machetes, are still common, although the periods of leaving the lands fallow and those of rotating the lands tend to shorten due to the scarcity of good lands.

Little is preserved from the detailed knowledge that the ancient Mayas had of climatic elements and of the cycles of the sun, the moon, and Venus, as they expressed in codex, but it is known that such a knowledge was an exclusive possession of the elites, who partly based their power upon it, and those elites disappeared swiftly during the Colonial era. The rural classes also had know ledge in that respect, but not as detailed. Today it is still possible to hear from the mouth of the local sages—the *h-men*—the names of the winds and the influences they carry according to their provenance: Lak'ín, Chik'ín, Nohol, and Xamán. Much more generalized was the identification of moon's phases with farming and forest activities, and even for the breeding of animals. People take these as a guide for sowing, transplanting, cutting... Thus, in Calkiní people praise the advantages of making seedbeds and of sowing during full moon, because during this phase the moon is "hard" and strong, a feature that helps the plants to grow; and something similar applies to the felling of trees for construction, which when carried out at full moon grants wood a longer durability. Bird eggs that are laid in this period, it is assured, are to give a better breeding... The connection moon-fertility is evident.

Dwellers of a land that is to a large extent dry and stony and almost entirely lacking in running water, the majority of Campechean farmers still depend on the rain for their survival. They give their complete attention to the signs announcing its arrival and the intensity to be expected, such as the movements of the ants or the singing of the *koos* hawk, the *x'aám po'ot*, or the *chachalacas*, which a connoisseur knows how to interpretate (Chuc Uc, 2008: 104ss). When the rains don't arrive, they have to risk sowing early (to make *tíkímuk*) and pray for the rain to come, sometimes even trying to "buy" it from the supernatural entities that are their guardians, as is customary in Nunkiní (*Maman chaak*). Others, more skeptical and "modern," like the *ejídatarios*, farmers-in-cooperative, of Yacasay, do not ascribe the rain's delay to the caprices of Yum Chaak, but rather to deforestation, climate changes, and "the pollution of the earth". In either case, they are perfectly aware that such variations affect them adversely, because "in the past, anything would have grown," while now, in spite of mechanization and the use of insecticides and fungicides, the yields are less.

After decades of having lost their vast rainforest expanses, devastated for the growing of henequen, the northern com-munities have forgotten most of the knowledge that their ancestors had gathered with respect to forestry, a knowledge still preserved by the inhabitants of the woodland strips of Champotón and Hopelchén. In those towns there are people who easily identify the timber-yielding varieties, as well as their usefulness.[32]

Deforestation has also swept away a large part of the ancient forestry knowledge in the State's northern municipalities, but that related to the elements of flora is still alive, and it shows aspects of their peculiar way of grouping plants. Thus, people of Hecelchakán classify plants according to their relationship with ritual and social events; they claim that there exist certain flowers and food that are suitable for offering to the dead, like the flowers *xtes*, *xpuhuc*, "rosalía," "cristemó" (chrysanthemum), gladiolus, *xpelón*, and "herb of grace" (rue); plants and fruits that are forbidden during pregnancy (lemon, orange, papaya, chili); plants related to animal feeding (ramón [fruit of the breadnut tree] and corn), or human food (corn, gourd, beans, aromatic herbs, fruits, etc.); alternative species for nourishment in times of famine (the *píxoy*, the ramón, the *ac ché*, and the "bonete" ["biretta"-fruit], all of which were used with identical purposes in pre-Hispanic times); and roots, barks, pulps, leaves, flowers, and fruits related with the healing of different diseases (aloe vera, *sínanché*, epazote [wormseed], *llantén*, mint, Melissa, lemon scourer, *chaya*, *kat* cucumber, and a great many others).[33]

This latter field, therapeutics, seems to be a very important bastion of knowledge that has been accumulated by Campecheans, many of whom know the properties associated with plants, animals, and mineral elements, both of Mesoamerican origin and early European import, that they can use alone or in combination, accompanied by rituals or not. A knowledge that not only has a bearing on the field of medicine, but an impact on local economies as well, and that is safeguard and re-creation of a lot of cultural patterns.[34]

The role of economics in the preservation of traditional knowledge can also be clearly appreciated in hunting activities. The majority of present-day Campecheans rarely know the names of more animals than those that are hunted to

---

[32] Names can vary from one region of Campeche to another, often as a results of Varging degrees of fluency in the Maya language.

[33] The people of neighboring Nunkiní, in turn, consider as another group plants that are used "to hold back the entrance of evils into houses", like *xip-ché*, rue, aloe vera (on the tips of which they tie red ribbons), and basil (David de Ángel, pers. comm.), in a clear example of crossbreeding between introduced and endemic plants.

[34] The sane could be said about home construction, handicrafts (from simple net-fishing objects to the splendid "jipi-japa" hats), gastronomy, and several more.

enrich the diet, for trading, or to decrease the damage they cause in the fields or the crops. The knowledge of the elderly often goes far beyond (especially in ornithology), but the upcoming generations show little concern to inherit that richness. In areas where hunting has more importance the knowledge is wider, which not only means that there is a wider range of names, but reflects their awareness of animals' habits that are essential to know in order to catch them. It is quite usual that the natives are conscious of the endangerment many species confront, without consentig to moderate their hunting. Some of them adduce financial urgencies for doing so, while others argue that they use the prey only for family consumption, and never for retail purposes. Both, however, display a deep knowledge not only of the habits of the animals, but of the environment as well, including the supernatural aspects that in their beliefs characterize it.

As regards fishing activities, certainly a meticulous knowledge can still be observed, spanning both the different species and their habitat, their reproductive patterns, and the proper techniques for catching them; nevertheless, much of that knowledge is related to the requirements of the market and to the development of new researches, which speaks of the updating of Campechean fishermen, who discard or recreate ancient knowledge with the aim of adapting to commercial requests. Thus, although a great number of species can still be recognized, the more detailed knowledge resides in the habits the national and international markets demand; and secondly, in species suit to be used for domestic consumption or as bait to catch others. Sea-workers of Champotón and Isla Arena, for instance, can recite without any problem the features of a great variety of fishes.

The capture involves the use of diverse fishing arts, and occasionally tools made by the fishermen themselves: "chinchorros" [fishing nets] and "tarrayas" [round fishing nets] (woven with hemp threads and supplied with plastic or synthetic rubber floats), longlines provided with powerful hooks to catch large species, and trawling nets, which are especially damaging. Fishermen fishing shrimp and snails make huge fiber bags (three by five meters) as well as buckets in which to put the catch, while for trapping "jaiba"-crabs long "fisgas" [spears] are used, which allows them to be caught while avoiding "bites" from their pincers. In the cases of El Carmen and Champotón, the relevant fishing hubs in the State, even the general population is capable of identifying the species and knowing its habits. This is not in vain: the local time is regulated by flood tide and ebb tide; trade is articulated around the seasons of catching and the closed seasons. Everyday life, in shorut, is lived facing the sea.

To the knowledge acquired by the fishermen of the past, the knowledge of mechanics is now added, as well as the use of the compass and of radio transmissions, not to mention the specific knowledge related to forms of social organization or even to politics, all of which are highly relevant for the establishment and management of cooperative societies, especially in the case of deep-sea fishing. Coastal fishing, which is more widespread, and the catching of shrimps and snails rely mostly on the weaker classes (a wide segment of the population), who use the produce not only for family consumption and selling—to middlemen or to the freezing companies (which often function as employers, providing boats)—, but also for bartering for non-sea products.

When the warehouses or the "coyotes" ["fixers"] don't want any more produce, or offer unusually low prices, the fishermen's wives offer it at the market, despite the abundance of local produce already on offer. This abundance explains the richness of Campechean markets, especially those the capital city, which have always attracted the attention of foreign visitors. Thus, Arthur Morelet, after some lapidary considerations about the city in 1847, couldn't help but to express his admiration when he first saw "dogfish" (*alipechpol*) outlets: "All of a sudden I saw them in all sizes, all shapes, and all colors: hammerhead dogfishes, hatchet dogfishes, pointed-snout dogfishes; there were white ones, black ones, grey ones [...] There were fresh and salted, roasted and cooked, well, dogfishes to suit all tastes [...] On Wednesdays and Fridays it is also possible to acquire turtles." (*Op. cit.:* 37).

Visiting Campeche-City's market is still a unique experience: next to octopuses, squids, and goatfish there are small piles of sea basses, snappers, cobias, dogfish, mojarras, "cintillas", catfish, grunts, hogfish, and many more. Mostly they are sold fresh, but some are sold dried, like mantas, which are offered "fanned out" and salted, according to the ancient tradition of the port. All of them, seasoned in hundreds of fashions, are there to enrich the deservedly renown Campechean couisine.

THE FUTURE OF THE PAST

A less earthly sphere in the complex process of bondage between the Mayas and nature is the one related to the conception of the universe and the different supernatural entities and influences that look after it. Regardless of the Maya names and attributes they display—*bacab'ob, pahuatun'ob, iík'o'ob, cháako'ob, j-xíímbal k'áaxo'ob, aluxo'ob, j-kalan k'áaxo'ob*—, or of their suffering syncretism, juxtapositions, or covering up under the guise of Christian entities (especially patron-saints of towns and certain angels), they benefit those who ask for their help and who honor them with offerings and prayers, and they punish those who pillage nature out of negligence or abuse; they are therefore of great importance in maintaining control and permanence of the norms, enabling the longevity of traditions and of socially established and accepted values.[35]

Therefore, it is no wonder that, with more or less vitality depending on the region, such a complex ritual system has endured, which maintains continuous renovation grants the pas a future. Moreover, it does so in respect to the preservation of the natural environment by means of ceremonies devoted to the guardians and owners of the hills and of the *cenotes*, of fauna or of weather phenomena (winds, rains); among several other rituals, they can be offered a *mejí kool* asking for permission to farm the land, thus avoiding damage and illness or fatalities; a *síís óolal* for the burning (to compensate the guardians of the winds, the *Yum iík'o'ob*, for their efforts in blowing evenly over the slashed area to spread the fire, and that's why they are offered a cold drink, *síís*); an *u yuk'ubi j-joy-aboób* (drink for the deities in charge of the irrigation) when the sowing is performed; a *janlí cháak*, to beg the *cháako'ob*, the "irrigators of cornfields," to bring the rains; a *tut* to implore the *aluxo'ob* to protect the farmed lands and not to harm the farmers; a *janlí kool*, "cornfield food" or "first-fruit ceremony" to thank the supernatural owners of the site for the crop and at the same time to invoke their protection and help for the next year's crop to be equally abundant or even better.

"Dueños" ["owners"] and guardians are honored by means of prayers and different offerings depending on the ceremony, among which we can quote as an example the *saka'* (a sort of intoxicating beverage, *pozol*, with honey), corn (*tut wâ*) and squash seed "breads" made of twelve or thirteen layers that are cooked buried in the earth (*píb*); "pibipollos" [*píb*-chicken] (*tamales* cooked buried in the earth and stuffed with chicken meat), cooked turkeys with all their entrails in a dough sauce (*k'ol*), which is red thanks to the use of *bixa* seasoning; wild tobacco cigarettes, incense, or a liquor obtained from the fermentation of the *balche'* bark mixed with wild honey and "virgin" *cenote* water.

A privileged sample of the way in which the Mayas conceive the universe and their relationship with it is the ceremony called *ch'a cháak*, or petition for rain; this ritual congregates the men in the community, led by an *h-men*, or specialist, in a given communal space (e.g. the atrium of the church), but is usually considered more effective if performed out in the fields; it includes a series of prayers and offerings to the *cháako'ob*, or "chaques", placed on a table that represents the community, towering over which is a series of arches that evoke the community firmament. Surrounding the table, to the four cardinal directions—Lak'ín, Chik'ín, Xamán, and Nohol—other arches rise representing the dwellings of the lords of the rain, tied with bejuco vines to the arches of the table with the purpose of linking up both spaces.[36] In the towns that are most respectful of the ancient customs, four children are placed under the table, each one looking to a point of the compass, and they are told to imitate the sound of frogs calling on the waters.

Thus, as it is assumed that the waters before turning into rain flow from the subterranean spaces, the scenario can be considered as a small-scale replica of the universe: the vault of heaven, the earthly space, and the underworld, joined—through the actions of men—in the same eagerness of maintaining life by means of the pouring of water over the lands of the community, scorched by the strong summer sun typical of the Peninsula.

In communion with that eagerness, in the precise meaning of the term, during the ceremony the participants ingest the corn and cacao "hosts" prepared by the *h-men* and the *balche'* liquor poured on a calabash "chalice" called *su'ul*. On the arches dedicated to the *cháako'ob* they place a calabash with turkey meat,[37] pieces of a special "bread" (*chokob*) that is larger than others, *balche'*, and tobacco wrapped in a maize leave. Under the table other gifts will be placed for the *tunes*, which live in caves or at ground level... The whole universe unites in a ritual that in the obtaining of food looks to ensure the permanence of men and of the gods, as clearly expressed in one of the prayers petitioned by the *h-men*: "...*Talo'on k'atíkte'ex ka síkto'one'ex santo cháak, tí'al k pak'al, tí'al u yantal gracia, tí'al k jantej yéetel tí'al a jan-te'ex xan*": "...We have come to beseech your blessings and your sending holy rain for our sow and that there shall be grace [corn] for our feeding and yours too." (*Apud* Chuc Uc, *op. cít.*: 119).

---

[35] I cannot extend more on this point in spite of its relevance. I refer the interested reader to the summary by Quintal *et al.* (2003: 280-315) for the whole Peninsula; and for the specific case of Campeche to Chuc Uc (*op. cít.*), De Ángel (*op. cít.*) and Ruz *et al.* (*op. cít.*).

[36] In eastern Yucatán these bejuco vines are intended to of accurately directing lightning to discharge humidity precisely on the village's lands. For that reason it is called *be'elchak*, "the road of Chak."

[37] It can be replaced with chicken, but turkey is more appreciated. Although the participants may have no preferences about it, it is interesting that in using turkey it is guaranteed that all the ritual's ingredients originated in the Americas.

Since the ritual world exceeds by far the space of the corn-fields, also covering other working tasks, it is no surprise that the keepers of native bees, which are under the protection of Ah Muzen Kab, perform specific ceremonies; that cattle owners offer other ceremonies to their guardian, Wan Thul, to protect the animals; or that there exist rituals for the blessing of shotguns (*loj ts'on*), others to "ask for permission to reach the deer," or to give thanks for the catching of prey. Also common are ceremonies to consecrate and protect inhabited spaces, like the one called *ch'uysaka'*, to ask for the protection of the "guardian of the site" when moving into a brand new house, the *janlisolar*, in which *saka'* is offered to the "owners of the ground" (De Ángel, *op. cit.*: 85ss), or the *ukli-solar*; in which an offering of *saka'*, liquor, and cigarettes is made to "the owners" holding the site and the house, asking for protection not only for the human beings that are to live there, but also for the domestic animals, and even for the trees.[38] And there are ceremonies too for amending an oversight or an offense to the deities (in which case the ritual is called *k'eex*, "barter," since often an alternative victim is offered), and others with the aim of begging the gods, saints, and guardians to condescend to accompany the vital cycle of men.

One of those rituals, of clear pre-Hispanic affiliation, is the *hetzmek* or *je'ets me'ek'*, during which the child is sat astride the chosen godfather's or godmother's hip, who later places in his or her little hands working tools that correspond to the child's gender. This was usually practiced at the age of four months in the case of boys (in reference to the four corners of a corn-field) and three months in that of girls (an allusion to the three stones of the stove), and its intention is to provide the child with the needed physical and mental skills for a good per-formance in community life, this by means of direct contact with the working implements. In an evident process of "up-dating" traditions, in several communities the farming and cooking or knitting tools that used to be placed in the child's hands are being replaced by instruments related to more pro-fitable trades, especially books, notebooks, and pencils, if not a replica of a computer, or even an English dictionary!

To look towards the future doesn't cancel looking to the past; therefore, they also perform rituals to honor the ances-tors, who are the root of this magnificent Maya civilizational tree, and who are offered ceremonies and are included in rel-evant family events. For that reason, in Bacabchén, Calkiní, and other communities, the set of gifts that is handed over to the bride's family, the *muhul*, is placed on the altar where the

pictures of dead relatives are displayed, in order to acquaint them of the event and to ensure their kindness to the new cou-ple. The dead are also a fundamental piece in the maintenance of the cosmos, since they take part in many ways, acting from the new place, in the life of their descendants, who, in turn, by worshiping them survives ensure they permanence.

A clear sample of the latter is a splendid ritual that still is in force in northern Campeche, where for All Souls' Day the neighbors of Tenabo, Bacabchén, Dzotchén, Pomuch, and other towns on the ancient Camino Real [royal road] empty their ossuaries and carefully clean the remains of their forebears, exhumed three years after death. Once they are clean, the bones are placed again wrapped in new white cloths (perhaps traces of pre-Hispanic sacred wrappings?) that are carefully tied, watching that not a silver of bone or any remains of dust are left out. The skulls are placed on immaculate cloths with embroidered motifs of flowers, birds, greeting messages, and often the names of the diseased relatives. Displayed in the small family mausoleums, the ancestors' skulls will await the visit of their lineage, who will arrive to greet them, and even to kiss them, and also to "introduce" them to the youngest ("this one is your aunt, this one is your grandpa"), as if the intention were to make them familiar, because in the future all the wor-shiping will be in their hands. To recover the ancestors, a link in the species' chain, is essential to preserve harmony in the universe, based upon reciprocity and memory.

Shares of that memory, everyone is aware, are at risk of diluting forever, now that the millennial Maya way of being is endangered by changes of a depth that has never been seen before in many areas of the territory of present-day Cam-peche. This starts with the language, which many parents pre-fer not to teach their children anymore, so as to spare them from being discriminated in the future. And even if it is taught at home, the majority of schools, in spite of what authorities claim, encourage children to use Spanish; there is even the case of some schools where children are scolded for using Maya. No wonder, therefore, that the use of the mother language is becoming confined to the family and domestic sphere.

Something similar happens in spheres like agriculture, because when farmers abandon the cultivation of a cornfield for other more profitable crops, the complex ceremonial that used to fit around corn collapses. Neither the Tommy-mango groves, nor the soya fields, nor the grasslands require any *ch'a cháak* or *jan líko'ol* ceremonies; for them all that is required is to turn on the engine and open the irrigation lock gates. In urban areas it is getting harder to find somebody who knows how to warp a hammock or recalls how to make a guano-and-bejuco

---

[38] I thank David de Ángel for the information.

ceiling. Even dressing a bride in the traditional three-piece, white wedding suit has ceased to be a sign of elegance and has instead become synonymous with folklore. Today, imitating the star of the soap opera has become the fashion. After all, the new altars are structured around the television set.

It would be hasty, however, to anticipate the imminent disappearance of "everything Maya," which doesn't reside exclusively in the language, the dress, or any other "ethnic marker." Not to mention that the number of speakers of Peninsular Maya keeps increasing in absolute numbers, even though these are geographically restricted, many Campechean citizens—even after having lost proficiency in their mother tongue—still consider themselves Mayas: they invoke their family names, their historical past, their self-adscription feeling, and the performing of rituals that bond them to their forebears: from farming ceremonies to rituals like the *hetzmek*, which, as we have seen, have the aim of facilitating the new family member his or her future performance in society.[39]

No matter what, it is evident that in today's Campeche, regardless of the existence of individuals engaged in the creation of new paths for the transit of a singular identity that has been re-created along centuries, the spaces for the thriving

of the Maya being have been shrinking. This includes, of course, the way of grasping the environment, since the configuration of landscapes not only originates from the interaction between the milieu and society, but from cultural representations, which dictate different courses for every group to interpret the environment and live inside it.

With perseverance and intelligence, the Mayas have traditionally shown themselves as modern, ever since the pre-Hispanic era. But the speed and the proportions of change seem this time to be unusual: the damage to the ecosystems seems to be in many ways irreversible, and also, an especially important matter, the new generations of Campecheans show scarce interest in knowing, understanding, and maintaining the valuable expertise that their forebears developed to inhabit the space in a Mayan fashion. If this transmission link gets broken, the loss would be definitive.

Without the collaboration of the youth, who are by mere chronology closer, the chance to integrate the knowledge that comes from the traditional skills and traditional productive practices with contemporary science and technology, the restoring of more respectful patterns of living with nature based on reciprocity and memory, will be almost impossible. If such a catastrophe did occur, the loss would be for the whole of humankind; not only for Mayan culture. We would then see the fulfillment of the tragic omen of the *Chilam Balam*: "Lost shall be science, lost shall be true knowledge."[40]

---

[39] It makes no difference that to the eye of some purists the rite now is "adulterated" when the boy is not provided with farming instruments, nor the girl with domestic tools. For the Mayas, a folk always inserted in modernity, it is obvious that such signifiers have lost efficiency; that is why they put in the hands of boys and girls tools that are more in accordance with the desired contemporaneity. The aim of the ceremony is to make a better performance in society easier for the child; for keeping him or her in the same conditions of disadvantage there is no need of any ritual at all.

[40] *El libro de los libros del Chilam Balam*, 1974: 72.

SEMBLANZA AUTORES
BIOGRAPHICAL SKETCHES

GERARDO CEBALLOS

Es uno de los ecólogos y conservacionistas más reconocidos de México y Latinoamérica. Es investigador del Instituto de Ecología de la UNAM. Ha publicado 350 artículos científicos y de divulgación, y 35 libros. Ha recibido numerosas distinciones por su trabajo como el Premio Nacional al Mérito Ecológico. Sus intereses incluyen la ecología, las especies en peligro de extinción y las reservas naturales.

HELIOT ZARZA

Es estudiante de doctorado en el Instituto de Ecología de la UNAM. Ha estudiado la ecología de los mamíferos de México por más de quince años y participado como coordinador en proyectos como el *Censo Nacional del Jaguar y sus presas*. Sus líneas de investigación son la ecología del paisaje, la ecología de enfermedades y la conservación de mamíferos.

CLAUDIA AGRAZ HERNÁNDEZ

Doctorado en 1990 en la Universidad Autónoma de Nuevo León y posdoctoral en la Universidad Estatal de Louisiana, EUA, en 2001. Profesor-investigador Titular C. EPOMEX, Instituto de Ecología, Pesquerías y Oceanografía del Golfo de México, Universidad Autónoma de Campeche, de 2002 al presente. Asesora de la Secretaría de la Comisión de Pesca de la Cámara de Diputados del Congreso de la Unión en 1995. Se le otorgó el reconocimiento Ecológico 1998, en la categoría Académica. Forma parte del Comité Nacional de Manglares desde el 2008 a la fecha. Vicepresidente del Comité Nacional de Manglares en 2011. Fue invitada en el proyecto "Stenias proyect to Enhance NASA tools for Costal Managers in the Gulf of Mexico and Support Technology Transfer to Mexico" (2009), asi como ponente sobre "Restauración de ecosistemas de mangle en México". En Pacific

GERARDO CEBALLOS

One of the most acknowledged ecologists and conservationists in Mexico and Latin America. He is a researcher at the Institute of Ecology of the Mexican National University, UNAM. He has published 350 scientific and outreach articles, and 35 books. He has been awarded with a number of distinctions, like the National Prize for Merits in Ecology. His interests include ecology, endangered species, and nature reserves.

HELIOT ZARZA

He is a doctorate student at the Institute of Ecology of the UNAM. He has been studying the ecology of mammals in Mexico for over 15 years, and has coordinated several projects on the subject, like the *National Census of the Jaguar and its Prey*. His research fields are landscape ecology, ecology of illnesses, and conservation of mammals.

CLAUDIA AGRAZ HERNÁNDEZ

She received a PhD from the Universidad Autónoma de Nuevo León in 1990 and a postdoctoral degree from the Louisiana State University in 2001. Professor-researcher Titular C. EPOMEX, at the Institute of Ecology, Fishery, and Oceanography of the Gulf of Mexico, of the Universidad Autónoma de Campeche, from 2002 to date. She was an adviser of the Commission for Fishing of Mexico's House of Representatives in 1995. She was awarded with the 1998 Ecologic Acknowledgment, in the Academic category. She belongs to the National Committee for Mangrove Swamps, from 2008 to date, of which she became a Vice-President in 2011. She was invited to participate in the Stenias Project to Enhance NASA Tools for Coastal Managers in the Gulf of Mexico and Support Technology Transfer to Mexico (2009). She has also been a lecturer on Restoration of Mangrove

Northwest National Laboratory, de 1991 al 1994, trabajó como investigadora asociada y a partir de 1995 a la fecha es investigadora responsable en programas de restauración de humedales costeros, en biología de la conservación a través de áreas naturales protegidas y como consultora sobre restauración para dar cumplimiento a medidas de mitigación y compensación derivados de impactos ambientales. Sus áreas de competencia son la investigación, la asesoría técnica especializada, la formación académica desde nivel medio superior hasta posgrado, la capacitación para trabajo en campo, integración de grupos de trabajo por objetivos y el desarrollo de métodos innovadores en desarrollo sustentable.

JUAN MANUEL LABOUGLE RENTERÍA

Doctorado en 1990 en la Universidad de Kansas (Lawrence), EUA. Fue coordinador nacional de investigación del programa para el control de la abeja africana (1985-1986), representante por México (1987-1988) del programa USDA-SARH para el control de la abeja africanizada en México. Investigador asociado del Instituto de Ecología de la UNAM (1988-1991) y profesor titular de la Universidad Autónoma de Campeche (1993-1998). Responsable del proyecto de formación de técnicos en biodiversidad para la Reserva de la Biósfera de Calakmul (1994-1995) de la CONABIO, director del Área Natural Protegida de Laguna de Términos (1999-2002) de la CONANP (SEMARNAT) y gerente regional (2003-2004) de la Comisión Nacional Forestal (CONAFOR). Desde el 2004 trabaja como coordinador técnico de Espacios Naturales y Desarrollo Sustentable A.C., en restauración de humedales costeros, en biología de la conservación a través de áreas naturales protegidas y como consultor de empresas petroleras sobre restauración y mitigación de impactos ambientales. Sus áreas de competencia son la asesoría técnica especializada, la formación de personal para trabajo en campo, la integración de grupos de trabajo por objetivos y el desarrollo de métodos innovadores en desarrollo sustentable.

JUAN NÚÑEZ-FARFÁN

Biólogo evolutivo, labora en el Instituto de Ecología de la UNAM. Desarrolla estudios de genética ecológica de interacciones planta-herbívoro y genética de la conservación. Ha realizado estudios ecológicos y genéticos en *Rhizophora mangle*. Imparte la materia de Evolución en la Facultad de Ciencias de la UNAM y de Genética Cuantitativa y Ecológica en el Posgrado en Ciencias Biológicas. Ha graduado a ocho doctores, once maestros en ciencias y dieciséis biólogos.

Ecosystems in Mexico. At the Pacific Northwest National Laboratory, she worked as an associated researcher from 1991 to 1994, and from 1995 to date she is the researcher responsible for restoration programs of coastal wetlands, for conservation biology through protected natural areas, and a consultant on restoration to fulfill mitigation and compensation measures derived from environmental impacts. Her scope areas are research, specialized technical consultancy, academic teaching from college to postgraduate studies, field work training, setting up of objective-based work groups, development of innovative methods for sustainable development.

JUAN MANUEL LABOUGLE RENTERÍA

He received a PhD from the University of Kansas (Lawrence), in 1990. He was the national research coordinator of the program for the control of African bees (1985-86), and the representative of Mexico (1987-88) for the USDA-SARH program for the control of the Africanized bee in Mexico. He was an associated researcher at the Institute of Ecology of the UNAM (1988-91), and a titular professor at the Universidad Autónoma de Campeche (1993-98). He was the responsible of the project of training of technicians in biodiversity for the Biosphere Reserve of Calakmul (1994-95) of CONABIO; the director of the Protected Natural Area of Laguna de Términos (1999-02) of CONAP (SEMARNAT), and the regional manager (2003-04) of the National Forests Commission (CONAFOR). Since 2004 he has worked as a technical coordinator at Espacios Naturales y Desarrollo Sustentable A.C. in restoration of coastal wetlands, in biology of conservation throughout protected natural areas, and as a consultant for oil companies on restoration and mitigation of environmental impacts. His areas of scope are specialized technical consultancy, setting up of objective-based work groups, development of innovative methods for sustainable development.

JUAN NÚÑEZ FARFÁN

An evolutionary biologist, he works at the Institute of Ecology of the UNAM. He develops studies on ecologic genetics of plant-herbivore interactions and on genetics of conservation. He has carried out ecologic and genetic studies of *Rhizophora mangle*. He teaches the subject evolution at the Faculty of Sciences of the UNAM, and quantitative and ecologic genetics for postgraduate students in biological sciences. He has graduated eight doctors, eleven masters in science, and sixteen biologists.

ROSALINDA TAPIA LÓPEZ

Maestra en Ciencias. Candidata a doctora en Ciencias Biomédicas. Es responsable del laboratorio de Genética Ecológica y Evolución, en el Instituto de Ecología de la UNAM, donde se realizan estudios sobre diversidad genética y filogenia de plantas. Ha realizado investigación en biología del desarrollo de hongos y plantas, y tiene especial interés en los sistemas genéticos y hormonales que regulan el desarrollo de las raíces. Ha impartido diversos cursos de Genética, Biología Molecular y Bioquímica.

CELSO GUTIÉRREZ BÁEZ

Biólogo egresado de la Facultad de Ciencias Biológicas de Universidad Veracruzana, realizó sus estudios de maestría en la Universidad Autónoma de Yucatán. Desde 1996 es profesor e investigador del Centro de Investigaciones Históricas y Sociales de la Universidad Autónoma de Campeche. Sus líneas de investigación son Sistemática de las Familias Icacinaceas y Heliconiaceas así como la Florística y Ecología de las Comunidades Vegetales de la Península de Yucatán; ha impartido cátedras de Botánica, Biología y Ecología en la Facultad de Ciencias Químico Biológicas y cursos a nivel posgrado en la Facultad de Historia en la misma Universidad. Cuenta con veinte artículos de investigación en revistas indexadas, tres capítulos de libro y diecinueve en divulgación. Ha participado en cinco trabajos en congresos nacionales e internacionales, además ha participado en diez comités tutorales y en quince exámenes de grado.

RODRIGO DUNO DE STEFANO

Doctor en Biología Vegetal por la Universidad Complutense de Madrid (2002), maestro en Taxonomía de Plantas y Hongos por el Departamento de Ciencias Vegetales de la Universidad de Reading (1992), y licenciado en Biología por la Facultad de Ciencias de la Universidad Central de Venezuela (1988). Se ha especializado en las familias Droseraceae, Icacinaceae y Leguminosae. También tiene interés en la flora de la Península de Yucatán y del resto del trópico americano. Colabora con investigadores nacionales e internacionales en varios proyectos. Actualmente trabaja en la sistemática y filogenia del género *Mappia* (Icacinaceae) y la alianza *Pithecellobium* (Leguminosae). Es autor de cuarenta artículos científicos (quince de ellos indexados), quince capítulos de libros y cinco libros. Ha impartido varios cursos en el área de sistemática y florística. Es investigador Asociado "A" en el Centro de Investigación Científica de Yucatán, A.C. (CICY) desde el año 2003.

ROSALINDA TAPIA LÓPEZ

She has a master's degree in Science, and is a doctorate candidate in Biomedical Sciences. She is the responsible of the laboratory of Ecologic and Evolution Genetics at the Institute of Ecology of the UNAM, where studies on genetic diversity and phylogeny of plants are conducted. She has made research in biology of the development of fungus and plants, and she has a particular interest in the genetic and hormonal systems that regulate the development of roots. She has taught several courses on Genetics, Molecular Biology, and Biochemistry.

CELSO GUTIÉRREZ BÁEZ

A biologist by the Faculty of Biological Sciences of the Universidad Veracruzana, he attended his master's studies at the Universidad Autónoma de Yucatán. From 1996 he has been professor and researcher at the Center for Historic and Social Research of the Universidad Autónoma de Campeche. His fields of investigation are Systematics of the Icacinacea and Heliconiaceae Families, and Floristic and Ecology of Vegetal Communities in the Yucatán Peninsula; he has been a professor of botanic, biology, and ecology at the Faculty of Chemical Biological Sciences, and has imparted graduated courses at the Faculty of History, both at the same University. He has published 20 research articles in indexed magazines, three book chapters, and 19 outreach articles. He has taken part in five projects in national and international congresses; he has also participated in ten tutorial committees and 15 professional exams.

RODRIGO DUNO DE STEFANO

Doctor in Vegetal Biology by the Universidad Complutense of Madrid (2002), master in Taxonomy of Plants and Fungus by the Department of Vegetal Sciences of the University of Reading (1992), and graduated in Biology by the Faculty of Sciences of the Universidad Central de Venezuela (1988). He has specialized in the Droseraceae, Icacinaceae, and Leguminosae families. He is also interested in the flora of the Yucatán Peninsula and of the rest of the tropics in the Americas. He collaborates with national and international researchers in at least three projects. At present, he works on the systematics and phylogeny of genus Mappia (Icacinaceae) and the alliance Pithecellobium (Leguminosae). He is the author of 40 scientific articles (fifteen of them indexed), fifteen book chapters, and five books. He has imparted several courses on systematics and floristic. He is an "A" associated researcher at the Centro de Investigación Científica de Yucatán, A.C. (CICY) from 2003 to date.

GERMÁN CARNEVALI FERNÁNDEZ-CONCHA

Egresado de la Facultad de Ciencias de la Universidad Central de Venezuela, con maestría y doctorado en el programa Ecology, Evolution and Systematics de la University of Missouri-St. Louis y el Missouri Botanical Garden. Desde 1996 es profesor-investigador titular de la Unidad de Recursos Naturales del Centro de Investigación Científica de Yucatán (CICY), siendo hoy profesor-investigador titular C. Además, es curador del herbario del centro. Es investigador nacional nivel 2. Imparte cátedras de Sistemática, de Biogeografía y de Florística a nivel de posgrado. Es y ha sido responsable de varios proyectos financiados por agencias financiadoras nacionales e internacionales. Ha sido autor o coautor de 189 publicaciones entre artículos indexados, artículos arbitrados, libros y capítulos de libro. Ha presentado múltiples ponencias en congresos nacionales e internacionales y ha dirigido cinco tesis de licenciatura, y ocho de posgrado, incluyendo tres de doctorado, además de participar en comités tutorales y examenes de grado. En este momento es director de cinco proyectos de posgrado entre maestría y doctorado. Sus áreas de estudio son Sistemática filogenética y florística de las Orchidaceae neotropicales; florística de la Península de Yucatán, de la región Guayana y de Venezuela.

IVÓN M. RAMÍREZ MORILLO

Profesora-investigadora Titular C de la Unidad de Recursos Naturales-Herbario del Centro de Investigación Científica de Yucatán, A.C. (CICY), donde labora desde enero del año 1997. Nativa de Venezuela, desarrolló sus primeros trabajos con sistemática y florística de orquídeas y bromelias venezolanas, para luego concentrarse en grupos brasileños de bromelias: *Neoregelia* en su maestría y *Cryptanthus* para su doctorado, ambos en University of St. Louis-Missouri y Missouri Botanical Gardens. Al incorporarse al grupo de investigadores del CICY, comenzó a trabajar con bromelias mexicanas, tanto en aspectos florísticos (flora y listados), como en aspectos reproductivos y sistemática filogenética. En los últimos años ha dedicado su investigación al género *Hechtia*, un género principalmente nativo de México, investigando sus relaciones filogenéticas con el uso de evidencia proveniente de la morfología, anatomía, secuencias de ADN nuclear y cloroplasto y biogeografía. Hasta la fecha, ha publicado 67 artículos, 18 capítulos de libro, dos libros, incluyendo una *Guía Ilustrada de las Bromeliaceae de la porción mexicana de la Península de Yucatán*, así como también ha dirigido seis tesis de posgrado y cuatro de licenciatura, además de

GERMÁN CARNEVALI FERNÁNDEZ-CONCHA

He graduated from the Faculty of Sciences of the Universidad Central de Venezuela, and has a master's degree and a doctorate in the program Ecology, Evolution, and Systematics of the University of Missouri-St. Louis and the Missouri Botanical Garden. From 1996 he has been professor-researcher and head of the Unity of Natural Resources of the Centro de Investigación Científica de Yucatán (CICY), being at present Titular C professor-researcher. Furthermore, he is the curator of the Center's herbarium. He is a National Researcher Level 2. He teaches graduate courses of Systematics, Biogeography, and Floristic. He is and has been the responsible of several projects sponsored by national and international funding agencies. He has been the author or coauthor of 189 publications, including indexed articles, arbitrated articles, books, and book chapters. He has given many lectures in national and international congresses; he has directed five undergraduate and eight graduate theses, including three doctorates, and has also taken part in tutorial committees and professional exams. At present, he is directing five graduate projects, both for master's and doctorate's degrees. His areas of study are Phylogenetic Systematics, and floristic of neotropical Orchidaceae; also floristic of the Yucatán Peninsula and of the regions of Guyana and Venezuela.

IVÓN M. RAMÍREZ MORILLO

She is a Titular C professor-researcher at the Unity of Natural Resources-Herbarium of the Centro de Investigación Científica de Yucatán, A.C. (CICY), where she works from January 1997 up to date. A native of Venezuela, she developed her first projects on the systematics and floristic of orchids and bromelias of Venezuela, to later focus on Brazilian groups of Bromelias: *Neoregelia* for her master's and *Cryptanthus* for her doctorate's degree, both at the University of St. Louis-Missouri and the Missouri Botanical Gardens. When she joined the group of researchers at the CICY, she started working with Mexican bromelias, both in floristic aspects (flora and listings) and in reproductive aspects and phylogenetic systematics. In recent years, she has devoted her investigation to the genus *Hechtia*, a genus that is mainly native of Mexico, researching its phylogenetic relationships with the use of evidence from the morphology, anatomy, nuclear DNA sequences, and chloroplast and biogeography. To date, she has published 67 articles, 18 book chapters, two books, including an *Illustrated guide of Bromeliaceae of the Mexican Portion of the Yucatán Peninsula*, and she has also directed six graduate and four undergraduate theses; furthermore, she

haber participado en congresos, conferencias, así como también impartido cursos a nivel de posgrado.

MARIO HUMBERTO RUZ

Médico cirujano (UNAM, 1977), maestro en Antropología Social (UIA, 1981) y doctor en Etnología (EHESS, París, 1985), es investigador titular del Centro de Estudios Mayas de la UNAM. Autor de diversos libros y artículos en sus áreas de especialización (historia de los mayas coloniales y etnología de los actuales), ha sido profesor en las universidades de París X y París VIII, Nacional de San Carlos de Guatemala, Complutense de Madrid, Estatal de Nueva York, INALCO (París), FLACSO de Ecuador y varias instituciones nacionales, además de la propia UNAM. Miembro del Sistema Nacional de Investigadores (Nivel III) y de la Academia Mexicana de Ciencias, obtuvo en 1989 el Premio Francisco J. Clavijero (mejor investigación en Historia, INAH), en 1992 el Premio de Investigación en Ciencias Sociales (AIC), en 1999 el Premio Chiapas en Ciencias y en 2002 el Premio Universidad Nacional en investigación en Humanidades (UNAM).

has taken part in congresses and lectures, and she has also imparted courses at graduate level.

MARIO HUMBERTO RUZ

Medical doctor and surgeon (UNAM, 1977), master in Social Anthropology (UIA, 1981), and doctor in Ethnology (EHESS, Paris, 1985), he is a titular researcher at the Center for Maya Studies of the UNAM. He is the author of several books and articles in his specialization areas (history of colonial Mayas, and ethnology of present-day Mayas); he has been a professor at following universities: Paris X and Paris VIII, Nacional de San Carlos de Guatemala, Complutense in Madrid, New York State, INALCO (Paris), FLACSO Ecuador, and in a number of national institutions, apart from the UNAM. He is a member of the Sistema Nacional de Investigadores (Level III) and of the Mexican Academy of Sciences; in 1989 he was awarded with the Francisco J. Clavijero Prize (best research in History, INAH), in 1992 with the Research Prize in Social Sciences (AIC), in 1999 with the Chiapas Prize in Sciences, and in 2002 with the Universidad Nacional Prize in Research in Humanities (UNAM).

BIBLIOGRAFÍA

CALAKMUL, UN PARAÍSO PARA LA FAUNA
Y FLORA

BERLANGA, M., P. Wood, J. Salgado, E. Figueroa.
(2000) "Calakmul AICA" 171, pp. 110-111, en
*Área de importancia para la conservación de las aves
en México* (M. C. Arizmendi y L. Márquez
(eds.), CONABIO, México, D.F.

CAMPBELL, J. A.
(1998) *Amphibians and reptiles of northern Guatemala, the Yucatán and Belize*, University Oklahoma Press, Oklahoma, EUA.
CALDERÓN-MANDUJANO, R., J. R. Cedeño-Vázquez y C. Pozo
(2003) "New distributional records for amphibians and reptiles from Campeche, México", en *Herpetological Review* núm. 34, pp. 269-
272.
CEBALLOS, G. y G. Oliva
(2005) *Los mamíferos silvestres de México*, CONABIO/
FCE, México, D.F.
CEBALLOS, G., R., List, R., Medellín, C., Bonacic,
J., Pacheco (eds.)
(2010) *Los Felinos de América. Cazadores sorprendentes*,
TELMEX, México D.F.
CEBALLOS, G., C. Chávez y H. Zarza
(2011) *El jaguar en México*. Alianza WWF-Telcel/
TELMEX/UNAM. México, D.F.
CEBALLOS, G., C. Chávez, H. Zarza y C. Manterola
(2005) "Ecología y conservación del jaguar
en la región de Calakmul", en *Biodiversitas*,
núm. 62, pp. 1-7.
CEDEÑO-VÁZQUEZ, J. R., R. Calderón-Mandujano,
y C. Pozo
(2006) *Anfibios de la Región de Calakmul, Campeche, México*, CONABIO, México, D.F.

ESCALONA-Segura, G., J. A. Vargas-Contreras,
y L. Interián-Sosa
(2002) "Registros importantes de mamíferos
para Campeche, México", en *Revista Mexicana
de Mastozoología*, núm. 6, pp. 166-170.

ESCAMILLA, A., M. Sanvicente, M. Sosa, y C.
Galindo-Leal
(2000) "Habitat mosaic, wildlife availability,
and hunting in the tropical forest of Calakmul, México", en *Conservation Biology*, núm. 14,
pp. 1592-1601.

JORGENSON, P.
(1999) "Efecto de la caza en la fauna silvestre
de la selva maya de México", en *La Selva Maya
conservación y desarrollo* (Primack R. B., D. Bray,
H. Galletti e I. Ponciano (eds.), Siglo XXI
Editores, México, pp. 221-234.

LEE, J. C.
(2000) *A field guide to the Amphibians and Reptiles
of the Maya World. The lowlands of México, northern Guatemala, and Belize*, Cornell University
Press, Cornell, EUA.

MARTÍNEZ, E. y C. Galindo-Leal
(2002) "La vegetación de Calakmul, Campeche,
México: clasificación, descripción y distribución", en *Boletín de la Sociedad Botánica Mexicana*, núm. 71, pp. 7-32.
MARTÍNEZ, Salas, E., M. Sousa-Manches y C. H.
Ramos-Álvarez
(2001) *Listados florísticos de México. XXII. Región
de Calakmul, Campeche*, Instituto de Biología,
UNAM, México, D.F.
MYERS N., R. A. Mittermeier, G. da Fonseca
y J. Kent
(2000) "Biodiversity hotspots for conservation
priorities", en *Nature*, núm. 403, pp. 853-854.

PENNINGTON, T. D. y J. Sarukhán
(1998) *Árboles tropicales de México: manual para la
identificación de las principales especies*, FCE, México.

ROY Chowdhury, R.
(2006) "Landscape change in the Calakmul
Biosphere Reserve, México: Modeling the driv-
ing forces of smallholder deforestation in
land parcels", en *Applied Geography*, núm. 26,
pp. 129-152.

RZEDOWSKI, J.
(1978) *Vegetación de México*, Limusa, México,
D.F.

SEMARNAP
(1999) *Programa de manejo de la Reserva de la Biósfera de Calakmul*, SEMARNAP/INE, México D.F.
SOSA-Fernández V. J., A. Hernández-Huerta,
M. Aranda-Sánchez, C. E. Pérez-Sánchez,
O. Muñoz-Jiménez, J. L. Álvarez-Palacios y N. E.
Corona Callejas.
(1999) *Listado actualizado de los mamíferos de la
reserva de la Biósfera de Calakmul, con un análisis de
las implicaciones de su distribución y rareza para la
zonificación de la reserva. Informe técnico*, Instituto de Ecología A.C., Xalapa, Veracruz.

TURNER II, B. L., S. Cortina, D. Foster, J. Geoghe-
gan, E. Keys, P. Klepeis, D. Lawrence, P. M.
Mendoza, S. Manson, Y. Ogneva-Himmelberger,
A. B. Plotkin, D. Pérez, R. Chowdhury, B. Savitsky,
L. Schneider, B. Scmook, y C. Vance
(2001) "Deforestation in the southern Yucatán peninsula region: an integrative approach",
en *Forest Ecology and Management*, núm. 154,
pp. 353-370.

VARGAS-Contreras J. A., Escalona-Segura G.,
Arroyo-Cabrales J., Calderón-Mandujano, R.R.,
Interián-Sosa L. y Reyna-Hurtado R.
(2005) "Especies prioritarias de vertebrados
terrestres en Calakmul, Campeche", en *Acta
Vertebrata Mexicana*, núm. 16, pp. 11-32.

WOOD, P. y M. Berlanga
(1993) *Ornithological studies of the Calakmul Biosphere Reserve, Campeche, México*, Reporte Final a SEDUE, US-AID y WWF, 1990-93.

LA ENCRUCIJADA DE TÉRMINOS

ALEXANDER M. S., D. Duro
(2005) *Habitat fragmentation and water quality in
the Candelaria watershed, México*, Congreso Internacional sobre el Agua en la frontera México-

Guatemala-Belice, 8 y 9 de diciembre de 2005, UAC, EPOMEX, Colegio de la Frontera Sur, Red de Investigadores sobre el Agua.

ÁLVAREZ Arellano, A.D y J. Gaitán Morán
(1991) "Lagunas costeras y el litoral mexicano: Geología", en De la Lanza Espino, G. y C. Cáceres Martínez (eds.), *Lagunas costeras y el litoral mexicano*, UABCS, pp. 14-74.

BACH L., Calderón R., Cepeda M.F. Oczkowski A, Olsen S.B, Robadue D.
(2005) *Resumen del perfil de primer nivel del sitio Laguna de Términos y su cuenca*, México, Narragansett, RL, Coastal Resources Center, University of Rhode Island, EUA.

BACK, W. y B. B. Hasnshaw
(1982) *Geochemical significance of brackish-water springs in limestones of coastal regions. III semana de hidrogeología*, Facultad de Ciencias de Lisboa-Portugal, 10-14 mayo.

BAUTISTA, F., E. Batllori-Sampecho, G. Palacio, M. Ortiz Pérez y M. Castillo-González.
(2005) *Integración del conocimiento actual sobre los paisajes geomorfológicos de la Península de Yucatán: Implicaciones Agropecuarias, Forestales y Ambientales*, UAC/UADY/INE.

DE LA LANZA Espino, G., P. Ramírez García, y F. Thomas y A.R. Alcántara
(1993), "La vegetación de manglar en la laguna de Términos, Campeche. Evaluación preliminar a través de imágenes Landsat", en *Hidrobiológica*, vol. 3 (1-2).

DAY Jr. J. M. y A. Yañez Arancibia
(1988) *Consideraciones ambientales y fundamentos ecológicos para el manejo de la región de la Laguna de Términos, sus habitats y sus recursos pesqueros*, pp. 453-482.

EPOMEX
(2002) *Ecología del Paisaje y Diagnóstico Ambiental del ANP Laguna de Términos*, EPOMEX / UNAM, Campeche, México.

GALAVIZ Solís, A., M. Gutiérrez Estrada y A. Castro del Río
(1987) "Morfología, sedimentos e hidrodinámica de las lagunas Dos Bocas y Mecoacán, Tabasco, México", en *Anales del Instituto de Ciencias del Mar y Limnología*, UNAM, núm. 14 (2), pp. 109-124.

INE
(1997) *Programa de Manejo del Área de Protección de Flora y Fauna Laguna de Términos*, INE/SEMARNAP, México.

EL CANTO DE LOS MANGLARES: CELESTÚN, CHENKÁN, LAGUNA DE TÉRMINOS Y LOS PETENES

CONABIO
(2009) *Sitios de manglar con relevancia biológica y con necesidades de rehabilitación ecológica*, CONABIO, México, D.F.

http://www.biodiversidad.gob.mx/ecosistemas/manglares/ sitiosPrioritarios.html
(2009) *Manglares de México: Extensión y distribución.* 2ª ed. Comisión Nacional para el Conocimiento y Uso de la Biodiversidad, México, D.F., 99 pp.

CONANP-SEMARNAT
(2006) "Programa de Conservación y Manejo Reserva de la Biósfera Los Petenes. Comisión Nacional de Áreas Naturales Protegidas", en *Diario Oficial de la Federación.* NORMA *Oficial Mexicana* NOM-059-SEMARNAT, México, D.F., 203 pp.
(2010) "Protección ambiental-Especies nativas de México de flora y fauna silvestres-Categorías de riesgo y especificaciones para su inclusión, exclusión o cambio-Lista de especies en riesgo", en *Diario oficial*, jueves, 30 de diciembre de 2010, México, D.F.

DONATO D. C., J. Boone Kauffman, D. Murdiyarso, S. Kurnianto, M. Stidham and M. Kanninen.
(2011) "Mangroves among the most carbon-rich forests in the tropics", en *Nature Geoscience*, núm. 4, pp. 293-297.

DURÁN García, R.
(1995) "Diversidad florística de los retenes de Campeche", en *Acta Botánica Mexicana*, núm. 31, pp. 73-84.

GIRI C., Ochieng E., Tieszen L. L., Zhu Z., Singh A., Loveland T., Masek J. and Duke N.
(2011) "Status and distribution of mangrove forests of the world using Earth observation satellite data", en *Global Ecology and Biogeography*, núm. 20, pp. 154-159.

GUTIÉRREZ Báez, C.
(2006) "Lista de especies de plantas acuáticas vasculares de la Península de Yucatán", en *México, Polibotánica*, núm. 21, pp. 75-87.

HOGARTH, P. J.
(1999) *The Biology of Magroves Oxford.* Oxford University Press, Gran Bretaña.

INE
(2004) *Programa de manejo del Área de Protección de Flora y Fauna "Laguna de Términos",* Instituto Nacional de Ecología, México, D.F.

LEÓN, P. y S. Montiel
(2008) "Wild meat use and traditional hunting practices in a rural Mayan community of the Yucatán peninsula, México", en *Human Ecology*, núm. 36, pp. 249-257.

LÓPEZ-PORTILLO J. y Ezcurra E.
(2002) "Los manglares de México: una revisión", en *Madera y Bosques* (número especial), pp. 27-51.

LUGO A. E. y S. C. Snedaker
(1974) "The ecology of mangroves", en *Annual Review of Ecology and Systematics*, núm. 5, pp. 39-64.

MAS, J. F. y J. Correa Sandoval
(2000) "Análisis de la fragmentación del paisaje en el área protegida 'Los Petenes', Campeche, México", en *Investigaciones Geográficas. Boletín del Instituto de Geografía*, UNAM, núm. 43, pp. 42-59.

NÚÑEZ-FARFÁN J., Domínguez C. A., Dirzo R. y Eguiarte L.
(1996) *Estudio ecológico de las poblaciones de Rhizophora mangle en México*, Comisión Nacional para el Conocimiento y Uso de la Biodiversidad, México, D.F.

OCAÑA D. y A. Lot
(1996) "Estudio de la vegetación acuática vascular del fluvio-lagunar-deltaíco del río Palizada, en Campeche México", en *Anales del Instituto de Biología*, UNAM, s. Botánica, núm. 67, pp. 303-327.

REYES-GÓMEZ, H. G. y A. D. Vázquez-Lule
(2009) "Caracterización del sitio de manglar Pom-Atasta", en *Comisión Nacional para el Conocimiento y Uso de la Biodiversidad (CONABIO). Sitios de manglar con relevancia biológica y con necesidades de rehabilitación ecológica*, CONABIO, México, D.F.
(2009) "Caracterización del sitio de manglar San Pedro-Nuevo Campechito", en *Comisión Nacional para el Conocimiento y Uso de la Biodiversidad (CONABIO). Sitios de manglar con relevancia biológica y con necesidades de rehabilitación ecológica*, CONABIO, México, D.F.
(2009) "Caracterización del sitio de manglar Sabancuy-Chen Kan", en *Comisión Nacional para el Conocimiento y Uso de la Biodiversidad (CONABIO). Sitios de manglar con relevancia biológica y con necesidades de rehabilitación ecológica*, CONABIO, México, D.F.
(2009) "Caracterización del sitio de manglar Isla Aguada-Boca de Pargos", en *Comisión Nacional para el Conocimiento y Uso de la Biodiversidad (CONABIO). Sitios de manglar con relevancia biológica y con necesidades de rehabilitación ecológica*, CONABIO, México, D.F.
(2009) "Caracterización del sitio de manglar Boca del Río Chumpán", en *Comisión Nacional para el Conocimiento y Uso de la Biodiversidad (CONABIO). Sitios de manglar con relevancia biológica y con necesidades de rehabilitación ecológica*, CONABIO, México, D.F.
(2009) "Caracterización del sitio de manglar Atasta Norte", en *Comisión Nacional para el Conocimiento y Uso de la Biodiversidad (CONABIO). Sitios de manglar con relevancia biológica y con necesidades de rehabilitación ecológica*, CONABIO, México, D.F.
(2009) "Caracterización del sitio de manglar Isla del Carmen", en *Comisión Nacional para el Conocimiento y Uso de la Biodiversidad (CONABIO). Sitios de manglar con relevancia biológica y con necesidades de rehabilitación ecológica*, CONABIO, México, D.F.

RYCK D. J. R. D., Robert E. M. R., Schmitz N., Van der Stocken T., Di Nitto D., Dahdouh-Guebas F. y Koedam N.
(2012) "Size does matter, but not only size: Two alternative dispersal strategies for viviparous mangrove propagules", en *Aquatic Botany* doi: 10.1016/j.aquabot.2012.06.005

THE Ramsar Convention on Wetlands http://www.ramsar.org/cda/en/ramsar-about-mission/ main/ramsar

TOMLINSON, P. B.
(1986) *The Botany of Mangroves*, Cambridge University Press, Cambridge, Gran Bretaña.

VÁZQUEZ-LULE, A. D., G. Ríos-Saís y M. F. Adame
(2009) "Caracterización del sitio de manglar Celestún", en *Comisión Nacional para el Conocimiento y Uso de la Biodiversidad* (CONABIO). *Sitios de manglar con relevancia biológica y con necesidades de rehabilitación ecológica*, CONABIO, México, D.F.

VÁZQUEZ-LULE, A. D., J. E. Reyes-Castellanos y C. Agraz-Hernández
(2009) "Caracterización del sitio de manglar Petenes", en *Comisión Nacional para el Conocimiento y Uso de la Biodiversidad* (CONABIO). *Sitios de manglar con relevancia biológica y con necesidades de rehabilitación ecológica*, CONABIO, México, D.F.
(2009) "Caracterización del sitio de manglar Río Champotón", en *Comisión Nacional para el Conocimiento y Uso de la Biodiversidad* (CONABIO). *Sitios de manglar con relevancia biológica y con necesidades de rehabilitación ecológica*, CONABIO, México, D.F.

YÁÑEZ-ARANCIBIA A., Lara-Domínguez A. L., Rojas Galaviz J. L., Zárate Lomeli D. J., Villalobos Zapata G. J. y Sánchez-Gil P.
(1999) "Integrating science and management on coastal marine protected areas in the Southern Gulf of México", en *Ocean & Coastal Management*, núm. 42, pp. 319-344.

CAMPECHE EN VEGETACIÓN Y EN FLOR

VEGETACIÓN

CARNEVALI Fernández-Concha, G., I. Ramírez Morillo y J. A. González-Iturbe
(2003) "Flora y vegetación de la Península de Yucatán", en P. Colunga, G., y A. Larqué S. (eds.), *Naturaleza y Sociedad del Área Maya: pasado, presente y futuro*, Centro de Investigacion Científica de Yucatán, A.C., Mérida, Yuc., pp. 53-68.

FLORES J. S. y I. C. Espejel
(1994) "Tipos de vegetación de la Península de Yucatán", en *Etnoflora Yucatánense. Fascículo*, fasc. 3, Universidad Autónoma de Yucatán.

GUTIÉRREZ, B. C., P. Zamora-Crescencio y S. C. Hernández-Mundo
(2012) "Estructura y composición florística de la selva mediana subcaducifolia de Mucuychacán, Campeche, México", en *Foresta Veracruzana*, núm. 14 (1), pp. 9-11.

LUNDELL, C. L.
(1934) *Preliminary sketch of the phytogeography of the Yucatán Península*, Carnegie Institute of Washington Publication, núm. 436, pp. 257-231.

MARTÍNEZ, E., M. Sousa y C. H. Ramos
(2001) *Listados florísticos de México. XXII. Región de Calakmul, Campeche*, Instituto de Biología, UAM.

MARTÍNEZ, E. y C. Galindo
(2002) "La vegetación de Calakmul, Campeche, México: Clasificación, descripción y distribución", en *Boletín de la Sociedad Botánica de México*, núm. 71, pp. 7-32.

MIRANDA, F.
(1958) "Estudios acerca de la vegetación", t. II, en *Los recursos naturales del sureste y su aprovechamiento*, Instituto Mexicano de Recursos Naturales Renovables, México, pp. 161-173.

PALACIO A. G., R. Noriega y P. Zamora
(2002) "Caracterización físico-geográfica del paisaje conocido como 'bajo inundable' el caso del área Natural Protegida Balam kin, Campeche. Investigación Geográfica", en *Boletín del Instituto de Geografía*, UNAM, núm. 49, pp. 57-73.

RZEDOWSKI, J.
(1978) *Vegetación de México*, Limusa, México.

ZAMORA-CRESCENCIO P., Domínguez C. Ma. del R., Villegas P., Gutiérrez B. C, Manzanero-Acevedo L., Ortega H. J., Hernández-Mundo S., Puc-garrido E. y R. Puch-Chávez
(2011) "Composición florística y estructura de la vegetación secundaria en el norte del estado de Campeche, México", en *Boletín de la Sociedad Botánica de México*, núm. 89, pp. 27-35.

ZAMORA-CRESCENCIO P., Gutiérrez B. C., Folan J.W., Domínguez C. Ma. Del R., Villegas P., Cabrera-Mis G., Castro-Angulo C.M. y J.C. Carballo.
(2012). "La vegetación leñosa del sitio arqueológico de Oxpemul, municipio de Calakmul, Campeche, México", en *Polibotánica*, núm. 33, pp. 131-150.

PLANTAS VASCULARES

ARELLANO-RODRÍGUEZ, J. A., J. S. Flores Guido, J. Tun Garrido y M. M. Cruz Bojórquez.
(2003) "Nomenclatura, forma de vida, uso, manejo y distribución de las especies vegetales de la Península de Yucatán", en J. S. Flores. (ed.) *Etnoflora Yucatánense*, vol. 20, Universidad Autónoma de Yucatán, Mérida, Yucatán.

CARNEVALI Fernández-Concha, G., J. L: Tapia-Muñoz, R. Duno de Stefano e I. M. Ramírez
(2010) *Flora Ilustrada de la Península de Yucatán: Listado Florístico*, Centro de Investigación Científica de Yucatán, A.C., Mérida, Yucatán, México.

DURÁN, R., Campos, G., Trejo, J. C., Sima, P., May Pat, F. y Juan Qui, M.
(2000) *Listado florístico de la Península de Yucatán*, Centro de Investigación Científica de Yucatán, Mérida, Yucatán.

ESTRADA-LOERA, E.
(1991) "Phytogeographic relationships of the Yucatán Península", en *Journal of Biogeography*, núm. 18, pp. 677-679.

GUTIÉRREZ-BÁEZ, C.
(2003) *Listado florístico actualizado del estado de Campeche*, Mexico, Universidad Autónoma de Campeche, Campeche.

MORRONE, J.
(2005) "Hacia una síntesis Biogeográfica de México", en *Revista Mexicana de Biodiversidad*, núm. 76 (2), pp. 207-252.

PÉREZ, L.A., Sousa-Sánchez M., Hanan A.M., F. Chianf y P. Tenorio
(2005) "Vegetación Terrestre", en Bueno J., Álvarez F., y Santiado S. (eds.), *Bioáiversidad del Estado de Tabasco*, Instituto de Biología, UNAM y CONABIO, México, D.F., pp. 65-110.

SOSA, V., J. S. Flores, V. Rico-Gray, R. Lira y J. J. Ortiz
(1985) "Lista Florística y Sinonimia Maya", en V. Sosa (ed.). *Etnoflora Yucatánense*, fasc. I, Instituto Nacional de Investigaciones sobre Recursos Bióticos, Xalapa, Veracruz, México.

BROMELIACEAE

AGUILAR Rodríguez, S., Terrazas, E. Aguirre-León y Ma. E. Huidobro Salas
(2007) "Modificaciones en la corteza de *Prosopis laevigata* por el establecimiento de *Tillandsia recurvata*", en *Boletín de la Sociedad Botánica de México*, núm. 81, pp. 27-35.

ANDREWS, J. y E. Gutiérrez
(1988) "Un listado preliminar y notas sobre la historia natural de las orquídeas de la Península de Yucatán", en *Orquídea (México)*, núm. II, pp. 103-130.

CARNEVALI Fernández-Concha, G. J. L. Tapia-Muñoz, R. Duno de Stefano e I. Ramírez M. (eds.)
(2010) *Flora Ilustrada de la Península de Yucatán: Listado Florístico*, Centro de Investigación Científica de Yucatán, A.C., Mérida, Yucatán, México.

CASTELLANOS-VARGAS, I., Z. Cano-Santana y B. Hernández-López
(2009) "Efecto de *Tillandsia recurvata* L. (Bromeliaceae) sobre el éxito reproductivo de *Fouquieria splendens* Engelm. (Fouquieriaceae)", en *Revista Ciencia Forestal de México*, núm 34 (105), pp. 197-207.

ESPEJO-SERNA A., A. R. López-Ferrari, I. Ramírez-Morillo, B. K. Holst, H. Luther y W. Till
(2004) "Checklist of Mexican Bromeliaceae with notes on species distribution and levels of endemism", en *Selbyana*, núm. 25 (1), pp. 33-86.

GENTRY, A. y C. H., Dodson
(1987) "Diversity and biogeography of neotropical vascular epiphytes", en *Annals of the Missouri Botanical Garden*, núm. 74, pp. 205-233.

LUTHER, H.
(2008) *An alphabetical list of bromeliad binomials*, 10a edición, Bromeliad Society International, Sarasota, Florida, EUA.

MARTÍNEZ E., M. Sousa S. y C.H. Ramos Álvarez
(2001) *Listados Florísticos de México XXII: Región de Calakmul, Campeche*. Instituto de Biología, UNAM.

OLMSTED, I. y M. Gómez-Juárez
(1996) "Distribution and conservation of epiphytes on the Yucatán Península", en *Selbyana*, núm. 17, pp. 58-70.

PÁEZ-GERARDO, L. E., S. Aguilar-Rodríguez, T., Terrazas, Ma. E. Huidobro-Salas y E. Aguirre León
(2005) "Cambios enatómicos en la corteza de *Parkinsonia praecox* (Ruíz et Pavón) Hawkins causados por la epifita *Tillandsia recurvata* L. (Bromeliaceae)", en *Boletín de la Sociedad Botánica de México*, núm. 77, pp. 59-64.

RAMÍREZ, M. I. y G. Carnevali
(1999) "A new taxon of *Tillandsia*, some new records, and a checklist of the Bromeliaceae from the Yucatán Península", en *Harvard Papers in Bot*, núm. 4(1), pp. 185-194.

RAMÍREZ, M. I., G. Carnevali y W. Cetzal IX
(2010) "*Hohenbergia mesoamericana*, the first record of the genus for Mesoamerica", en *Revista Mexicana de Biodiversidad*, 81(1), pp. 21-26.

RAMÍREZ, M. I. y G. Carnevali, Fernández- Concha y F. Chi-May
(2004) *Guía Ilustrada de las Bromeliaceae de la porción mexicana de la Península de Yucatán*. Centro de Investigación Científica de Yucatán, A.C., Mérida, Yucatán, México.

RAMÍREZ, M. I.
(2010) "Bromelias", en Villalobos-Zapata, G. J. y J. Mendoza Vega (coord.). *La Biodiversidad en Campeche: Estudio de Estado*, CONABIO/Gobierno del Estado de Campeche/Universidad Autónoma de Campeche/Colegio de la Frontera Sur, México, pp. 228-233.

SEMARNAT
(2010) Norma Oficial Mexicana-059-SE-MARNAT-2010. "Protección Ambiental. Especies Nuevas de México de la flora silvestre. Categorías de Riesgo y especificaciones para la inclusión, exclusión o cambio-Lista de Especies en Riesgo", en *Diario Oficial de la Federación*.

FAMILIA ORCHIDACEAE

ANDREWS, J. y E. Gutiérrez
(1988) "Un listado preliminar y notas sobre la historia natural de las orquídeas de la Península de Yucatán", en *Orquídea (Mex.)*, núm. 11, pp. 103-130.

CARNEVALI, G.
(2010) "Orquídeas", pp. 248-253 en Villalobos-Zapata, G. J. y J. Mendoza-Vega (coord.), 2010 (2011), en *La biodiversidad de Campeche: Estudio de Estado*. Comisión Nacional para el Conocimiento y Uso de la Biodiversidad/ Gobierno del Estado de Campeche/Universidad Autónoma de Campeche, El Colegio de la Frontera Sur, México.

CARNEVALI Fernández-Concha, G., J. L: Tapia-Muñoz, R. Duno de Stefano y I. M. Ramírez (eds.)
(2010) *Flora Ilustrada de la Península de Yucatán: Listado Florístico*, Centro de Investigación Científica de Yucatán, A.C. Mérida, Yucatán, México.

CARNEVALI, G., J. L. Tapia-Muñoz, R. Jiménez-Machorro, L. Sánchez-Saldaña, L. Ibarra-González, I. M. Ramírez y M. P. Gómez-Juárez
(2001) "Notes on the flora of the Yucatán Península II: A synopsis of the orchid flora of the Mexican Yucatán Península and a tentative checklist of the Orchidaceae of the Yucatán Península Biotic Province", en *Harvard Papers in Botany*, núm. 5, pp. 383-466.

HÁGSATER, E., M. Á. Soto Arenas, G. A. Salazar Chávez, R. Jiménez Machorro,. M. A. López Rosas y R. L. Dressler
(2005) *Las orquídeas de México*, Instituto Chinoín, México, D.F.

OLMSTED, I . y M. Gómez-Juárez
(1996) "Distribution and conservation of epiphytes on the Yucatán Península", en *Selbyana*, núm. 17, pp. 58-70.

RZEDOWSKI, J.
(1991) "El endemismo en la flora fanerogámica mexicana: una apreciación analítica preliminar", en *Acta Botánica Mexicana*, núm. 15, pp. 47-64.

SÁNCHEZ Martínez, A., M. Sarmiento y J. M. Andrews
(2002) *Orquídeas de Campeche*. INIFAP, Campeche, México.

CAMPECHE: UNA NATURALEZA QUE SE PIENSA Y DECLINA EN MAYA

ACUÑA, René (ed.)
(1982) *Relaciones geográficas del siglo XVI, Guatemala*, México, UNAM, IIA.

ÁLVAREZ, Ma. Cristina
(1984) *Diccionario etnolingüístico del idioma maya yucateco colonial*, vols. I y II. México, UNAM, IIFL, Centro de Estudios Mayas.
(1997) *Diccionario etnolingüístico del idioma maya yucateco colonial*, vol. III. México, UNAM, IIA.

ANDRADE Torres, Juan
(1994) *El comercio de esclavos en la provincia de Tabasco (siglos XVI-XIX)*. Villahermosa, UJAT.

ARA, Domingo de
(1986) *Vocabulario de lengua tzendal según el orden de Copanabastla*, M. H. Ruz (ed.), México, UNAM, IIFL, Centro de Estudios Mayas (Serie Fuentes para el estudio de la cultura maya, 4).

ARÉVALO Sedeño, Matheo
(1982) "Memoria y relación de la visita que el doctor..., siendo oidor de Guatemala, hizo en la provincia de La Verapaz y en la provincia de Zacatula, de la jurisdicción y distrito de aquella Audiencia" (1574), *Relaciones geográficas del siglo XVI. Guatemala*, pp. 199-202.

Cantares de Dzitbalché
(1980) Traducción, introducción y notas de A. Barrera Vázquez, *Literatura Maya*, pp. 342-388, M. De la Garza (ed.), Caracas, Ayacucho.

Censo de Población y Vivienda 2010
(2011) México, INEGI.

Códice de Calkiní
(1980) Versión de A. Barrera, *Literatura Maya*, M. de la Garza (ed.), pp. 425-441. Caracas, Ayacucho.

CORTÉS y Larraz, Pedro
(1958) *Descripción geográfico-moral de la Diócesis de Goathemala*, Guatemala, Sociedad de Geografía e Historia, 2 vols.

COTO, Thomás de
(1983) *Thesaurus verborum. Vocabulario de la lengua cakchiquel vel guatemalteca, nuevamente hecho y recopilado con summo estudio, travajo y erudición*, edición, introducción y notas de R. Acuña, México, UNAM.

CHUC Uc, Cessia Esthe
(2008) *Ts'ayatsil: el don de la reciprocidad entre los mayas contemporáneos*, Campeche, UAC (Col. Universitarios, s.n.).

DAMPIER, William
(1987) *Dampier's Voyages*, Fragmentos del texto original (ed. 1906), *Viajeros en Tabasco, Textos*, pp. 235-275, C. Cabrera (ed.), Villahermosa, Gobierno del Estado de Tabasco.

DE ÁNGEL García, David
(2009) "Renovando el pacto con los dueños. Consideraciones etnográficas sobre las fiestas de San Diego y el *hanlíko'ol* en una comunidad maya de Campeche", *Península*, Mérida, UNAM, CEPHCIS, vol. IV (1), pp. 75-92.
DE LA TORRE, Tomás
(1999) "Relación del viaje de Salamanca (España) a Ciudad Real (Chiapa)", contenida en Francisco Ximénez, *Historia de la provincia de San Vicente de Chiapa y Guatemala, de la Orden de predicadores*, 3ª ed. en 5 vols., introd., paleografía y notas de C. Sáenz de Santa María, Tuxtla Gutiérrez, CONACULTA/Gobierno del Estado de Chiapas.
DÍAZ del Castillo, Bernal
(1982) *Historia verdadera de la conquista de la Nueva España*, ed. crítica de C. Sáenz de Santa María, Madrid, Instituto Gonzalo Fernández de Oviedo/UNAM/Universidad Rafael Landívar de Guatemala.

El libro de los libros de Chilam Balam
(1974) Traducción de Alfredo Barrera Vázquez y Silvia Rendón, México, FCE.

FLANNERY, Kent V. (ed.)
(1982) *Maya Subsistence. Studies in Memory of Dennis E. Puleston,* Nueva York y Londres, Academic Press.

LANDA, Diego de
(1978) *Relación de las cosas de Yucatán,* Intr. de A. Ma. Garibay. México, Porrúa, 11ª ed.
(1994) *Relación de las cosas de Yucatán,* edición y estudio preliminar de Ma. Carmen León. México, CNCA (Col. Cien de México).
Libro de Chilam Balam de Chumayel
(1980) Prólogo y traducción de A. Mediz Bolio, *Literatura Maya*, pp. 217-288, M. de la Garza (ed.), Caracas, Ayacucho.

MOLINA Ludy, Virginia
(1995) *Los mayas y los recursos de la frontera sur de México*, México, Centro de Ecología y Desarrollo.
Morelet, Arthur
(1990) *Viaje a América Central (Yucatán y Guatemala)*, Guatemala, Academia de Geografía e Historia de Guatemala.

OKOSHI Harada, Tsubasa y Alejandra García Quintanilla
(2003) "Las 'tierras' y los 'montes' entre los mayas yucatecos: un análisis crítico de los conceptos mayas y españoles", *Naturaleza y sociedad en el área maya. Pasado, presente y futuro*, pp.109-118, P. Colunga-García Marín y A. Larqué Saavedra (eds.), México, Academia Mexicana de Ciencias/Centro de Investigación Científica de Yucatán.

PÁEZ Betancour, Alonso y Pedro de Arboleda
(1982) "Relación de Santiago de Atitlán (1585)", *Relaciones Geográficas del siglo XVI: Guatemala*, pp. 65-113, R. Acuña (ed.), México, UNAM, IIA.
Popol Vuh. Las antiguas historias del Quiché
(1984) traducción y notas de A. Recinos, México/SEP/FCE (Col. Lecturas Mexicanas, 25).

QUINTAL Avilés, Ella Fanny et al.
(2003) "*U Lu'umil maaya wíiniko'ob.* La tierra de los mayas", *Diálogos con el territorio. Simbolizaciones sobre el espacio en las culturas indígenas de México*, pp. 263-360, A. M. Barabas (coord.), México, INAH.

Relaciones histórico-geográficas de la Gobernación de Yucatán
(1983) Edición de M. de la Garza et al., paleografía de Ma. C. León. México, UNAM/IIFL, 2 vols. (Fuentes para el estudio de la cultura maya, 1 y 2).

REINA, Ruben E. y John F. Pressman
(1991) "Harvesting Feathers", *The gift of birds. Featherwork of Native South American Peoples*, pp. 110-115, R. Reina y K. Kensinger (eds.), Filadelfia, University of Pennsylvania, The University Museum of Archaeology and Anthropology.
RUZ, Mario Humberto
(1979) "El añil en el Yucatán del siglo XVI", en *Estudios de Cultura Maya*, núm. XII, pp. 111-156.
(1997) "De redes, lazos, flechas y cerbatanas. La caza en los diccionarios coloniales mayas", en *Gestos cotidianos. Acercamientos etnológicos a los mayas de la época colonial*, ICC/UAC/UNACAR/Instituto Campechano, Campeche.
(1998) "Los herederos de Zipacná. Notas sobre la pesca en cinco grupos mayas coloniales", en *Anatomía de una civilización*, A. Ciudad (ed.), Madrid, Sociedad Española de Estudios Mayas, pp. 353-375.
RUZ, Mario Humberto *et al.*
(2007) *El Campeche maya: atisbos etnográficos*, México, UNAM/CEPHCIS (s. Monografías, 4).

SOTELO Santos, Laura Elena
(1998) *Las ideas cosmológicas mayas en el siglo XVI*. México, UNAM/IIFL/Centro de Estudios Mayas.

TERÁN, Silvia y Christian Rasmussen
(2010) *La milpa de los mayas. La agricultura de los mayas prehispánicos y actuales en el noreste de Yucatán*. Mérida, UNAM/CEPHCIS/UNO, 2ª ed.

VELÁZQUEZ Castro, Adrián y Lynneth Lowe
(2007) *Los moluscos arqueológicos. Una visión del mundo maya*. México, UNAM/IIFL/Centro de Estudios Mayas, s. Cuadernos, núm. 34.

WEST, Robert C., Norbert P. Psuty y Bruce G. Thom
(1985) *Las tierras bajas de Tabasco, en el sureste de México*, trad. de P. Escalante. Villahermosa, Gobierno del Estado de Tabasco, col. Biblioteca Básica Tabasqueña, vol. 8, 2a. ed. en español.

LA PIEL DE LA SELVA

SE TERMINÓ DE IMPRIMIR EN EL MES DE NOVIEMBRE DE 2012, EN ARTES GRÁFICAS PALERMO, EN LA CIUDAD DE MADRID, ESPAÑA. PARA SU COMPOSICIÓN SE USARON LAS FUENTES DE LAS FAMILIAS REQUIEM Y FUTURA.